"十四五"职业教育国家规划教材

建设工程监理实务

新世纪高等职业教育教材编审委员会 组编

主　编　布晓进
副主编　李　娜　程　功　王　敏
主　审　张秀燕

第四版

大连理工大学出版社

图书在版编目(CIP)数据

建设工程监理实务 / 布晓进主编. -- 4 版. -- 大连：大连理工大学出版社，2022.1(2024.12 重印)
ISBN 978-7-5685-3705-6

Ⅰ.①建… Ⅱ.①布… Ⅲ.①建筑工程－监理工作－教材 Ⅳ.①TU712.2

中国版本图书馆 CIP 数据核字(2022)第 021831 号

大连理工大学出版社出版

地址：大连市软件园路 80 号 邮政编码：116023
发行：0411-84708842 邮购：0411-84708943 传真：0411-84701466
E-mail:dutp@dutp.cn URL:https://www.dutp.cn
辽宁星海彩色印刷有限公司印刷 大连理工大学出版社发行

幅面尺寸:185mm×260mm 印张:14.25 字数:345 千字
2012 年 8 月第 1 版 2022 年 1 月第 4 版
2024 年 12 月第 9 次印刷

责任编辑:康云霞 责任校对:吴嫒嫒
封面设计:张 莹

ISBN 978-7-5685-3705-6 定 价:46.80 元

本书如有印装质量问题，请与我社发行部联系更换。

前 言

《建设工程监理实务》(第四版)是"十四五"职业教育国家规划教材及"十三五"职业教育国家规划教材。

1988年,我国在建设领域全面推行建设工程监理制度,经过三十多年的发展,全国相关行业都逐步建立、规范、发展了工程监理并进行了项目管理,建设工程监理制度也得到了社会的广泛认可。建设工程监理对保证项目质量与安全、提高项目投资效益及社会效益发挥着重要作用。目前,我国工程建设投资规模依然保持较高水平,这无疑为工程监理行业继续向更广更深发展提供了广阔空间。

随着我国建设行业的快速发展,一些法规、政策相继得到了修订和改变。当前,国家正在进行"放管服"改革,尤其是在建设领域,陆续出台了《国务院关于深化"证照分离"改革进一步激发市场主体发展活力的通知》(国发〔2021〕7号),调整了《国家职业资格目录》,监理行业资质、人员资格正在发生新变化。另外,工程建设管理体制也在深化改革,取消了工程监理的政府指导价,工程监理、项目管理向全过程工程咨询转型发展等,这些改革对工程监理行业提出了更高要求。本教材紧跟时代发展步伐,为广大读者及时提供最新政策、最实用技术的工程建设监理内容。

本次修订力求突出以下特点:

1.对原学科体系课程进行重构

根据工程监理专业的岗位学习领域和监理员、资料员、质量员职业核心能力要求,对原学科体系课程进行重构,以工程监理行业熟知的"三控、两管、一协调并履行法定安全管理职责"为主线,重组了8个学习情境,每个学习情境以案例导入,开展情境式教学。依据某个项目的监理工作内容设计若干典型工作任务,学生通过参加现场实操、顶岗实习等完成工作任务,实现职业能力的快速提升。

2. 实践内容丰富、实用

本书不仅配备大量监理案例解析、全国注册监理工程师历年考试题精选、工程监理实施细则案例，还增加了工程监理及服务收费的计算、工程监理资料表格的填写及地基与基础、主体结构、建筑装饰装修、屋面、建筑给水排水及供暖、通风与空调、建筑电气、智能建筑、建筑节能、电梯等工程质量监理实务内容等。本书信息量大、知识面宽，以一门课程串联工程管理类所有课程。鉴于实务内容较多，我们将部分内容放在本书的配套资源包内。

3. "互联网+"新型教材

本书配有微课，对监理有关的重要知识点进行进一步详细阐述，对相关案例进行细致分析。另外，本书还配有移动在线自测、教案、课件、综合题库、案例参考答案、拓展资料等。

4. 德技并修，课程思政浸润全过程

本教材以专业人才培养为依据，紧密结合党的二十大报告精神，进一步深入实施人才强国战略，让学生在掌握知识、实践技能的过程中潜移默化地践行社会主义核心价值观，实现"德+技"并修双育人。教材对接企业用人素养要求，将"民族自信""爱国精神""诚实守信"等思政元素融入工程案例中，将行业发展的伟大成就和闪光点形成小知识点，一点一滴、潜移默化地对学生的思想意识、行为举止产生影响，培养学生的爱国主义精神。

本书由中交远洲交通科技集团有限公司布晓进担任主编；滨州职业学院李娜、广州华立科技职业学院程功、湖北水利水电职业技术学院王敏担任副主编。具体编写分工如下：布晓进编写学习情境1~学习情境3；李娜编写学习情境4；程功编写学习情境5、学习情境6；王敏编写学习情境7、学习情境8。全书由布晓进统稿。滨州职业学院张秀燕主审。

在编写本教材的过程中，我们参考、引用和改编了国内外出版物中的相关资料以及网络资源，在此对这些资料的作者表示深深的谢意！请相关著作权人看到本教材后与出版社联系，出版社将按照相关法律的规定支付稿酬。

尽管我们在探索《建设工程监理实务》教材特色的建设方面做出了许多努力，但由于编者水平有限，教材中仍可能存在一些疏漏和不妥之处，恳请读者批评指正，并将建议及时反馈给我们，以便修订完善。

编　者

2022年1月

所有意见和建议请发往：dutpgz@163.com
欢迎访问职教数字化服务平台：https://www.dutp.cn/sve
联系电话：0411-84708979　84707424

目 录

学习情境 1　建设工程监理相关知识 ……………………………………………… 1

学习子情境 1.1　认识建设工程监理行业 …………………………………………… 3
　1.1.1　建设工程监理的产生 …………………………………………………………… 3
　1.1.2　建设工程监理的概念 …………………………………………………………… 6
　1.1.3　建设工程监理的性质 …………………………………………………………… 8
　1.1.4　建设工程监理的作用 …………………………………………………………… 9
　1.1.5　建设工程监理的特点 …………………………………………………………… 10

学习子情境 1.2　遵守法律法规中有关监理的规定 ………………………………… 11
　1.2.1　建设工程法律法规体系 ………………………………………………………… 11
　1.2.2　《中华人民共和国建筑法》 …………………………………………………… 13
　1.2.3　《中华人民共和国招标投标法》 ……………………………………………… 14
　1.2.4　《建设工程质量管理条例》 …………………………………………………… 15
　1.2.5　《建设工程安全生产管理条例》 ……………………………………………… 17
　1.2.6　《建设工程监理范围和规模标准规定》 ……………………………………… 18
　1.2.7　《房屋建筑工程施工旁站监理管理办法(试行)》 …………………………… 19

学习子情境 1.3　了解监理的建设程序和管理制度 ………………………………… 22
　1.3.1　建设程序 ………………………………………………………………………… 22
　1.3.2　建设工程主要管理制度 ………………………………………………………… 24
　1.3.3　建设工程监理的发展趋势 ……………………………………………………… 26

学习子情境 1.4　在建设项目上实行监理的控制目标 ……………………………… 28
　1.4.1　建设工程目标控制系统 ………………………………………………………… 28
　1.4.2　施工阶段目标控制 ……………………………………………………………… 31

　工程案例 ………………………………………………………………………………… 33
　自我测评 ………………………………………………………………………………… 35

学习情境 2　工程监理企业、人员及项目监理机构 ……………………………… 36

学习子情境 2.1　成立一家工程监理企业 …………………………………………… 37
　2.1.1　工程监理企业的概念与分类 …………………………………………………… 37
　2.1.2　工程监理企业的资质管理制度 ………………………………………………… 38

学习子情境 2.2　计算某工程项目的监理费用 ……………………………………… 42
　2.2.1　工程监理企业经营活动基本准则 ……………………………………………… 42
　2.2.2　监理企业市场开发 ……………………………………………………………… 44
　2.2.3　建设工程监理费用构成 ………………………………………………………… 44
　2.2.4　建设工程监理费用计取方式及案例计算 ……………………………………… 45

I

学习子情境 2.3　制度化管理企业监理人员 ⋯⋯⋯⋯⋯⋯⋯⋯⋯⋯⋯⋯⋯⋯⋯⋯ 51
　　2.3.1　工程监理人员的组成 ⋯⋯⋯⋯⋯⋯⋯⋯⋯⋯⋯⋯⋯⋯⋯⋯⋯⋯⋯⋯⋯ 51
　　2.3.2　工程监理人员的素质要求 ⋯⋯⋯⋯⋯⋯⋯⋯⋯⋯⋯⋯⋯⋯⋯⋯⋯⋯⋯ 52
　　2.3.3　工程监理人员的职责 ⋯⋯⋯⋯⋯⋯⋯⋯⋯⋯⋯⋯⋯⋯⋯⋯⋯⋯⋯⋯⋯ 54
　　2.3.4　监理工程师职业资格考试 ⋯⋯⋯⋯⋯⋯⋯⋯⋯⋯⋯⋯⋯⋯⋯⋯⋯⋯⋯ 55
　　2.3.5　监理工程师注册与执业 ⋯⋯⋯⋯⋯⋯⋯⋯⋯⋯⋯⋯⋯⋯⋯⋯⋯⋯⋯⋯ 57
学习子情境 2.4　组建某工程的项目监理机构 ⋯⋯⋯⋯⋯⋯⋯⋯⋯⋯⋯⋯⋯⋯⋯⋯ 58
　　2.4.1　项目监理机构及其组织形式 ⋯⋯⋯⋯⋯⋯⋯⋯⋯⋯⋯⋯⋯⋯⋯⋯⋯⋯ 58
　　2.4.2　项目监理机构的人员与工器具配置 ⋯⋯⋯⋯⋯⋯⋯⋯⋯⋯⋯⋯⋯⋯⋯ 60
学习子情境 2.5　项目监理机构协调有关各方关系 ⋯⋯⋯⋯⋯⋯⋯⋯⋯⋯⋯⋯⋯⋯ 63
　　2.5.1　建设工程监理组织协调概述 ⋯⋯⋯⋯⋯⋯⋯⋯⋯⋯⋯⋯⋯⋯⋯⋯⋯⋯ 63
　　2.5.2　组织协调的方法与要点 ⋯⋯⋯⋯⋯⋯⋯⋯⋯⋯⋯⋯⋯⋯⋯⋯⋯⋯⋯⋯ 65
工程案例 ⋯⋯⋯⋯⋯⋯⋯⋯⋯⋯⋯⋯⋯⋯⋯⋯⋯⋯⋯⋯⋯⋯⋯⋯⋯⋯⋯⋯⋯⋯⋯⋯ 67
自我测评 ⋯⋯⋯⋯⋯⋯⋯⋯⋯⋯⋯⋯⋯⋯⋯⋯⋯⋯⋯⋯⋯⋯⋯⋯⋯⋯⋯⋯⋯⋯⋯⋯ 69

学习情境 3　建设工程质量控制 70

学习子情境 3.1　熟悉项目监理机构对质量控制的内容 ⋯⋯⋯⋯⋯⋯⋯⋯⋯⋯⋯⋯ 71
　　3.1.1　工程质量 ⋯⋯⋯⋯⋯⋯⋯⋯⋯⋯⋯⋯⋯⋯⋯⋯⋯⋯⋯⋯⋯⋯⋯⋯⋯⋯ 71
　　3.1.2　工程质量控制 ⋯⋯⋯⋯⋯⋯⋯⋯⋯⋯⋯⋯⋯⋯⋯⋯⋯⋯⋯⋯⋯⋯⋯⋯ 73
　　3.1.3　工程质量管理制度 ⋯⋯⋯⋯⋯⋯⋯⋯⋯⋯⋯⋯⋯⋯⋯⋯⋯⋯⋯⋯⋯⋯ 75
学习子情境 3.2　在施工阶段对某项目工程质量进行控制 ⋯⋯⋯⋯⋯⋯⋯⋯⋯⋯⋯ 78
　　3.2.1　施工阶段质量控制 ⋯⋯⋯⋯⋯⋯⋯⋯⋯⋯⋯⋯⋯⋯⋯⋯⋯⋯⋯⋯⋯⋯ 78
　　3.2.2　施工准备阶段质量控制的重点内容 ⋯⋯⋯⋯⋯⋯⋯⋯⋯⋯⋯⋯⋯⋯⋯ 83
　　3.2.3　施工过程质量控制的重点内容 ⋯⋯⋯⋯⋯⋯⋯⋯⋯⋯⋯⋯⋯⋯⋯⋯⋯ 86
　　3.2.4　施工阶段质量控制手段 ⋯⋯⋯⋯⋯⋯⋯⋯⋯⋯⋯⋯⋯⋯⋯⋯⋯⋯⋯⋯ 91
　　3.2.5　工程施工质量验收 ⋯⋯⋯⋯⋯⋯⋯⋯⋯⋯⋯⋯⋯⋯⋯⋯⋯⋯⋯⋯⋯⋯ 93
学习子情境 3.3　处理施工中的工程质量问题和质量事故 ⋯⋯⋯⋯⋯⋯⋯⋯⋯⋯⋯ 101
　　3.3.1　工程质量问题 ⋯⋯⋯⋯⋯⋯⋯⋯⋯⋯⋯⋯⋯⋯⋯⋯⋯⋯⋯⋯⋯⋯⋯⋯ 101
　　3.3.2　工程质量事故 ⋯⋯⋯⋯⋯⋯⋯⋯⋯⋯⋯⋯⋯⋯⋯⋯⋯⋯⋯⋯⋯⋯⋯⋯ 102
学习子情境 3.4　对某项目混凝土结构工程进行质量监理 ⋯⋯⋯⋯⋯⋯⋯⋯⋯⋯⋯ 104
　　3.4.1　工程概况 ⋯⋯⋯⋯⋯⋯⋯⋯⋯⋯⋯⋯⋯⋯⋯⋯⋯⋯⋯⋯⋯⋯⋯⋯⋯⋯ 104
　　3.4.2　工程分析 ⋯⋯⋯⋯⋯⋯⋯⋯⋯⋯⋯⋯⋯⋯⋯⋯⋯⋯⋯⋯⋯⋯⋯⋯⋯⋯ 105
　　3.4.3　完成混凝土结构工程质量监理任务实施要点 ⋯⋯⋯⋯⋯⋯⋯⋯⋯⋯⋯ 106
工程案例 ⋯⋯⋯⋯⋯⋯⋯⋯⋯⋯⋯⋯⋯⋯⋯⋯⋯⋯⋯⋯⋯⋯⋯⋯⋯⋯⋯⋯⋯⋯⋯⋯ 113
自我测评 ⋯⋯⋯⋯⋯⋯⋯⋯⋯⋯⋯⋯⋯⋯⋯⋯⋯⋯⋯⋯⋯⋯⋯⋯⋯⋯⋯⋯⋯⋯⋯⋯ 115

学习情境 4　建设工程投资控制 116

学习子情境 4.1　熟悉项目监理机构对投资控制的内容 ⋯⋯⋯⋯⋯⋯⋯⋯⋯⋯⋯⋯ 117
　　4.1.1　建设工程项目投资 ⋯⋯⋯⋯⋯⋯⋯⋯⋯⋯⋯⋯⋯⋯⋯⋯⋯⋯⋯⋯⋯⋯ 117
　　4.1.2　建设工程投资控制 ⋯⋯⋯⋯⋯⋯⋯⋯⋯⋯⋯⋯⋯⋯⋯⋯⋯⋯⋯⋯⋯⋯ 118

学习子情境 4.2　协助建设单位管理承包合同价格 ································· 121
  4.2.1　建设工程承包合同价格 ·· 121
  4.2.2　建设工程投标计价方法 ·· 122
  4.2.3　施工图预算审查 ··· 123
学习子情境 4.3　在施工阶段对某项目投资进行控制 ······························ 123
  4.3.1　施工阶段投资控制的措施 ··· 124
  4.3.2　工程计量 ··· 124
  4.3.3　工程变更 ··· 126
  4.3.4　索赔控制 ··· 127
  4.3.5　工程价款的结算 ··· 128
工程案例 ·· 133
自我测评 ·· 135

学习情境 5　建设工程进度控制 ·· 136
学习子情境 5.1　熟悉项目监理机构对进度控制的内容 ··························· 137
  5.1.1　建设工程进度控制的概念 ··· 137
  5.1.2　影响建设工程进度的因素 ··· 137
  5.1.3　建设工程施工阶段进度控制的措施 ·· 138
  5.1.4　施工进度计划的表示方法 ··· 139
学习子情境 5.2　了解工程项目的施工组织方式 ··································· 141
  5.2.1　施工组织方式 ·· 141
  5.2.2　施工组织方式比较 ·· 142
学习子情境 5.3　对工程项目进度计划进行比较与分析 ··························· 143
  5.3.1　实际进度与计划进度的比较 ·· 143
  5.3.2　建设工程进度计划分析与调整 ··· 145
学习子情境 5.4　在施工阶段对某项目进度进行控制与调整 ···················· 146
  5.4.1　建设工程进度控制工作流程 ·· 146
  5.4.2　施工阶段进度控制的内容 ··· 147
学习子情境 5.5　处理施工单位的工程延期 ··· 151
  5.5.1　工程延期的申报与审批 ·· 151
  5.5.2　工程延期的控制 ··· 153
  5.5.3　工程延误的处理 ··· 154
工程案例 ·· 155
自我测评 ·· 156

学习情境 6　建设工程合同管理 ·· 157
学习子情境 6.1　与建设单位签订一份监理合同 ··································· 158
  6.1.1　建设工程监理合同的概念和特点 ·· 158
  6.1.2　监理合同的订立 ··· 158
  6.1.3　建设工程监理合同示范文本组成 ·· 159

学习子情境 6.2　依照监理合同对工程项目进行管理　161
6.2.1　工程分包管理　161
6.2.2　工程变更管理　162
6.2.3　工程停工管理　162
6.2.4　工程延期及工程延误管理　163
6.2.5　索赔管理　164
工程案例　168
自我测评　169

学习情境 7　建设工程风险控制与安全管理　170
学习子情境 7.1　对工程项目进行风险识别与控制　171
7.1.1　风险及其特点　171
7.1.2　建设工程风险控制概念　172
7.1.3　建设工程风险控制过程　172
学习子情境 7.2　对工程项目履行安全生产监理责任　174
7.2.1　建设工程安全生产监理责任的规定　174
7.2.2　建设工程安全生产监理工作内容　175
7.2.3　建设工程安全生产监理工作程序　177
7.2.4　安全事故隐患监理措施　180
工程案例　187
自我测评　188

学习情境 8　建设工程信息管理与监理资料　189
学习子情境 8.1　收集工程项目监理信息　190
8.1.1　信息管理概述　190
8.1.2　监理信息的形式与内容　191
学习子情境 8.2　编写工程项目的监理大纲、监理规划、监理实施细则　193
8.2.1　监理大纲　193
8.2.2　监理规划　194
8.2.3　监理实施细则　197
8.2.4　工程监理三大文件的关系　198
学习子情境 8.3　对工程项目文档资料进行管理　199
8.3.1　建设工程文档资料　199
8.3.2　建设工程文档资料管理职责　200
8.3.3　建设工程监理文档资料管理与归档　202
学习子情境 8.4　编写某工程项目全套监理资料　204
8.4.1　建设工程监理文件的编制　204
8.4.2　工程监理实施细则的编制　211
8.4.3　工程监理实施细则编制任务书　216
工程案例　217
自我测评　218

参考文献　219

学习情境 1
建设工程监理相关知识

开篇案例

中国现代工程项目管理起源——鲁布革水电站工程

鲁布革原本是一个名不见经传的布依族小山寨，它坐落在云贵两省界河——黄泥河畔的山梁上。鲁布革为世人所知，起源于在此建设的鲁布革水电站。

1982年11月，国家重点工程——装机60万千瓦的鲁布革水电站开始建设，当时正值改革开放的初期，此工程是我国第一个利用世界银行贷款的基本建设项目。根据与世界银行的协议，工程三大部分之一的引水隧洞工程必须进行国际招标。在中国、日本、挪威、意大利、美国、德国、南斯拉夫、法国8国承包商的竞争中，日本大成公司以比中国与其他外国公司联营体投标价低3 600万元的报价而一举中标。大成公司报价为8 463万元，而引水隧洞工程标底为14 958万元，比标底低了43%。

大成公司仅派到中国一支30人的管理队伍，并从中国水电十四局雇了424名劳动工人。他们开挖23个月，单头月平均进尺为222.5 m，相当于我国同类工程的2.0~2.5倍；在开挖直径为8.8 m的圆形发电隧洞中，创造了单头进尺373.7 m的世界纪录。1986年10月30日，隧洞全线贯通，工程质量优良，工期比合同计划提前了5个月。

同样是那些工人，两者的差距为何那么大呢？这一工程实例震动了我国建筑界，对我国传统的政府专业监督体制造成了冲击，引起了我国工程建设管理者的深思。

1985年11月，水电十四局在鲁布革地下厂房施工中率先进行项目管理的尝试。参照日本大成公司鲁布革事务所的建制，建立了精干的指挥机构，使用配套的先进施工机械，优化施工组织设计，改革内部分配办法，产生了我国最早的"项目法施工"雏形。

在建设过程中还实行了国际通行的工程监理制(工程师制)和项目法人责任制等管理办法,取得了投资少、工期短、质量好的经济效果。到1986年年底的13个月中,不仅把耽误的3个月时间抢了回来,还提前四个半月结束了开挖工程,安装车间混凝土提前半年完成。国务院领导视察工地时说:"看来同大成的差距,原因不在工人,而在于管理,中国工人可以出高效率。"

在推广"鲁布革"经验的国内环境与施行工程师制项目管理的国际环境下,我国自1988年开始建立工程监理制度,工程监理工作在我国工程建设中发挥了重要作用,取得了显著成效,赢得了社会的广泛认同。

工程质量方面:作为我国西部大开发和"西电东送"标志性工程之一的龙滩水电站,工程监理以事前控制和过程控制为重点,有效地保证了工程质量。地下引水发电系统完成的3 266个单元工程合格率达100%,优良率为89.1%,无一例质量事故;举世瞩目的"西气东输"工程,管道全长约3 900 km,共有焊口约35万道,工程监理实施全过程质量控制,管道安装焊接质量平均一次合格率达98.3%,比以往同类工程建设提高了近10个百分点,创造了我国管道建设史上的新纪录。

工程投资方面:厦门海沧跨海大桥,原概算投资为28.74亿元,经过工程监理人员对工程设计和材料的严格审查、合理优化、科学论证,并在施工中严格控制工程款支付,共节省投资7.8亿元。

工程进度方面:广州大学城一期工程投资总额达150亿元,在工程监理人员科学严谨的组织协调下,仅用10个月便建成投入使用,工程质量全部达到了地方样板工程的质量验收标准;南京三桥和润扬大桥两项大型工程,在工程监理人员的有效控制下,工程进度工期分别提前了18个月和6个月,社会效益十分显著。

近年来,我国建设了一大批像金茂大厦、上海环球金融中心、"鸟巢"、"水立方"、青藏铁路、苏通大桥等世界瞩目的超高层、大跨度、具有高科技含量的工程,监理工程师在项目管理中发挥了积极且卓有成效的作用,取得了许多优秀项目管理成果,令世界刮目相看。

需完成的工作任务

1. 了解我国的工程监理行业,认识其性质与重要性。
2. 在实行监理过程中,应遵守哪些法律、法规和文件的规定?
3. 了解关乎监理的我国建设程序及现行的有关制度。
4. 在实行监理的项目中,掌握实现三大目标的控制任务及主要工作内容。

学习子情境1.1　认识建设工程监理行业

1.1.1　建设工程监理的产生

工程项目的建设历来主要由"设计"与"施工"两部分构成。自20世纪60年代起，分成设计、施工和项目管理三大部分，其中项目管理就是我国当前的建设工程监理。

1.我国建设工程监理的产生

工程建设的目的是建立完整的工业体系和国民经济体系，不断改善人民物质文化生活。工程建设各参与方的根本利益一致，都是为了多、快、好、省地完成建设工程项目。自中华人民共和国成立以来，工程管理的性质和方式也在不断发展和完善，大致可以分为以下三个阶段：

（1）第一阶段：从中华人民共和国成立到1983年的计划经济时期

当时的工程建设管理模式有两种。一种是三方管理，即甲、乙、丙三方制。甲方（建设单位）由政府主管部门负责组建，乙方（设计单位）和丙方（施工单位）分别由各自的主管部门进行管理。建设单位自行负责建设项目全过程的具体管理。另一种是集权管理，即建设指挥部方式。许多大中型项目的建设，都是从相关单位抽调人员组成工程建设指挥部，并将建设工程设计、采购、施工的管理权集中在指挥部，由指挥部全权管理。

在工程建设的具体实施中，建设单位、设计单位和施工单位都是完成国家建设任务的执行者，仅对上级行政主管部门负责，工程费用实报实销，不计盈亏、不讲核算、工程建设各参与方重视的是工程进度和质量。政府对工程建设活动采取单向的行政监督管理，投资"三超"（概算超估算、预算超概算、结算超预算）、工期延长现象较为普遍。而工程质量的保证则主要依靠施工单位的自我管理。

（2）第二阶段：1983年到1988年的改革开放初期

这一时期，我国的基本建设和建筑领域发生了一系列重大变革：①投资有偿使用（"拨改贷"）；②投资包干责任制；③投资主体多元化，即投资主体由国家为主向国家、企业、个人的多元化转变；④改革单纯用行政手段分配建设任务的老办法，实行招标投标制，允许建设单位优选设计、施工单位；⑤材料设备由国家计划供应改革为市场供应，建筑物由"产品"变成"商品"。改革出现的新格局与传统的管理体制产生了许多摩擦，施工企业追求自身利益的趋势日益突出，特别是工程质量问题日渐严重，相当一部分竣工工程使用功能差，一些工程结构存在着严重缺陷，倒塌事故时有发生，施工企业自评自报的工程合格率、优良率严重不准。

为此，1983年我国开始实行政府对工程质量的监督认证制度。全国所有城市和绝大部分县、市都建立了权威的政府工程质量监督机构——工程质量监督站。它们代表政府对工程建设质量进行监督和检测，在促进企业质量保证体系的建立、预防工程质量事故、保证工程质量方面取得了明显成效，发挥了重大作用。

(3)第三阶段:与国际接轨的市场经济时期

受鲁布革水电站工程成功实行工程项目管理的启示,1985年12月,全国基本建设管理体制改革会议对我国传统的工程建设管理体制做了深刻的分析与总结,指出综合管理基本建设是一项专门的学问,需要大批专业人才,建设单位的工程项目管理应当走专业化、社会化的道路。1988年7月25日,建设部发布《关于开展建设监理工作的通知》,明确提出要建立具有中国特色的建设监理制度,标志着中国监理事业的正式开始。建设监理制度作为工程建设领域的一项改革举措,旨在改变陈旧的工程管理模式,建立专业化、社会化的建设监理机构,协助建设单位做好项目管理工作,以提高建设水平和投资效益。

中国工程监理的历程自此开始,大致经历了1988—1992年的试点阶段、1993—1995年的稳步发展阶段、1996年开始的全面推行阶段。1995年12月,建设部、国家计委颁发了《工程建设监理规定》。1997年11月,全国人大通过了《中华人民共和国建筑法》(以下简称《建筑法》)。《建筑法》第三十条规定:"国家推行建筑工程监理制度。"这是我国第一次以法律的形式对工程监理做出规定,这对我国建设工程监理制度的推行和发展、对规范监理工作行为具有十分重要的意义。

近年来,随着工程建设监理的发展,国务院建设行政主管部门及有关部门发布了许多有关监理的重要文件,例如:

2000年12月,建设部发布《建设工程监理规范》(GB 50319—2000);2013年5月,住房和城乡建设部发布修订稿《建设工程监理规范》(GB/T 50319—2013),自2014年3月1日起实施至今。

2001年1月,建设部发布《建设工程监理范围和规模标准规定》(第86号部令)。

2006年1月,建设部发布《注册监理工程师管理规定》(第147号部令);2020年2月28日,住房和城乡建设部、交通运输部、水利部、人力资源和社会保障部根据《国家职业资格目录》,出台《监理工程师职业资格制度规定》《监理工程师职业资格考试实施办法》(建人规〔2020〕3号)。

2006年7月,建设部发布《工程监理企业资质管理规定》(第158号部令)。

2007年3月,国家发改委、建设部联合发布《建设工程监理与相关服务收费管理规定》及所附《建设工程监理与相关服务收费标准》。

2.国外与部分地区建设工程监理情况

建设工程监理制度在国际上已有较长的发展历史,西方发达国家已经形成了一套完整的工程监理制度。可以说,建设工程监理已成为建设领域中的一项国际惯例。世界银行、亚洲开发银行等国际金融机构和发达国家政府贷款的建设项目,一般都要求对贷款建设的项目实行工程监理制度。

建设工程监理在国际上的称法不尽相同,有的国家称之为工程项目管理咨询服务,有的国家称之为工程咨询服务,也有的国家称之为项目管理。建设工程监理制度的起源最早可追溯到16世纪,但形成于18世纪中后期,发展于20世纪。建设工程监理制度伴随着社会的发展,建设领域专业化、社会化的进程日趋完善。

英国是发展咨询监理事业较早的国家之一。在英国和英联邦国家兴起了"QS"(Quantity Surveying,测量师)。QS 最早帮业主做验方,进行工程量测量;后来,帮业主编标底,协助招标;再发展,又帮业主进行合同管理;最后,发展到为业主进行投资、进度和质量控制。QS 的国际性组织是"英国皇家特许测量师学会"(RICS),地方性组织有加拿大、新加坡、澳大利亚等的测量师协会(学会)。QS 成员资格的取得相当严格。首先,要脱产学习三年半或业余学习五年(每周学习一天一夜),取得 QS 学位;然后,要在 RICS 认可的项目中实习三年,以熟悉 QS 全部业务。有了上述学历与实践经历后,再通过 RICS 考试。考试者要解决工程项目中 QS 服务的几个实际问题,才能获得 RICS 颁发的证书。QS 人员一般在 QS 咨询事务所、政府部门、建设单位、建筑公司就职。QS 的工作以电子计算机辅助运行。

20 世纪 50 年代末至 60 年代初,美国、德国、法国等欧美国家,开始建设很多大型、特大型工程,这些工程技术复杂、规模大,对项目建设的组织与管理提出了更高的要求。竞争激烈的社会环境下,逐渐兴起了 PM(Project Management,项目管理)。项目管理组织向业主、设计、施工单位提供项目组织协调、费用控制、进度控制、质量控制、合同管理、信息管理等服务。PM 服务范围比 QS 要广泛得多。PM 组织为业主进行的咨询服务,也就是监理服务。

因此,不同国家采取了不同的监理方式,但殊途同归,共同成了一种发展监理的趋势。国际咨询工程师联合会(FIDIC)颁发的《土木工程施工合同条件》就适用于监理土木工程。欧美国家、亚洲部分国家与地区的监理情况见表 1-1。

表 1-1　　　　　欧美国家、亚洲部分国家与地区的监理情况

项目	国家与地区					
	英国	法国	美国	日本	新加坡	中国香港
建设监理	工程咨询	工程咨询	工程咨询	建设监理	工程咨询	建筑测量
监理工程师	测量师、工程师	咨询工程师	注册建筑师、咨询工程师	建筑师	注册建筑师、注册专业工程师	建筑测量师
监理企业	工程咨询公司、工程咨询事务所	监理公司、质量检查公司	工程咨询公司、工程咨询事务所	建筑师事务所、监理事务所、设计师事务所	工程咨询单位	建筑师事务所、测量师事务所、工程师事务所
政府管理部门	—	建设部	—	建设省	国家发展部、建筑师理事会、专业工程师理事会	发展局、运输与房屋局
行业组织	咨询工程师协会	咨询工程师协会	顾问工程师理事会	建筑师联合会	建筑学会、专业工程师学会	顾问工程师协会、建筑师学会、香港测量师学会

(续表)

项目	国家与地区					
	英国	法国	美国	日本	新加坡	中国香港
监理创始年代	16世纪初	1929年	20世纪初	19世纪末	19世纪20年代	1884年
有关监理法规	《土木工程程序》	《建筑职责和保险》	《统一建筑管理法规》	《建设大臣的告示》《建筑法》《技术法》《建筑基准法》	《建筑管制法案》《规划法案》《建筑管制（行政）条例》《建筑管制（营造）条例》	《建筑物条例》《建筑管理法规》
收费	按工程总造价的1%～4%计取	若仅审核施工图和现场检查，按工程总造价的0.8%～1%计取	—	按造价的1.35%计取	按造价的3%左右计取	—

1.1.2 建设工程监理的概念

1.定义

工程监理单位是具有营业执照、取得监理资质证书的依法从事建设工程项目管理业务活动的经济组织。

建设单位也称为业主、甲方、项目法人、发包人，是委托监理的一方，在工程建设中拥有确定建设工程规模、标准、功能以及选择勘察、设计、施工、监理单位等工程建设中重大问题的决策权。

工程监理企业是取得企业法人营业执照，具有监理资质证书的依法从事建设工程项目管理业务活动的经济组织。

监理资质证书是企业从事监理工作的准入条件之一，可依据有关规定向建设行政主管部门申请取得。例如，3万平方米以上的单项公共建筑必须由具备甲级资质的监理企业进行监理。

2.内涵

(1)建设工程监理的行为主体是工程监理企业

《建筑法》第三十一条规定：实行监理的建筑工程，由建设单位委托具有相应资质条件的工程监理单位监理。建设工程只能由具有相应资质的工程监理企业来监理，建设工程监理的行为主体是工程监理企业，这是我国建设工程监理制度的一项重要规定。

工程监理企业的监理行为应区别于其他几种监督管理活动：

工程建设监理是微观性质的监督管理活动，是针对某一个工程项目的。它是按照独立、自主的原则,以"公正的第三方"身份开展工程建设监理活动的。

各级建设行政主管部门的工程质量监督站,代表政府对工程建设质量进行监督和检测。它是宏观性质的监督管理活动,具有强制性和行政性,其任务、职责、内容与工程监理不同。

总承包企业对分包企业监督管理可看作是一种企业管理,不能称之为工程监理。

建设单位对工程项目的管理是固定资产投资活动的一部分,不是社会化、专业化监督管理活动,亦不能称之为工程监理。

(2)建设工程监理实施的前提是建设单位的授权与委托

《建筑法》第三十一条规定:建设单位与其委托的工程监理单位应当订立书面监理合同。只有在监理合同中明确监理的范围、内容、责任、权利、义务,工程监理企业方可在规定的范围内合法开展监理业务。可见,建设工程监理的实施需要建设单位的委托和授权,监理单位和监理人员的权利通过建设单位授权而转移过来。

作为工程项目管理主体的建设单位,具有确定工程项目的规模、标准、功能的权利,选择勘察、设计、施工、监理的决策权和其他重大事项决定权。在工程监理项目中,建设单位与监理单位的关系是合同关系,是需求与供给、委托与服务的关系。

承建单位依据法律、法规及建设工程合同,应当接受工程监理企业对其建设行为进行的监督管理,接受监理、配合监理是其履行合同的一种行为。若建设单位仅委托施工阶段的监理,工程监理企业可根据监理合同和建设工程施工合同对施工单位进行监理;若建设单位委托全过程的监理或项目管理,工程监理企业可根据监理合同、勘察合同、设计合同、施工合同,对勘察、设计、施工单位的建设行为进行监理。

(3)建设工程监理的依据

工程监理企业应依据国家有关工程建设的法律、法规,经建设主管部门批准的工程项目建设文件、建设工程监理合同及其他建设工程合同,对工程建设实施专业化监督管理。

①工程建设文件。包括政府有关部门批准的可行性研究报告、建设项目选址意见书、建设用地规划许可证、建设工程规划许可证、建设工程施工许可证、审查批准的施工图设计文件。

②《中华人民共和国招标投标法》(2017年修正)、《建设工程质量管理条例》(2019年修订)。

③建设工程监理合同和有关建设工程合同。工程监理企业除依据监理合同进行监理外,还要根据建设单位的委托,依据与工程项目有关的建设工程勘察合同、设计合同、施工合同、材料及设备供应合同等文件进行监理。

(4)建设工程监理的范围

为有效发挥建设工程监理的作用,加大推行建设工程监理制度的力度,我国在一定范围内实行强制性监理,以法律的形式进行了明确。《建筑法》第三十条与《建设工程质量管理条例》第十二条对实行强制性监理的工程范围做了原则性规定。2001年1月,建设部《建设工程监理范围和规模标准规定》(第86号部令)规定了必须实行监理的建设工程项目具体范围和规模标准。

建设工程监理的范围是由监理合同决定的。建设工程监理定位于施工阶段,工程勘察、设计、保修等阶段提供的服务(监理、咨询)活动均为相关服务。建设工程的全过程包括项目建议书阶段、可行性研究阶段、设计阶段、施工准备阶段、施工阶段、生产准备阶段、竣工验收阶段、保修阶段。目前，全国部分大、中型工程监理企业更名为工程项目管理公司或工程咨询公司(集团)，承担了大量的工程项目全过程管理(咨询)乃至全过程工程咨询服务，符合国家投融资体制改革需求及建筑业持续健康发展方向，取得了明显的经济和社会效益。多数中、小型工程监理企业在施工阶段的监理过程中，有效地发挥了监理规划、控制和协调作用，为在计划目标内建成工程提供了最好的管理服务。

(5)建设工程监理的目的、任务、主要内容

建设工程监理的目的是实现建设单位所期望的委托监理工程项目的投资、进度、质量三大目标。

为完成建设工程项目的三大目标，在建设工程施工阶段，建设单位、勘察单位、设计单位、施工单位、监理单位、材料和设备供应单位等工程建设的各类行为主体均出现在建设工程当中，组成了一个完整的建设工程组织体系，形成了"政府监督、社会监理、企业自我管理"的工程项目管理机制。

建设工程监理的任务是为了达到其目的，综合运用法律、经济、技术、合同等手段、方法和措施，对委托监理工程进行投资、进度、质量等目标的控制。

建设工程监理的主要工作内容可归纳为"三控两管一协调"。"三控"即投资控制、进度控制、质量控制，"二管"即合同管理、信息管理，"一协调"即协调与建设工程项目有关各方之间的关系。此外，还需履行建设工程安全生产管理的法定职责，这是《建设工程安全生产管理条例》赋予工程监理单位的社会责任。

1.1.3 建设工程监理的性质

1. 服务性

建设工程监理是工程监理企业接受建设单位委托而开展的一种高智能的有偿技术服务活动。建设工程监理的主要手段是规划、控制、协调，在工程建设中，监理人员利用自己的知识、技能和经验、信息以及必要的试验、检测手段，为建设单位提供管理服务。

工程监理企业不能完全取代建设单位的管理活动。它不具有工程建设重大问题的决策权，只能在授权范围内代表建设单位进行管理。

建设工程监理的服务对象是建设单位。监理服务按照监理合同的规定进行，受法律约束和保护。

2. 科学性

科学性由建设工程监理要达到的基本目的所决定。建设工程监理以协助建设单位实现其投资目的为己任，力求在计划的目标内建成工程。面对工程规模日趋庞大，环境日益复杂，功能、标准要求越来越高，新技术、新工艺、新材料、新设备不断涌现，参加建设的单位越来越多，市场竞争日益激烈，风险日渐增加的情况，只有采用科学的思想、理论、方法和手段，才能为建设单位提供高水平的专业服务。

科学性主要表现在：工程监理企业应当有足够数量、有丰富管理经验和应变能力的监理工程师队伍；要有一套健全的管理制度和科学、先进的管理手段；要积累足够的技术经济资

料和数据;要有科学的工作态度和严谨的工作作风;要实事求是、创造性地开展工作。

3.独立性

《建筑法》明确规定,工程监理企业应当根据建设单位的委托,客观、公正地执行监理任务。《建设工程监理规范》要求工程监理企业应公平、独立、诚信、科学地开展建设工程监理与相关服务活动。

建设工程监理独立性的要求是一项国际惯例。国际咨询工程师联合会认为,工程监理企业是"作为一个独立的专业公司受聘于业主去履行服务的一方",应当"根据合同进行工作",监理工程师应当"作为一名独立的专业人员进行工作",工程监理企业"相对于承包商、制造商、供应商,必须保持其行为的绝对独立性,不得从他们那里接受任何形式的好处,而使他的决定的公正性受到影响或不利于他行使委托人赋予他的职责",监理工程师"不得与任何妨碍他作为一个独立的咨询工程师工作的商务活动有关"。

按照独立性要求,依据有关法规,在委托监理的工程中,工程监理单位与承建单位不得有隶属关系和其他利害关系;在开展工程监理过程中,必须建立自己的组织,按照自己的工作计划、程序、流程、方法、手段,根据自己的判断,独立开展工程监理工作。

4.公平性

FIDIC规定(咨询)工程师不充当调解人或仲裁人的角色,只是接受建设单位报酬负责进行施工合同管理的受托人。在开展建设工程监理与相关服务的过程中,工程监理企业虽无法成为公正或不偏不倚的第三方,但应当排除各种干扰,客观、公平地对待监理的委托单位和承建单位。

特别是当建设单位和承建单位发生利益冲突或者矛盾时,工程监理企业应以事实为依据,以法律和有关合同为准绳,在维护建设单位的合法权益时,不损害承建单位的合法权益。例如,在调解双方之间的争议、处理工程索赔和工程延期、进行工程款支付控制以及竣工结算时,应当尽量客观、公平地对待建设单位和承建单位。

1.1.4 建设工程监理的作用

1.有利于提高建设工程投资决策科学化水平

建设单位委托工程监理企业进行工程项目管理即全过程管理,甚至进行全过程工程咨询,可大大提高投资效益、工程建设质量和运营效率,提升建设工程资产投资决策科学化水平。在工程项目前期,工程监理企业可协助建设单位选择适当的工程咨询机构,管理工程咨询合同的实施,并对咨询结果(如项目建议书、可行性研究报告)进行评估,提出有价值的修改意见和建议;或者具有相应咨询资质的工程监理企业可直接参与或承担项目投资决策阶段的咨询服务,就投资项目的市场、技术、经济、生态环境、能源、资源、安全等影响可行性的要素,结合国家、地区、行业发展规划及相关重大专项建设规划、产业政策、技术标准及相关审批要求进行分析研究和论证,为投资者提供决策依据和建议,实现建设工程投资综合效益最大化打下良好的基础。

2. 有利于规范工程建设参与各方的建设行为

在建设工程实施过程中，工程监理单位可依据建设工程监理合同和有关的建设工程合同对承建单位的建设行为进行监督管理。由于这种约束机制贯穿于工程建设的全过程，因此采用事前、事中和事后控制相结合的方式，可以有效地规范各承建单位的建设行为，最大限度地避免不当建设行为的发生。即使出现不当建设行为，也可以及时加以制止，最大限度地减少不良后果。另外，多数建设单位不甚了解建设工程有关的法律、法规、规章、管理程序和市场行为准则，有可能发生不当建设行为。在这种情况下，工程监理单位可向建设单位提出适当建议，从而避免发生建设单位的不当建设行为，这对规范建设单位的建设行为也可起到一定的约束作用。

此外，社会化、专业化的工程监理企业改变了各级政府既要宏观管理又要微观监督的不合理局面，可谓在工程建设领域真正实现了政企分开。当然，工程监理企业首先必须规范自身的行为，并接受政府的监督、管理。

3. 有利于保证建设工程质量和进行安全生产

建设工程是一种特殊的产品，不仅投资大、工期长、施工过程复杂，而且关系到人民的生命财产安全和健康，仅仅依靠承建单位的自我管理和政府的宏观监督是不够的。既懂工程技术又懂经济管理的监理工程师队伍，有能力及时发现建设工程实施过程中出现的问题，并督促、协调有关单位和人员采取相应措施，保证建设工程质量和进行安全生产。在政府监督、承建单位自我管理的基础上，社会化、专业化的工程监理企业介入建设工程生产全过程，对保证建设工程质量和使用安全有着重要意义。

4. 有利于提高建设工程的投资效益

就建设单位而言，建设工程投资效益最大化有以下三种不同表现：

(1)在满足建设工程预定功能和质量标准的前提下，建设投资额最少。

(2)在满足建设工程预定功能和质量标准的前提下，建设工程寿命周期费用(或全寿命费用)最少。

(3)建设工程本身的投资效益与环境、社会效益的综合效益最大化。

建设单位委托建设工程监理后，工程监理企业不仅能协助建设单位实现建设工程的投资效益，而且能大大提高全社会的投资效益，促进国民经济的发展。

1.1.5 建设工程监理的特点

我国的建设工程监理在建立之初，无论是在管理理论和方法，还是在业务内容和工作程序上，都与国外的工程项目管理或工程咨询相同。在具有中国特色的市场经济发展环境中，我国的建设工程监理与国外发达国家相比，具有自己的特点。

1. 建设工程监理制度属于强制推行的制度

国外发达国家的建设项目管理，适应建筑市场中建设单位的需求而产生，是现代经济发展和社会进步的必然产物，很少来自政府部门的行政干预。我国的建设工程监理，却是在计划经济转变为市场经济初期，作为建设工程管理体制改革的一项新制度而产生的，并且依靠行政的、法律的手段在全国范围内推广。我国不仅在各级政府部门中设立了主管建设工程监理工作的行政机构,制定了推行这一制度的有关法规、文件,明确了必须实行建设工程监理的工程范围,而且进行政府监督和积极引导。其结果是建设工程监理在我国得到较快发展,形成了一批社会化、专业化的工程监理企业和较高素质的监理工程师队伍,缩小了与发达国家建设项目管理的差距。

2. 建设工程监理的服务对象具有单一性

在国际上,建设项目管理不仅为建设单位服务,而且为设计单位、施工单位提供服务。我国的建设工程监理只接受建设单位的委托并为其提供管理服务,相对于国际上的建设项目管理,我国的建设工程监理属于为建设单位服务的项目管理。

3. 建设工程监理具有监督功能

我国的工程监理企业在接受建设单位的委托、授权后,依据监理合同和建设工程合同,对承建单位的建设行为进行监督。不仅对承建单位的施工过程和施工工序进行监督、检查、验收,而且对其不当建设行为可以预先防范、指令改正,或向有关部门反映、请求纠正。

4. 我国监理行业中市场准入的双重控制

在建设项目管理方面,国外一些发达国家只对专业人士的执业资格提出要求,而没有对企业的资质加以规定。也就是说,国外的具有执业资格的专业人士在向行业管理部门(协会)注册后,即可开展业务。我国对建设工程监理的市场准入采取了企业资质和人员资格的双重控制。工程监理企业必须拥有一定数量国家注册监理工程师和其他专业人员、一定的试验检测设备。向建设行政主管部门申请取得相应的监理资质证书后,方可开展工程监理业务。这种市场准入的双重控制,保证了我国建设工程监理队伍的基本素质,也为我国建设工程监理市场健康发展提供了有力保证。

学习子情境1.2 遵守法律法规中有关监理的规定

1.2.1 建设工程法律法规体系

建设工程法律法规体系是指根据《中华人民共和国立法法》的规定,制定和公布施行的有关建设工程的各项法律、行政法规、地方性法规、自治条例、单行条例、部门规章和地方政府规章的总称。

与工程监理有关的法律、法规、规章见表1-2。

表 1-2　　　　　　　　　　与工程监理有关的法律、法规、规章

法律法规体系	说明	制定部门	签署人	与监理有关的文件
宪法	是国家的根本大法,具有最高的法律地位和效力,任何其他法律、法规都必须符合宪法的规定,而不得与之相抵触	—	—	—

(续表)

法律法规体系	说明	制定部门	签署人	与监理有关的文件
法律	是指行使国家立法权的全国人民代表大会及其常务委员会制定的规范性文件。其法律地位和效力仅次于宪法，在全国范围内具有普遍的约束力	全国人民代表大会及其常务委员会	由国家主席签署主席令予以公布	《建筑法》《招标投标法》《民法典》《环境保护法》
行政法规	是指作为国家最高行政机关的国务院制定颁布的有关行政管理的规范性文件。其效力低于宪法和法律，在全国范围内有效。行政法规的名称一般为"管理条例"	国务院	由总理签署国务院令予以公布	《建设工程质量管理条例》《建设工程安全生产管理条例》
部门规章	是指国务院各部门（包括具有行政管理职能的直属机构）根据法律和国务院的行政法规、决定、命令在本部门的权限范围内按照规定的程序所制定的规定、办法、暂行办法、标准等规范性文件的总称。部门规章的法律地位和效力低于宪法、法律和行政法规	建设部独立或同国务院有关部门联合	由部长签署建设部令予以公布	《工程监理企业资质管理规定》《注册监理工程师管理规定》《建设工程监理范围和规模标准规定》《房屋建筑工程施工旁站监理管理办法》
地方性法规	是指省、自治区、直辖市以及省级人民政府所在市和经国务院批准的较大的市人民代表大会及其常委会制定，只在本行政区域内具有法律效力的规范性文件	省、自治区、直辖市以及省级人民政府所在市和经国务院批准的较大的市的人民代表大会及其常委会	—	《河北省建筑条例》
地方性规章	是指由省、自治区、直辖市以及省级人民政府所在市和经国务院批准的较大的市人民地方政府制定颁布的规范性文件	省、自治区、直辖市以及省级人民政府所在市和经国务院批准的较大的市人民地方政府	—	例如：《河北省房屋建筑工程和市政基础设施工程实行见证取样和送检的管理规定》《河北省建设工程竣工验收及备案管理办法》

以上法律、法规、规章的效力：法律的效力高于行政法规；行政法规的效力高于部门规章。我国有关监理的法律法规体系构成如图1-1所示。

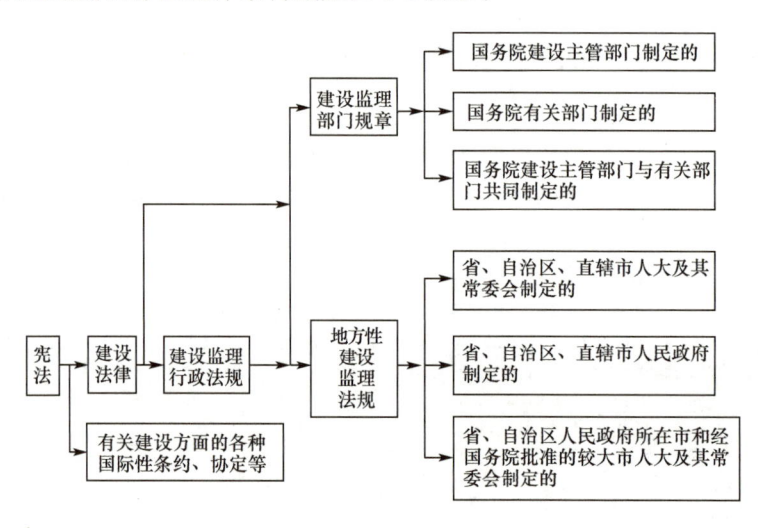

图1-1 我国有关监理的法律法规体系构成

从事监理的人员应当了解和熟悉我国建设工程法律法规体系,并熟悉和掌握与监理工作有关的重要内容,依法实施工程监理。

1.2.2 《中华人民共和国建筑法》

《建筑法》(1997 年 11 月 1 日,主席令 91 号公布;2019 年 4 月 23 日,主席令 29 号修正),是我国建设领域第一大法。整部法律以建筑市场管理为中心,以建筑工程质量和安全为重点,以建筑活动监督管理为主线形成。其分总则、建筑许可、建筑工程发包与承包、建筑工程监理、建筑安全生产管理、建筑工程质量管理、法律责任、附则共八章。与工程监理有关的重要内容有:

第七条 建筑工程开工前,建设单位应当按照国家有关规定向工程所在地县级以上人民政府建设行政主管部门申请领取施工许可证;但是,国务院建设行政主管部门确定的限额以下的小型工程除外。

按照国务院规定的权限和程序批准开工报告的建筑工程,不再领取施工许可证。

第八条 申请领取施工许可证,应当具备下列条件:

(一)已经办理该建筑工程用地批准手续;

(二)依法应当办理建设工程规划许可证的,已经取得建设工程规划许可证;

(三)需要拆迁的,其拆迁进度符合施工要求;

(四)已经确定建筑施工企业;

(五)有满足施工需要的资金安排、施工图纸及技术资料;

(六)有保证工程质量和安全的具体措施。

建设行政主管部门应当自收到申请之日起七日内,对符合条件的申请颁发施工许可证。

第十二条 从事建筑活动的建筑施工企业、勘察单位、设计单位和工程监理单位,应当具备下列条件:

(一)有符合国家规定注册资本;

(二)有与其从事的建筑活动相适应的具有法定执业资格的专业技术人员;

(三)有从事相关建筑活动所应有的技术装备;

(四)法律、行政法规规定的其他条件。

第十三条 从事建筑活动的建筑施工企业、勘察单位、设计单位和工程监理单位,按照其拥有的注册资本、专业技术人员、技术装备和已完成的建筑工程业绩等资质条件,划分为不同的资质等级,经资质审查合格,取得相应等级的资质证书后,方可在其资质等级许可的范围内从事建筑活动。

第十四条 从事建筑活动的专业技术人员,应当依法取得相应的执业资格证书,并在执业资格证书许可的范围内从事建筑活动。

第三十条 国家推行建筑工程监理制度。

国务院可以规定实行强制监理的建筑工程的范围。

第三十一条　实行监理的建筑工程,由建设单位委托具有相应资质条件的工程监理单位监理。建设单位与其委托的工程监理单位应当订立书面监理合同。

第三十二条　建筑工程监理应当依照法律、行政法规及有关的技术标准、设计文件和建筑工程承包合同,对承包单位施工质量、建设工期和建设资金使用等方面,代表建设单位实施监督。

工程监理人员认为工程施工不符合工程设计要求、施工技术标准和合同约定的,有权要求建筑施工企业改正。

工程监理人员发现工程设计不符合建筑工程质量标准或者合同约定的质量要求的,应当报告建设单位,要求设计单位改正。

第三十三条　实施建筑工程监理前,建设单位应当将委托的工程监理单位、监理的内容及监理权限,书面通知被监理的建筑施工企业。

第三十四条　工程监理单位应当在其资质等级许可的监理范围内,承担工程监理业务。工程监理单位应当根据建设单位的委托,客观、公正地执行监理任务。

工程监理单位与被监理工程的承包单位以及建筑材料、建筑构配件和设备供应单位不得有隶属关系或者其他利害关系。

工程监理单位不得转让工程监理业务。

(释义:所谓"隶属关系"是指工程监理单位与承包单位或者建筑材料、建筑构配件和设备供应单位属于行政上、下级的关系;所谓"其他利害关系"是指工程监理单位与承包单位或者建筑材料、建筑构配件和设备供应单位存在某种利益关系,主要是经济上的利益关系。)

第三十五条　工程监理单位不按照监理合同的约定履行监理义务,对应当监督检查的项目不检查或者不按照规定检查,给建设单位造成损失的,应当承担相应的赔偿责任。

工程监理单位与承包单位串通,为承包单位谋取非法利益,给建设单位造成损失的,应当与承包单位承担连带赔偿责任。

第六十九条　工程监理单位与建设单位或者建筑施工企业串通,弄虚作假、降低工程质量的,责令改正,处以罚款,降低资质等级或者吊销资质证书;有违法所得的,予以没收;造成损失的,承担连带赔偿责任;构成犯罪的,依法追究刑事责任。

工程监理单位转让监理业务的,责令改正,没收违法所得,可以责令停业整顿,降低资质等级;情节严重的,吊销资质证书。

1.2.3 《中华人民共和国招标投标法》

《中华人民共和国招标投标法》(1999年8月30日,主席令21号公布;2017年12月27日,主席令86号修正):

第三条　在中华人民共和国境内进行下列工程建设项目包括项目的勘察、设计、施工、监理以及与工程建设有关的重要设备、材料等的采购,必须进行招标:

(一)大型基础设施、公用事业等关系社会公共利益、公众安全的项目;

(二)全部或者部分使用国有资金投资或者国家融资的项目;

(三)使用国际组织或者外国政府贷款、援助资金的项目。

前款所列项目的具体范围和规模标准,由国务院发展计划部门会同国务院有关部门制订,报国务院批准。

法律或者国务院对必须进行招标的其他项目的范围有规定的,依照其规定。

第四条　任何单位和个人不得将依法必须进行招标的项目化整为零或者以其他任何方式规避招标。

第五条　招标投标活动应当遵循公开、公平、公正和诚实信用的原则。

第六条　依法必须进行招标的项目,其招标投标活动不受地区或者部门的限制。任何单位和个人不得违法限制或者排斥本地区、本系统以外的法人或者其他组织参加投标,不得以任何方式非法干涉招标投标活动。

1.2.4 《建设工程质量管理条例》

《建设工程质量管理条例》(2000年1月30日,国务院令279号公布;2019年4月23日,国务院令714号修正)。

第八条　建设单位应当依法对工程建设项目的勘察、设计、施工、监理以及与工程建设有关的重要设备、材料等的采购进行招标。

第九条　建设单位必须向有关的勘察、设计、施工、工程监理等单位提供与建设工程有关的原始资料。

原始资料必须真实、准确、齐全。

第十二条　实行监理的建设工程,建设单位应当委托具有相应资质等级的工程监理单位进行监理,也可以委托具有工程监理相应资质等级并与被监理工程的施工承包单位没有隶属关系或其他利害关系的该工程的设计单位进行监理。

下列建设工程必须实行监理:

(一)国家重点建设工程;

(二)大中型公用事业工程;

(三)成片开发建设的住宅小区工程;

(四)利用外国政府或者国际组织贷款、援助资金的工程;

(五)国家规定必须实行监理的其他工程。

第三十四条　工程监理单位应当依法取得相应等级的资质证书,并在其资质等级许可的范围内承担工程监理业务。

禁止工程监理单位超越本单位资质等级许可的范围或者以其他工程监理单位的名义承担工程监理业务。禁止工程监理单位允许其他单位或者个人以本单位的名义承担工程监理业务。

工程监理单位不得转让工程监理业务。

第三十五条　工程监理单位与被监理工程的施工承包单位以及建筑材料、建筑构配件和设备供应单位有隶属关系或者其他利害关系的,不得承担该项建设工程的监理业务。

第三十六条 工程监理单位应当依照法律、法规以及有关技术标准、设计文件和建设工程承包合同,代表建设单位对施工质量实施监理,并对施工质量承担监理责任。

第三十七条 工程监理单位应当选派具备相应资格的总监理工程师和监理工程师进驻施工现场。

未经监理工程师签字,建筑材料、建筑构配件和设备不得在工程上使用或者安装,施工单位不得进行下一道工序的施工。未经总监理工程师签字,建设单位不拨付工程款,不进行竣工验收。

第三十八条 监理工程师应当按照工程监理规范的要求,采取旁站、巡视和平行检验等形式,对建设工程实施监理。

第四十条 在正常使用条件下,建设工程的最低保修期限为:

(一)基础设施工程、房屋建筑的地基基础工程和主体结构工程,为设计文件规定的该工程的合理使用年限;

(二)屋面防水工程、有防水要求的卫生间、房间和外墙面的防渗漏,为 5 年;

(三)供热与供冷系统,为 2 个采暖期、供冷期;

(四)电气管线、给排水管道、设备安装和装修工程,为 2 年。

其他项目的保修期限由发包方与承包方约定。

建设工程的保修期,自竣工验收合格之日起计算。

第五十六条 违反本条例规定,建设单位有下列行为之一的,责令改正,处 20 万元以上 50 万元以下的罚款:

(一)迫使承包方以低于成本的价格竞标的;

(二)任意压缩合理工期的;

(三)明示或者暗示设计单位或者施工单位违反工程建设强制性标准,降低工程质量的;

(四)施工图设计文件未经审查或者审查不合格,擅自施工的;

(五)建设项目必须实行工程监理而未实行工程监理的;

(六)未按照国家规定办理工程质量监督手续的;

(七)明示或者暗示施工单位使用不合格的建筑材料、建筑构配件和设备的;

(八)未按照国家规定将竣工验收报告、有关认可文件或者准许使用文件报送备案的。

第六十条 违反本条例规定,勘察、设计、施工、工程监理单位超越本单位资质等级承揽工程的,责令停止违法行为,对勘察、设计单位或者工程监理单位处合同约定的勘察费、设计费或者监理酬金 1 倍以上 2 倍以下的罚款;对施工单位处工程合同价款百分之二以上百分之四以下的罚款,可以责令停业整顿,降低资质等级;情节严重的,吊销资质证书;有违法所得的,予以没收。

未取得资质证书承揽工程的,予以取缔,依照前款规定处以罚款;有违法所得的,予以没收。

以欺骗手段取得资质证书承揽工程的,吊销资质证书,依照本条第一款规定处以罚款;有违法所得的,予以没收。

第六十一条 违反本条例规定,勘察、设计、施工、工程监理单位允许其他单位或者个人以本单位名义承揽工程的,责令改正,没收违法所得,对勘察、设计单位和工程监理单位处合同约定的勘察费、设计费和监理酬金1倍以上2倍以下的罚款,对施工单位处工程合同价款百分之二以上百分之四以下的罚款;可以责令停业整顿,降低资质等级;情节严重的,吊销资质证书。

第六十二条 违反本条例规定,承包单位将承包的工程转包或者违法分包的,责令改正,没收违法所得,对勘察、设计单位处合同约定的勘察费、设计费百分之二十五以上百分之五十以下的罚款;对施工单位处工程合同价款百分之零点五以上百分之一以下的罚款;可以责令停业整顿,降低资质等级;情节严重的,吊销资质证书。

工程监理单位转让工程监理业务的,责令改正,没收违法所得,处合同约定的监理酬金百分之二十五以上百分之五十以下的罚款;可以责令停业整顿,降低资质等级;情节严重的,吊销资质证书。

第六十七条 工程监理单位有下列行为之一的,责令改正,处50万元以上100万元以下的罚款,降低资质等级或者吊销资质证书;有违法所得的,予以没收;造成损失的,承担连带赔偿责任。

(一)与建设单位或者施工单位串通,弄虚作假、降低工程质量的;

(二)将不合格的建设工程、建筑材料、建筑构配件和设备按照合格签字的。

第六十八条 违反本条例规定,工程监理单位与被监理工程的施工承包单位以及建筑材料、建筑构配件和设备供应单位有隶属关系或者其他利害关系承担该项建设工程的监理业务的,责令改正,处5万元以上10万元以下的罚款,降低资质等级或者吊销资质证书;有违法所得的,予以没收。

第七十二条 违反本条例规定,注册建筑师、注册结构工程师、监理工程师等注册执业人员因过错造成质量事故的,责令停止执业1年;造成重大质量事故的,吊销执业资格证书,5年以内不予注册;情节特别恶劣的,终身不予注册。

第七十四条 建设单位、设计单位、施工单位、工程监理单位违反国家规定,降低工程质量标准,造成重大安全事故,构成犯罪的,对直接责任人员依法追究刑事责任。

第七十七条 建设、勘察、设计、施工、工程监理单位的工作人员因调动工作、退休等离开该单位后,被发现在该单位工作期间违反国家有关建设工程质量管理规定,造成重大工程质量事故的,仍应当依法追究法律责任。

1.2.5 《建设工程安全生产管理条例》

《建设工程安全生产管理条例》(2003年11月,国务院令第393号):

第三条 建设工程安全生产管理,坚持安全第一、预防为主的方针。

第四条 建设单位、勘察单位、设计单位、施工单位、工程监理单位及其他与建设工程安全生产有关的单位,必须遵守安全生产法律、法规的规定,保证建设工程安全生产,依法承担建设工程安全生产责任。

第十四条　工程监理单位应当审查施工组织设计中的安全技术措施或者专项施工方案是否符合工程建设强制性标准。

工程监理单位在实施监理过程中,发现存在安全事故隐患的,应当要求施工单位整改;情况严重的,应当要求施工单位暂时停止施工,并及时报告建设单位。施工单位拒不整改或者不停止施工的,工程监理单位应当及时向有关主管部门报告。

工程监理单位和监理工程师应当按照法律、法规和工程建设强制性标准实施监理,并对建设工程安全生产承担监理责任。

第五十七条　违反本条例的规定,工程监理单位有下列行为之一的,责令限期改正;逾期未改正的,责令停业整顿,并处10万元以上30万元以下的罚款;情节严重的,降低资质等级,直至吊销资质证书;造成重大安全事故,构成犯罪的,对直接责任人员,依照刑法有关规定追究刑事责任;造成损失的,依法承担赔偿责任:

(一)未对施工组织设计中的安全技术措施或者专项施工方案进行审查的;

(二)发现安全事故隐患未及时要求施工单位整改或者暂时停止施工的;

(三)施工单位拒不整改或者不停止施工,未及时向有关主管部门报告的;

(四)未依照法律、法规和工程建设强制性标准实施监理的。

第五十八条　注册执业人员未执行法律、法规和工程建设强制性标准的,责令停止执业3个月以上1年以下;情节严重的,吊销执业资格证书,5年内不予注册;造成重大安全事故的,终身不予注册;构成犯罪的,依照刑法有关规定追究刑事责任。

1.2.6 《建设工程监理范围和规模标准规定》

《建设工程监理范围和规模标准规定》(2001年1月,建设部第86号令):

第二条　下列建设工程必须实行监理:

(一)国家重点建设工程;

(二)大中型公用事业工程;

(三)成片开发建设的住宅小区工程;

(四)利用外国政府或者国际组织贷款、援助资金的工程;

(五)国家规定必须实行监理的其他工程。

第三条　国家重点建设工程,是指依据《国家重点建设项目管理办法》所确定的对国民经济和社会发展有重大影响的骨干项目。

第四条　大中型公用事业工程,是指项目总投资额在3 000万元以上的下列工程项目:

(一)供水、供电、供气、供热等市政工程项目;

(二)科技、教育、文化等项目;

(三)体育、旅游、商业等项目;

(四)卫生、社会福利等项目;

(五)其他公用事业项目。

第五条 成片开发建设的住宅小区工程,建筑面积在5万平方米以上的住宅建设工程必须实行监理;5万平方米以下的住宅建设工程,可以实行监理,具体范围和规模标准,由省、自治区、直辖市人民政府建设行政主管部门规定。

为了保证住宅质量,对高层住宅及地基、结构复杂的多层住宅应当实行监理。

第六条 利用外国政府或者国际组织贷款、援助资金的工程范围包括:

(一)使用世界银行、亚洲开发银行等国际组织贷款资金的项目;

(二)使用国外政府及其机构贷款资金的项目;

(三)使用国际组织或者国外政府援助资金的项目。

第七条 国家规定必须实行监理的其他工程包括:

(一)项目总投资额在3 000万元以上关系社会公共利益、公众安全的下列基础设施项目:

(1)煤炭、石油、化工、天然气、电力、新能源等项目;

(2)铁路、公路、管道、水运、民航以及其他交通运输业等项目;

(3)邮政、电信枢纽、通信、信息网络等项目;

(4)防洪、灌溉、排涝、发电、引(供)水、滩涂治理、水资源保护、水土保持等水利建设项目;

(5)道路、桥梁、地铁和轻轨交通、污水排放及处理、垃圾处理、地下管道、公共停车场等城市基础设施项目;

(6)生态环境保护项目;

(7)其他基础设施项目。

(二)学校、影剧院、体育场馆项目。

1.2.7 《房屋建筑工程施工旁站监理管理办法(试行)》

房屋建筑工程施工旁站监理管理办法(试行)

建市[2002]189号

第一条 为加强对房屋建筑工程施工旁站监理的管理,保证工程质量,依据《建设工程质量管理条例》的有关规定,制定本办法。

第二条 本办法所称房屋建筑工程施工旁站监理(以下简称旁站监理),是指监理人员在房屋建筑工程施工阶段监理中,对关键部位、关键工序的施工质量实施全过程现场跟班的监督活动。

本办法所规定的房屋建筑工程的关键部位、关键工序,在基础工程方面包括:土方回填,混凝土灌注桩浇筑,地下连续墙、土钉墙、后浇带及其他结构混凝土、防水混凝土浇筑,卷材防水层细部构造处理,钢结构安装;在主体结构工程方面包括:梁柱节点钢筋隐蔽过程,混凝土浇筑,预应力张拉,装配式结构安装,钢结构安装,网架结构安装,索膜安装。

第三条 监理企业在编制监理规划时,应当制定旁站监理方案,明确旁站监理的范围、内容、程序和旁站监理人员职责等。旁站监理方案应当送建设单位和施工企业各一份,并抄送工程所在地的建设行政主管部门或其委托的工程质量监督机构。

第四条　施工企业根据监理企业制定的旁站监理方案,在需要实施旁站监理的关键部位、关键工序进行施工前24小时,应当书面通知监理企业派驻工地的项目监理机构。项目监理机构应当安排旁站监理人员按照旁站监理方案实施旁站监理。

第五条　旁站监理在总监理工程师的指导下,由现场监理人员负责具体实施。

第六条　旁站监理人员的主要职责:

(一)检查施工企业现场质检人员到岗、特殊工种人员持证上岗以及施工机械、建筑材料准备情况;

(二)在现场跟班监督关键部位、关键工序的施工执行施工方案以及工程建设强制性标准情况;

(三)核查进场建筑材料、建筑构配件、设备和商品混凝土的质量检验报告等,并可在现场监督施工企业进行检验或者委托具有资格的第三方进行复验;

(四)做好旁站监理记录和监理日记,保存旁站监理原始资料。

第七条　旁站监理人员应当认真履行职责,对需要实施旁站监理的关键部位、关键工序在施工现场跟班监督,及时发现和处理旁站监理过程中出现的质量问题,如实准确地做好旁站监理记录。凡旁站监理人员和施工企业现场质检人员未在旁站监理记录(见附件)上签字的,不得进行下一道工序施工。

第八条　旁站监理人员实施旁站监理时,发现施工企业有违反工程建设强制性标准行为的,有权责令施工企业立即整改;发现其施工活动已经或者可能危及工程质量的,应当及时向监理工程师或者总监理工程师报告,由总监理工程师下达局部暂停施工指令或者采取其他应急措施。

第九条　旁站监理记录是监理工程师或者总监理工程师依法行使有关签字权的重要依据。对于需要旁站监理的关键部位、关键工序施工,凡没有实施旁站监理或者没有旁站监理记录的,监理工程师或者总监理工程师不得在相应文件上签字。在工程竣工验收后,监理企业应当将旁站监理记录存档备查。

第十条　对于按照本办法规定的关键部位、关键工序实施旁站监理的,建设单位应当严格按照国家规定的监理取费标准执行;对于超出本办法规定的范围,建设单位要求监理企业实施旁站监理的,建设单位应当另行支付监理费用,具体费用标准由建设单位与监理企业在合同中约定。

第十一条　建设行政主管部门应当加强对旁站监理的监督检查,对于不按照本办法实施旁站监理的监理企业和有关监理人员要进行通报,责令整改,并作为不良记录载入该企业和有关人员的信用档案;情节严重的,在资质年检时应定为不合格,并按照下一个资质等级重新核定其资质等级;对于不按照本办法实施旁站监理而发生工程质量事故的,除依法对有关责任单位进行处罚外,还要依法追究监理企业和有关监理人员的相应责任。

第十二条　其他工程的施工旁站监理,可以参照本办法实施。

第十三条　本办法自2003年1月1日起施行。

附件:旁站记录。

附件:

旁站记录

工程名称:　　　　　　　　　　　　　　　　　　　　　　　　　　　　　编号

旁站的关键部位、关键工序		施工单位	
旁站开始时间	年 月 日 时 分	旁站结束时间	年 月 日 时 分
旁站的关键部位、关键工序施工情况:			
发现问题及处理情况:			

旁站监理人员(签字):
年 月 日

注:本表一式一份,项目监理机构留存。

学习子情境1.3　了解监理的建设程序和管理制度

1.3.1 建设程序

1. 建设程序的概念

所谓建设程序是指一项建设工程从设想、提出到决策,经过设计、施工,直至投产或交付使用的整个过程中,应当遵循的内在规律。

我国一般大中型及限额以上项目的建设程序中,将建设活动分成以下两个阶段:建设前期及决策阶段和项目实施阶段。建设前期及决策阶段即提出项目建议书,编制可行性研究报告,根据咨询评估情况对建设项目进行决策。项目实施阶段包括:根据批准的可行性研究报告进行勘察设计,编制设计文件;设计批准后,做好施工前各项准备工作;具备开工条件后组织施工安装;根据施工进度做好生产或动工前准备工作;项目按照批准的设计内容建完,进行竣工验收,验收合格后正式投产或交付使用。

2. 建设工程各阶段工作内容

(1) 项目建议书阶段

项目建议书是拟建项目单位向国家提出的要求建设某一项目的建议文件,是对工程项目建设的初步设想。项目建议书的主要作用是推荐一个拟建项目,论述其建设的必要性、可行性和获利的可能性,供国家决策机构选择并确定是否进行下一步工作。

项目建议书的内容视项目的不同有繁有简,但一般应包括以下几方面的内容:
①项目提出的必要性和依据;
②产品方案、拟建规模和建设地点的初步设想;
③资源情况、建设条件、协作关系和设备引进国别、厂商的初步分析;
④投资估算、资金筹措及还贷方案设想;
⑤项目进度安排;
⑥经济效益和社会效益的初步估计;
⑦环境影响的初步评价。

对于政府投资项目,项目建议书按要求编制完成后,应根据建设规模和限额划分分别报送有关部门审批。项目建议书批准后,可以进行详细的可行性研究报告,但并不表明项目非上不可,批准的项目建议书不是项目的最终决策。根据《国务院关于投融资体制改革的决定》(国发[2004]20号),对于企业不使用政府资金投资建设的项目,政府不再进行投资决策性质的审批,项目实行核准制或登记备案制,企业不需要编制项目建议书而可直接编制项目可行性研究报告。

(2) 可行性研究阶段

可行性研究是指在项目决策前,通过调查、研究、分析与项目有关的工程、技术、经济等方面的条件和情况,对可能的多种方案进行比较论证,同时对项目建成后的经济效益进行预测和评价的一种投资决策分析研究方法和科学分析活动。

①作用:可行性研究的主要作用是为建设项目投资决策提供依据,同时也为建设项目设计、银行贷款、申请开工建设、建设项目实施、项目评估、科学试验、设备制造等提供依据。

②内容:可行性研究是从项目建设和生产经营全过程分析项目的可行性,应完成以下工作内容:

◎ 市场研究,以解决项目建设的必要性问题;
◎ 工艺技术方案的研究,以解决项目建设的技术可行性问题;
◎ 财务和经济分析,以解决项目建设的经济合理性问题。

凡经可行性研究未通过的项目,不得进行下一步工作。

(3)项目投资决策审批

根据《国务院关于投资体制改革的决定》,政府投资项目和非政府投资项目分别实行审批制、核准制或备案制。

①政府投资项目。政府投资项目一般都要经过符合资质要求的咨询中介机构的论证,特别重大的项目还应实行专家评议制度。政府投资项目目前均由政府的发展和改革部门进行审批。

②非政府投资项目。对于企业不使用政府资金投资建设的项目,一律不再实行审批制,区别不同情况实行核准制或登记备案制。

(4)勘察设计阶段

工程勘察包括工程测量、工程地质和水文地质勘察等内容,是为了查明工程项目建设地点的地形地貌、地层土质、岩性、地质构造、水文等自然条件而进行的测量、测绘、测试、观察、调查、勘探、试验、鉴定、研究和综合评价工作,为建设项目进行选择厂(场、坝)址、工程的设计和施工,提供科学、可靠的依据。

设计是对拟建工程在技术和经济上进行全面的安排,是工程建设计划的具体化,是组织施工的依据。设计质量直接关系到建设工程的质量,是建设工程的决定性环节。经批准立项的建设工程,一般应通过招标投标择优选择设计单位。

一般工程进行两阶段设计,即初步设计和施工图设计。有些工程,根据需要可在两阶段之间增加技术设计。

①初步设计。初步设计是根据批准的可行性研究报告和设计基础资料,对工程进行系统研究,概略计算。目的是在指定的时间、空间等限制条件下,在总投资控制的额度内和质量要求下,做出技术上可行、经济上合理的设计和规定,并编制工程总概算。如果初步设计提出的总概算超过可行性研究报告总投资的10%以上,或者其他主要指标需要变更时,应重新向原审批单位报批。

②技术设计。为了进一步解决初步设计中的重大问题,如工艺流程、建筑结构、设备选型等,根据初步设计和进一步的调查研究资料进行技术设计。这样做可以使各种技术问题得以解决,方案得以确定。

③施工图设计。在初步设计或技术设计基础上进行施工图设计,使设计达到施工安装的要求。施工图设计文件未经审查批准的,不得使用。

《建设工程质量管理条例》规定,建设单位应将施工图设计文件报县级以上人民政府建设行政主管部门或其他有关部门审查,未经审查批准的施工图设计文件不得使用。

(5)建设准备阶段

工程开工建设前,应当切实做好各项准备工作。按规定做好准备工作,具备开工条件以后,建设单位申请开工。经批准,项目进入下一阶段,即施工安装阶段。

(6)施工安装阶段

建设工程具备了开工条件并取得施工许可证后,才能开工。本阶段的主要任务是按设计进行施工安装,建成工程实体。在施工安装阶段,施工承包单位应认真做好图纸会审工作,参加设计交底,了解设计意图,明确质量要求;选择合适的材料供应商;做好人员管理;合理组织施工;建立并落实技术管理、质量管理体系和质量保证体系;严格把好中间质量验收和竣工验收环节。

(7)生产准备阶段

工程投产前,建设单位应当做好各项生产准备工作。生产准备阶段是由建设阶段转入生产经营阶段的重要衔接阶段。生产准备阶段主要工作有:组建管理机构,制定有关制度和规定;招聘并培训生产管理人员,组织有关人员参加设备安装、调试、工程验收;签订供货及运输协议;进行工具、器具、备品、备件等的制造或订货;其他需要做好的有关工作。

(8)竣工验收阶段

建设工程按设计文件规定的内容和标准全部完成,达到竣工验收条件,建设单位即可组织竣工验收,勘察、设计、施工、监理等有关单位应参加竣工验收。

竣工验收合格后,建设工程方可交付使用。竣工验收后,建设单位应及时向建设行政主管部门或其他有关部门备案并移交建设项目档案。

1.3.2 建设工程主要管理制度

1.项目法人责任制

为了建立投资约束机制,规范建设单位的行为,建设工程应当按照政企分开的原则组建项目法人,实行项目法人责任制,即由项目法人对项目的策划、资金筹措、建设实施、生产经营、债务偿还和资产的保值增值实行全过程负责的制度。

(1)项目法人责任制是实行建设工程监理制的必要条件

实行项目法人责任制,执行谁投资、谁决策、谁承担风险的市场经济基本原则,项目法人为了做好决策,尽量避免承担风险,也就为建设工程监理提供了社会需求空间和发展空间。

(2)建设工程监理制是实行项目法人责任制的基本保障

建设单位在工程监理企业的协助下,做好投资控制、进度控制、质量控制、合同管理、信息管理、组织协调等工作,就为在计划目标内实现建设项目提供了基本保障。

2.建设工程施工许可制

建设工程开工前,建设单位应当按照国家有关规定向工程所在地县级以上人民政府建设行政主管部门申请领取施工许可证,其条件之一是有保证工程质量和安全的具体措施。《建设工程安全生产管理条例》第十条规定,建设单位在申请领取施工许可证时,应当提供建设工程有关安全施工措施的资料。依法批准开工报告的建设工程,建设单位应当自开工报告批准之日起15日内,将保证安全施工的措施报送建设工程所在地县级以上地方人民政府建设行政主管部门或者其他有关部门备案。

3.从业资格与资质制

《建筑法》规定,在我国从事建设活动的建筑施工企业、勘察单位、设计单位和工程监理单位,应当取得相应等级的资质证书,方可在其资质等级许可的范围内从事建筑活动。在我国从事建设活动的专业技术人员,应当依法取得相应的执业资格证书,并在执业资格证书许可的范围内从事建筑活动。

4.建设工程招标投标制

《中华人民共和国招标投标法》和国务院已经规定了进行招标的工程建设项目具体范围和规模标准,包括项目的勘察、设计、施工、监理以及与工程建设有关的重要设备、材料等的采购必须进行招标。

5.建设工程监理制

国家推行建设工程监理制度,国务院规定了实行强制监理的建设工程的范围。建设工程监理应当依照法律、行政法规及有关的技术标准、设计文件和工程承包合同,对承包单位在施工质量、建设工期和建设资金使用等方面,代表建设单位实施监督。工程监理人员认为,工程施工不符合工程设计要求、施工技术标准和合同约定的,有权要求建筑施工企业改正;工程监理人员认为,工程设计不符合建筑工程质量标准或者合同约定的质量要求的,应当报告建设单位,要求设计单位改正。

建设工程监理的主要内容是控制建设工程的投资、工期和质量,进行合同管理、安全管理和信息管理,协调工程建设项目有关各方间的工作关系。

6.合同管理制

建设工程的勘察、设计、施工、设备材料采购和工程监理都要依法订立合同。各类合同都要明确质量要求、履约担保和违约处罚条款,违约方要承担相应的法律责任。

7.安全生产责任制

所有的工程建设单位都必须遵守《中华人民共和国招标投标法》《建设工程安全生产管理条例》和其他有关安全生产的法律、法规,加强安全生产管理,坚持安全第一、预防为主、综合治理的方针,建立健全安全生产的责任制度,完善安全生产条件,确保安全生产。

8.工程质量责任制

从事工程建设活动的所有单位都要为自己的建设行为以及该行为结果的质量负责,并接受相应的监督。

9.工程质量保修制

建设工程承包单位在向建设单位提交工程竣工验收报告时,应当向建设单位出具质量保修书。质量保修书中应当明确建设工程的保修范围、保修期限和保修责任。

10.工程竣工验收制

建设工程项目建成后,必须按国家有关规定进行严格的竣工验收,竣工验收合格后方可交付使用。对未经验收或验收不合格就交付使用的,要追究项目法定代表人的责任;造成重大损失的,要追究其法律责任。

11.建设工程质量备案制

工程竣工验收合格后,建设单位应当在工程所在地县级以上地方人民政府建设行政主管部门备案,提交工程竣工验收报告,勘察、设计、施工、工程监理等单位分别签署的质量合格文件,法律、行政法规规定的应当由规划、公安消防、环保等部门出具的认可文件或者准许使用文件,工程质量保修书以及备案机关认为需要提供的有关资料。

12.建设工程质量终身责任制

建设、勘察、设计、施工、工程监理单位的工作人员因调动工作、退休等原因离开该单位后,如果被发现在该单位工作期间违反国家有关建设工程质量管理规定,造成重大工程质量事故的,仍应当依法追究其法律责任。

项目工程质量的行政领导责任人、项目法定代表人、勘察、设计、施工、监理等单位的法定代表人,要按各自的职责对其经手的工程质量负终身责任。如发生重大工程质量事故,不管调到哪里工作、担任什么职务,都要追究其相应的行政和法律责任。

13.工程设计审查制

工程项目设计在完成初步设计文件后,经政府建设主管部门组织工程项目内容所涉及的行业主管部门依据有关法律、法规进行初步设计的会审,会审后由建设主管部门下达设计批准文件,之后方可进行施工图设计。施工图设计文件完成后,送具备资质的施工图设计审查机构,依据国家设计标准、规范的强制性条款进行审查签证后,才能用于工程。

《房屋建筑和市政基础设施工程施工图设计文件审查管理办法》(住房和城乡建设部13号令,2013年8月1日起施行,2018年12月13日修正)审查机构应当对施工图审查下列内容:

(一)是否符合工程建设强制性标准;

(二)地基基础和主体结构的安全性;

(三)消防安全性;

(四)人防工程(不含人防指挥工程)防护安全性;

(五)是否符合民用建筑节能强制性标准,对执行绿色建筑标准的项目,还应当审查是否符合绿色建筑标准;

(六)勘察设计企业和注册执业人员以及相关人员是否按规定在施工图上加盖相应的图章和签字;

(七)法律、法规、规章规定必须审查的其他内容。

1.3.3 建设工程监理的发展趋势

《国务院办公厅关于促进建筑业持续健康发展的意见》(国办发[2017]19号)提出要"培育全过程工程咨询",这一要求在工程建设领域引起极大反响。《国家发展改革委 住房城乡建设部 关于推进全过程工程咨询服务发展的指导意见》(发改投资规[2019]515号)为工程监理企业转型升级指明了发展方向。

1.全过程工程咨询的含义及特点

"培育全过程工程咨询"的提出,有其鲜明的时代背景。首先,是为了完善工程建设组织模式,将传统"碎片化"咨询服务整合为整体集成化咨询服务。其次,是为了适应投资咨询、工程设计、监理、造价咨询等工程咨询类企业转型升级、拓展业务领域的实际需求。最后,是为了更好地适应国际化发展需求。建筑市场国际化不仅是国内企业要更好地"走出去"参与"一带一路"建设的需要,还要考虑国内建筑市场进一步开放、更多国际公司进入国内市场带来的挑战。

所谓全过程工程咨询,是指工程咨询方综合运用多学科知识、工程实践经验、现代科学技术和经济管理方法,采用多种服务方式组合,为委托方在项目投资决策、建设实施乃至运营维护阶段提供局部或整体解决方案的智力性服务活动。

这里的"工程咨询方",可以是具备相应资质和能力的一家咨询单位,也可以是多家咨询单位组成的联合体。"委托方"可以是投资方、建设单位,也可以是项目使用或运营单位。这种全过程工程咨询不仅强调投资决策、建设实施全过程,甚至延伸至运营维护阶段;而且强调技术、经济和管理相结合的综合性咨询。

2. 全过程工程咨询的本质

全过程工程咨询内涵丰富,要将全过程工程咨询与其他相关概念相区别。首先,要将"制度"与"模式"相区别。全过程工程咨询是一种工程建设组织模式,而不是一种制度。工程监理、工程招投标等属于制度,制度的本质是"强制性";而模式的本质是"选择性"。全过程工程咨询可包含工程监理,但不是替代关系。其次,要将"全过程工程咨询"与"项目管理服务"相区别。全过程工程咨询强调技术、经济、管理的综合集成服务;而项目管理服务主要侧重于管理咨询。在工程实践中,企业可以接受委托从事"项目管理服务"或"工程代建",但绝不能用"项目管理服务"或"工程代建"替代"全过程工程咨询"。最后,要将"全过程"与"全寿命期"相区别。全过程工程咨询业务可以覆盖项目投资决策、建设实施全过程,但并非每一个项目都需要从头到尾进行咨询,也可以是其中若干阶段。而且,项目运营维护期咨询可看作是全过程工程咨询的"外延"。总之,培育全过程工程咨询,强调的是企业在实施全过程工程咨询方面业务能力的提升,而不是强调咨询业务范围的"全过程"。

在目前建筑市场环境下,发展全过程工程咨询,需要企业具有较大规模,拥有多项资质、多种人才和多类咨询业务基础,否则,只能采用联合经营方式提供全过程工程咨询。由此可见,发展全过程工程咨询,是一部分有潜力的大型综合型咨询类企业的发展方向,并非所有咨询类企业都可以实现这一目标,这其中当然包括工程监理企业。为此,需要企业结合自身优势和特点,实施差异化战略,切勿盲目跟风。对于暂不具备条件发展全过程工程咨询的企业,需要主营既有的咨询业务,将其"做专""做精"。对于有潜力发展全过程工程咨询的企业,需要以既有的咨询业务为基础,通过科技创新和管理创新,"做优""做强"全过程工程咨询,提升工程咨询国际竞争力。

3. 全过程工程咨询实施策略

全过程工程咨询的核心是通过采用一系列工程技术、经济、管理方法和多阶段集成化服务,为委托方提供增值服务。工程监理企业要想发展为全过程工程咨询企业,需要在以下几方面做出努力:

(1)加大人才培养引进力度。全过程工程咨询是高智力的知识密集型活动,需要工程技术、经济、管理、法律等多学科人才。目前,我国多数企业拥有的人才专业相对单一,工程监理企业拥有执业资格人数最多的是监理工程师,其他专业人员较少,高素质、复合型人才更少。为适应全过程工程咨询服务需求,企业需要加大培养和引进力度,优化人才结构。

(2)优化调整企业组织结构。目前,除少数特大型工程监理企业外,多数企业内部采用直线制组织结构形式。这种组织结构形式职责清晰、管理简单,但难以适应全过程工程咨询服务需求。全过程工程咨询企业的规模一般较大,所涉及人员、部门较多,咨询服务时间跨度也长。为此,需要企业根据咨询业务范围,科学地划分和设置组织层次、管理部门,明确部门职责,建立适应全过程工程咨询业务特点和要求的组织结构。

(3)创新工程咨询服务模式。实施全过程工程咨询,可以通过并购重组扩大企业实力和资质范围;也可以通过建立战略合作联盟,以联合体(或合作体)形式实现咨询业务的联合承揽;此外,对于承揽到的咨询项目,也需要建立适应全过程工程咨询的服务模式。

(4)加强现代信息技术应用。全过程工程咨询是一种智力性服务,需要大量的知识和数据支撑,绝不是在现场靠人头来凑数。现代信息技术的快速发展和广泛应用可为工程咨询提供强有力的技术支撑。企业要掌握先进、科学的工程咨询及项目管理技术和方法,加大工程咨询及项目管理平台的开发和应用力度,综合应用大数据、云平台、物联网、地理信息系统(GIS)、建筑信息建模(BIM)等技术,为委托方提供增值服务。

(5)重视知识管理平台建设。实施全过程工程咨询,需要有大量的信息数据、分析方法,以及类似工程经验;培养高水平人才、解决工程咨询中遇到的问题、各项目团队间共享信息等,均需要有基于互联网的数据、知识库、方法库。知识经济时代,建设知识管理平台,积累、共享、融合和升华显性知识和隐性知识已成为必然。国际上一些领先的咨询公司都非常重视知识管理和项目数据积累,国内企业需要在这方面花大力气迎头赶上。

学习子情境1.4 在建设项目上实行监理的控制目标

1.4.1 建设工程目标控制系统

1.建设工程三大目标之间的关系

建设工程投资、进度、质量三大目标,两两之间存在着既对立又统一的关系。
(1)建设工程三大目标之间的对立关系
三大目标对立关系比较直观,易于理解。不能奢望投资、进度、质量三大目标同时达到"最优",即既要投资少,又要工期短,还要质量好。
(2)建设工程三大目标之间的统一关系
在确定建设工程目标时,应当对投资、进度、质量三大目标之间的统一关系进行客观且尽可能定量的分析。在分析时,要注意以下几方面问题:一是掌握客观规律,充分考虑制约因素;二是对未来的、可能的收益不宜过于乐观;三是将目标规划和计划结合起来。

在对建设工程三大目标对立统一关系进行分析时,需要将投资、进度、质量三大目标作为一个系统统筹考虑,同样需要反复协调和平衡,力求实现整个目标系统最优,也就是实现投资、进度、质量三大目标的统一。

2.建设工程三大目标的含义

(1)建设工程投资控制

①建设工程投资控制的目标:就是通过有效的投资控制工具和具体的投资控制措施,在满足进度和质量要求的前提下,力求使工程实际投资不超过计划投资。

②系统控制:投资控制与进度控制和质量控制同时进行,是整个建设工程目标系统所实施的控制活动的一个组成部分。在实施投资控制的同时,需要满足预定的进度目标和质量目标。所以,要协调与进度控制和质量控制的关系,力求实现整个目标系统最优。

③全过程控制:全过程主要是指建设工程实施的全过程。要从策划咨询、前期可研、设计阶段开始进行投资控制,并将投资控制工作贯穿于建设工程实施的全过程,直至整个工程建成且延续至保修期结束。建设工程的实际投资主要发生在施工阶段,但节约投资的可能性却主要在施工前的阶段,尤其是在设计阶段。在全过程控制的前提下,还要特别强调早期控制的重要性,越早控制效果越好,节约投资的可能性就越大。

④全方位控制:投资目标的全方位控制主要是指对按总投资构成内容分解的各项费用进行控制,即对建筑安装工程费用、设备和工器具购置费用以及工程建设其他费用等都要进行控制。在对建设工程投资进行全方位控制时,应注意以下几个问题:一是要认真分析建设工程及其投资构成的特点,了解各项费用的变化趋势和影响因素;二是要抓主要矛盾,有所侧重;三是要根据各项费用的特点,选择适当的控制方式。

(2)建设工程进度控制

①建设工程进度控制目标:通过有效的进度控制工作和具体的进度控制措施,在满足投资和质量要求的前提下,力求使整个工程实际工期不超过计划工期。

进度控制的目标能否实现,主要取决于处在关键线路上的工程内容能否按预定的时间完成。同时,要避免非关键线路上的工作延误而成为关键线路工作的情况。

②系统控制:在采取进度控制措施时,要尽可能采取对投资目标和质量目标产生有利影响的进度控制措施,重视和利用提高目标控制的总体效果。根据工程进展的实际情况和要求及进度控制措施选择的可能性,有以下三种处理方式:一是在保证进度目标的前提下,将对投资目标和质量目标的影响减少到最低程度;二是适当调整进度目标(延长计划总工期),不影响或基本不影响投资目标和质量目标;三是介于上述两者之间。

③全过程控制:要注意以下三方面问题。一是在工程建设的早期就应当编制进度计划。二是在编制进度计划时,要充分考虑各阶段工作之间的合理搭接。合理确定具体的搭接工作内容和搭接时间,是进度计划优化的重要内容。三是抓好关键线路的进度控制。进度控制的重点对象是关键线路上的各项工作,包括关键线路变化后的各项关键工作。确保不要把非关键线路上的工作延误,变成关键线路工作。

④全方位控制:要从以下几个方面全方位考虑。一是要对整个建设工程的所有工程内容进度进行控制,如控制单项工程、单位工程及区内道路、绿化、配套工程等。二是对整个建设工程的所有工作内容的进度进行控制,如征地、拆迁、勘察、设计、招标、施工、材料与设备采购、动用前准备等各项目工作的控制。实际的进度控制,往往既表现为对工程内容进行的控制,又表现为对工作内容进度的控制。三是对影响进度的各种因素要进行控制,采取措施减少或避免这些因素对进度的影响。四是注意各方面工作进度对施工进度的影响。

施工进度作为一个整体,肯定是在总进度计划中的关键线路上,任何导致施工进度拖延的情况都将导致总进度的拖延。而施工进度的拖延往往是由其他方面工作进度的拖延而引起的。因此,要考虑围绕施工进度的需要来安排其他方面的工作进度。

⑤组织协调与进度控制密切相关:在建设工程三大目标控制中,组织协调对进度控制的作用最为突出且直接,有时甚至能取得常规控制措施难以达到的效果。为了有效地进行进度控制,必须做好与有关单位的协调工作。

(3)建设工程质量控制

①建设工程质量控制的目标:就是通过有效的质量控制工作和具体的质量控制措施,在满足投资和进度要求的前提下,实现工程预定的质量目标。

建设工程的质量包含两个层面意思。首先,建设工程项目必须符合国家现行的关于工程质量的法律、法规、技术标准和规范等的有关规定,尤其是强制性标准的规定。这是对设计、施工质量的基本要求。其次,建设工程的质量目标又是通过合同加以约定的,任何建设工程都有建设单位所要求的特定功能和使用价值,这一质量目标并无固定和统一的标准。但是,任何合同约定的质量目标,必须保证其不得低于国家强制性质量标准的要求。

②系统控制:结合系统控制理论和建设工程项目的要求,对建设工程质量进行控制应从以下几方面考虑:一是避免不断提高质量目标的倾向;二是确保基本质量目标的实现;三是尽可能发挥质量控制对投资目标和进度目标的积极作用。

③全过程控制:建设工程总体质量目标的实现与工程质量的形成过程息息相关,因此必须对工程质量实行全过程控制。要把对施工质量的控制落实到施工各阶段的过程中,特别注重加强对施工过程中每一道工序的质量检验。

④全方位控制:应从以下几方面全方位控制。一是对建设工程所有工程内容的质量进行控制。建设工程是一个整体,其总体质量是各个组成部分质量的综合体现,也取决于具体工作内容的质量。如果某项工程内容的质量不合格,即使其余工程内容的质量都很好,也将导致整个建设工程的质量不合格。二是对建设工程质量目标的所有内容进行控制。建设工程的质量目标包括许多具体的内容,诸如外在质量、工程实体质量、功能和使用价值等。这些具体质量目标之间有时也存在对立统一的关系,在质量控制工作中要特别重视对功能和使用价值质量目标的控制。三是对影响建设工程质量目标的所有因素进行控制。对人、机械、材料、方法和环境(简称"人机料法环")五个方面因素进行全方位控制。

⑤工程质量三重控制:由于建设工程质量的特殊性,需要对其从三方面加以控制。一是实施者自身的质量控制,这是从产品生产者角度进行的质量控制;二是政府对工程质量的监督,这是从社会公众角度进行的质量控制;三是监理单位的质量控制,这是从建设单位或者说是从产品需求者角度进行的质量控制。

对于建设工程质量,加强政府的质量监督和监理单位的质量控制非常必要,但决不能因此而淡化或弱化实施者自身的质量。

⑥工程质量事故处理:工程质量事故在建设工程实施过程中具有多发性特点。如果拖延的工期、超额的投资还可能在以后的实施过程中挽回,但是工程质量一旦不合格,就成了既定事实。不合格的工程,决不会随着时间的推移而变成合格工程。因此,对于不合格工程必须及时返工或返修,达到合格后才能进入下一道工序,才能交付使用;否则,拖延的时间越长,所造成的损失、后果越严重。

1.4.2 施工阶段目标控制

1.施工阶段的特点

(1)施工阶段是以执行计划为主的阶段

进入施工阶段,建设工程目标规划和计划的制定工作基本完成,其主要工作是伴随着控制而进行的计划调整和完善。就具体的施工工作来说,基本要求是"按图施工",也可理解为是执行计划的一种表现。

(2)施工阶段是实现建设工程价值和使用价值的主要阶段

建设工程的价值主要是在施工过程中形成的。一方面,在施工过程中,各种建筑材料、构配件价值、固定资产的折旧价值,随着其自身的消耗而不断转移到建设工程中去,构成其总价值中的转移价值;另一方面,劳动者通过活劳动为自己和社会创造出新的价值,构成建设工程总价值中的活劳动价值或新增价值。施工是形成建设工程实体、实现建设工程使用价值的过程。

(3)施工阶段是资金投入量最大的阶段

既然施工阶段是实现建设工程价值的主要阶段,自然也是资金投入量最大的阶段,虽然施工阶段影响投资的程度只有10%左右。一方面,要合理确定资金筹措的方式、渠道、数额、时间等问题,在满足工程资金需要的前提下,尽可能减少资金占用的数量和时间,从而降低资金成本;另一方面,在保证施工质量、实现设计所规定的功能和使用价值的前提下,通过优化施工方案来降低物化劳动和活劳动消耗,从而降低建设工程投资的可能性。

(4)施工阶段需要协调的内容较多

施工阶段,既涉及直接参与工程建设的单位,也涉及不直接参与工程建设的单位,需要协调的内容很多。包括建设单位、设计单位、材料和设备供应单位、总承包单位和分承包单位、政府有关管理部门、工程毗邻单位等。实践中,常常由于这些单位和工作之间的关系不协调而使建设工程的施工不能顺利进行,不仅直接影响施工进度,而且影响投资目标和质量目标的实现。在施工阶段,与各参建单位之间的协调显得特别重要。

(5)施工质量对建设工程总体质量起保证作用

虽然设计质量对建设工程的总体质量有决定性影响,但建设工程毕竟是通过施工将其"做出来"的。设计质量能否真正实现或其实现程度好坏,取决于施工质量的好坏。施工质量不仅对设计质量的实现起到保证作用,也对整个建设工程的总体质量起到保证作用。

(6)施工阶段持续时间长、风险因素多

施工阶段是建设工程实施各阶段中持续时间最长、出现风险因素最多的阶段。

(7)合同关系复杂、合同争议多

涉及合同种类多、数量大,极易导致合同争议。其中,施工合同与其他合同联系最为密切、履行时间最长、本身涉及的问题最多,最易产生合同争议和索赔。

2.施工阶段目标控制的任务和内容

在建设工程实施的各阶段中,设计阶段、招投标阶段、施工阶段的持续时间长、涉及的工作内容多。表1-3列出了施工阶段三大目标的控制任务和主要工作内容。

表 1-3　　　　　　施工阶段三大目标的控制任务和主要工作内容

	控制任务	主要工作内容
投资控制	通过工程款支付控制、工程变更费用控制、费用索赔的预防和处理、挖掘节约投资潜力实现实际发生的费用不超过计划投资	·制订本阶段资金使用计划,并严格进行工程款支付控制,做到不多付、不少付、不重复付; ·严格控制工程变更,力求减少变更费用;研究制定预防费用索赔的措施,以避免、减少对方的索赔数额; ·及时处理费用索赔,并协助建设单位进行反索赔; ·根据有关合同的要求,协助做好应由建设方完成、与工程进展密切相关的各项工作,如按期交合格施工现场,按质、按量、按期提供材料和设备等工作; ·做好工程计量工作; ·审核施工单位提交的工程结算书等
进度控制	通过完善建设工程控制性进度计划、审查施工单位施工进度计划、做好各项动态控制工作、协调各参建单位的关系、预防并处理好工期索赔,以求实际施工进度达到计划施工的要求	·根据施工招标和施工准备阶段的工程信息,进一步完善建设工程控制性进度计划,并据此进行施工阶段进度控制; ·审查施工单位施工进度计划,确认其可行性并满足建设工程控制性进度计划要求; ·制订建设方材料和设备供应进度计划并进行控制,使其满足施工要求; ·研究制定预防工期索赔的措施,做好处理工期索赔工作; ·审查施工单位进度控制报告,督促施工单位做好施工进度控制; ·对施工进度进行跟踪,掌握施工动态; ·做好进度对比分析、信息反馈和纠偏工作,使进度控制定期连续进行; ·开好进度协调会议,及时协调有关各方关系,使工程施工顺利进行
质量控制	通过对施工投入、施工和安装过程、产品进行全过程控制,以及对参加施工的单位和人员的资质、材料和设备、施工机械和器具、施工方案和方法、施工环境实施全面控制,按标准达到预定的施工质量目标	·协助建设单位做好施工现场准备工作,为施工单位提交质量合格的施工现场; ·确认施工单位特殊人员的资格; ·审查确认施工分包单位; ·做好材料和设备检查工作,确认其质量; ·检查施工机械和器具,保证施工质量; ·审查施工组织设计; ·检查并协助搞好各项生产环境、劳动环境、管理环境条件; ·进行施工工艺过程质量控制工作; ·检查工序质量,严格工序交接检查制度; ·做好各项隐蔽工程的检查验收工作; ·做好工程变更方案的比选,保证工程质量; ·进行质量监督,行使质量监督权; ·认真做好质量签证工作; ·行使质量否决权,协助做好付款控制; ·组织质量协调会; ·做好中间质量验收准备工作; ·做好竣工验收工作; ·审核竣工图等

3.施工阶段目标控制措施

实现建设工程目标有效控制的方法主要有目标规划、动态控制、组织协调、信息管理、合同管理、风险管理等。

为了取得目标控制的理想成果,可以在建设工程实施的各个阶段采取组织措施、技术措施、经济措施、合同措施四个方面措施。

(1)组织措施

组织措施是从目标控制的组织管理方面采取的措施,如落实目标控制的组织机构和人员,明确各级目标控制人员的任务和职能分工、权利和责任、改善目标控制的工作流程等。

它是其他措施的前提和保障。

(2)技术措施

技术措施是用来解决建设工程实施过程中的技术问题,同时,运用技术措施进行纠偏也非常重要。纠偏的关键,一是要能提出多个不同的技术方案,二是要对不同的技术进行经济分析。

(3)经济措施

经济措施是最易为人接受和采用的措施。除了审核工程量及相应的付款和结算报告等外,还需要从一些全局性、总体性问题上加以考虑。另外,不要局限在已发生的费用上,通过偏差原因分析和未完工程投资预测,可发现一些现有的和潜在的问题,这些问题将引起未完工程的投资增加。对这些问题应以主动控制为出发点,及时采取措施。

(4)合同措施

除了拟订合同条款、参加合同谈判、处理合同执行过程中的问题、防止和处理索赔等措施外,还要协助建设单位确定对目标控制有利的建设工程组织管理模式和合同结构,分析不同合同之间的相互联系和影响,对每一个合同做出总体和具体的分析等。

工程案例

案例1

某项目工程建设单位与甲监理公司签订了施工阶段的监理合同。该合同明确规定:监理单位应对工程质量、工程造价、工程进度进行控制。建设单位在室内精装修招标前,与乙审计事务所签订了审查工程预结(决)算的审计服务合同。与丙装修中标单位签订的精装修合同中写明,监理单位为甲监理公司。但在另一条款中又规定:精装修工程预付款、工程款及工程结算必须经乙审计事务所审查签字同意后方可付款。在精装修施工中,建设单位要求甲监理公司对乙审计单位的审计工作予以配合。

问题:

1.建设工程监理实施程序包括哪几个主要方面?

2.建设工程监理实施的原则主要有哪几个方面?

3.针对本案例工程情况,你认为不经总监理工程师签字,建设单位能拨付工程款吗?为什么?

案例2

某城市建设项目,建设单位委托监理单位承担施工阶段的监理任务,并通过公开招标选定甲施工单位作为施工总承包单位。工程实施中发生了下列事件:

事件1:桩基工程开始后,专业监理工程师发现,甲施工单位未经建设单位同意,将桩基工程分包给乙施工单位。为此,项目监理机构要求暂停桩基施工。征得建设单位同意分包后,甲施工单位将乙施工单位的相关材料报项目监理机构审查。经审查,乙施工单位的资质条件符合要求,可进行桩基施工。

事件2:桩基施工过程中,出现断桩事故。经调查分析,此次断桩事故是因为乙施工单位抢进度,擅自改变施工方案引起的。对此,原设计单位提供的事故处理方案为:断桩清除,原位重新施工。乙施工单位按处理方案实施。

事件 3：为进一步加强施工过程质量控制，总监理工程师代表指派专业监理工程师对原监理实施细则中的质量控制措施进行修改，修改后的监理实施细则经总监理工程师代表审查批准后实施。

事件 4：工程进入竣工验收阶段，建设单位发文要求监理单位和甲施工单位各自邀请城建档案管理部门进行工程档案的验收并直接办理档案移交事宜，同时要求监理单位对施工单位的工程档案质量进行检查。甲施工单位收到建设单位发文后，将该文转发给乙施工单位。

事件 5：项目监理机构在检查甲施工单位的工程档案时发现，缺少乙施工单位的工程档案。甲施工单位的解释是：按建设单位要求，乙施工单位自行办理工程档案的验收及移交；在检查乙施工单位的工程档案时发现，缺少断桩处理的相关资料，乙施工单位的解释是：断桩清除后原位重新施工，不需列入这部分资料。

问题：
1. 事件 1 中，项目监理机构对乙施工单位资质审查的程序和内容是什么？
2. 项目监理机构应如何处理事件 2 中的断桩事故？
3. 事件 3 中，总监理工程师代表的做法是否正确？说明理由。
4. 指出事件 4 中建设单位做法的不妥之处，写出正确做法。
5. 分别说明事件 5 中甲施工单位和乙施工单位的解释有何不妥？对甲施工单位和乙施工单位工程档案中存在的问题，项目监理机构应如何处理？

案例 3

某监理单位与业主签订了某钢筋混凝土结构商住楼工程项目施工阶段的监理合同，专业监理工程师例行在现场巡视检查、旁站实施监理工作。在监理过程中，发现以下一些问题：

1. 某层钢筋混凝土墙体，由于绑扎钢筋困难，无法施工，施工单位未通报监理工程师就把墙体预留门洞移动了位置。

2. 某层一钢筋混凝土柱，钢筋绑扎已检查、签证，模板经过预检验收，浇筑混凝土过程中及时发现模板胀模。

3. 某层钢筋混凝土墙体，钢筋绑扎后未经检查验收，即擅自合模封闭，正准备浇筑混凝土。

4. 某段供气地下管道工程，管道铺设完毕后，施工单位通知监理工程师进行检查，但在合同规定时间内，监理工程师未能到现场检查，又未通知施工单位延期检查。施工单位即行将管沟回填覆盖了将近一半。监理工程师发现后认为，该隐蔽工程未经检查认可即行覆盖，质量无保证。

5. 施工单位将地下室内防水工程分包给一专业防水施工单位来施工，该分包单位未经资质验证认可，即进场施工，并已进行了 200 m² 的防水工程。

6. 某层钢筋骨架正在进行焊接中，监理工程师检查发现有 2 人未经技术资质审查认可。

7.某楼层一户住房房间钢门框经检查符合设计要求,日后检查发现门销已经焊接,门窗已经安装,门扇反向,经检查施工符合设计图纸要求。

问题:以上各项问题,监理工程师应分别如何处理?

案例4

某住宅工程,在施工图设计阶段招标委托监理,按《建设工程监理合同(示范文本)》GF—2012—0202 签订了工程监理合同,该合同未委托相关服务工作,实施中发生以下事件:

事件1:建设单位要求监理单位参与项目设计管理和施工招标工作,提出要监理单位尽早编制监理规划,与施工图设计同时进行,要求在施工招标前向建设单位报送监理规划。

事件2:总监理工程师委托代表组织编制监理规划,要求项目监理机构中专业监理工程师和监理员全员参与编制,并要求由总监理工程师代表审核批准后尽快报送建设单位。

事件3:编制的监理规划中提出"四控制"的基本工作任务,分别设有"工程质量控制"、"工程造价控制"、"工程进度控制"和"安全生产控制"四个章节内容;并提出对危险性较大的分部分项工程,应按照当地工程安全生产监督机构的要求,编制《安全监理专项方案》。

事件4:在深基坑开挖工程准备会议上,建设单位要求项目监理机构尽早提交《深基坑工程监理实施细则》,并要求施工单位根据该细则尽快编制《深基坑工程施工方案》。

事件5:工程某部位大体积混凝土工程施工前,土建专业监理工程师编制了《大体积混凝土工程监理实施细则》,经总监理工程师审批后实施。实施中由于外部条件变化,土建专业监理工程师对监理实施细则进行了补充,考虑到总监理工程师比较繁忙,拟报总监理工程师代表审批后继续实施。

问题:
1.事件1中,建设单位的要求有何不妥?说明理由。
2.事件2中,总监理工程师的做法有何不妥?说明理由。
3.指出事件3中监理规划的不正确之处,写出正确做法。
4.事件4中,建设单位的做法是否妥当?说明理由。
5.指出事件5中项目监理机构做法的不妥之处?说明理由。

自我测评

通过本学习情境的学习,你是否掌握了建设工程监理的相关知识?赶快拿出手机,扫描二维码测一测吧。

学习情境 2

工程监理企业、人员及项目监理机构

开篇案例

现有某 7 层框架结构工程,建设单位拟委托某监理公司进行项目监理,项目情况介绍如下。

一、工程项目概况

1. 项目名称:某市住宅楼
2. 工程地点:某市××路××号
3. 建筑面积:19 670 m²
4. 工程结构:框架结构
5. 楼层:7 层
6. 工程造价:2 367.5 万元
7. 施工工期:施工合同工期
8. 建设单位:某省××房地产开发有限公司
   设计单位:某市设计研究院
   地质勘测单位:某市建筑设计院有限公司
   质量监督单位:某市工程质量监督站
   安全监督单位:某市建设工程安全生产监督管理站
   施工单位:某市一建建筑集团公司
   监理单位:某省××项目管理公司

二、工程项目监理范围

监理工作的任务主要是对本工程项目进行目标控制,实现工程项目的投资、进度和质量目标。

本工程项目拟委托的监理工作内容为施工阶段的监理及保修阶段;拟委托的监理范围:

1.1#、2#、3#、4#住宅楼；
2.施工可能发生的增补工程。
三、监理工作的目标
1.投资目标：本工程投资控制目标为工程承包合同造价。
2.工期目标：根据业主与施工单位签订的工程承包合同中所确定的日历天数为目标。
3.质量目标：合格，并符合业主与承建单位签订的工程承包合同要求。
4.安全生产、文明施工目标：达到某市安全生产、文明施工标准化工地。

▶ 需完成的工作任务

1.符合本项目监理要求的情况下，选择一家合适的工程监理企业。
2.计算本工程项目监理取费，并编制商务标书一份。
3.拟定监理人员，组建符合本项目特点及需要的一个监理机构。
4.制定项目监理机构所有岗位职责。

学习子情境 2.1 成立一家工程监理企业

2.1.1 工程监理企业的概念与分类

工程监理企业是指依法成立并取得建设主管部门颁发的工程监理企业资质证书，从事建设工程监理与相关服务活动的服务机构。

工程监理企业必须具备三个基本条件：一是具有营业执照；二是取得监理企业资质证书；三是从事建设工程监理业务。

工程监理企业是实行独立核算、从事营利性服务活动的经济组织。不同的企业有不同的性质和特点，根据不同的标准可将企业划分成不同的类别。

1.按组织形式划分

（1）公司制监理企业

分为监理有限责任公司和监理股份有限公司。监理有限责任公司是指由2人以上50人以下的股东共同出资,股东以其出资额对公司承担有限责任,公司以其全部资产来承担公司的债务,股东对超出公司全部资产的债务不承担责任。监理股份有限公司是指全部资本由等额股份构成,并通过发行股票筹集资本,股东以其所认购股份对公司承担责任,公司以其全部资产对公司债务承担责任的企业法人。

（2）合伙制监理企业

在中国境内设立的,由两个或两个以上的自然人通过订立合伙协议,共同出资经营、共负盈亏、共担风险的企业组织形式。合伙人对企业债务承担连带无限清偿责任。

2.按工程监理企业资质等级划分

工程监理企业资质分为综合资质和专业资质。其中,专业资质按照工程性质和技术特点,划分为若干工程类别,综合资质不分级别。

3.按专业类别划分

根据《工程监理企业资质管理规定》的规定,所有工程项目按照工程性质和技术特点分为14个专业工程类别:房屋建筑工程、冶炼工程、矿山工程、化工石油工程、水利水电工程、电力工程、农林工程、铁路工程、公路工程、港口与航道工程、航天航空工程、通信工程、市政公用工程、机电安装工程。

2.1.2 工程监理企业的资质管理制度

1.工程监理企业资质

工程监理企业资质分为综合资质和专业资质。其中,专业资质按照工程性质和技术特点划分为若干工程类别,综合资质不分级别。

工程监理企业应当按照所拥有的注册资本、专业技术人员数量和工程监理业绩等资质条件申请资质,经审查合格,取得相应等级的资质证书后,才能在其资质等级许可的范围内从事工程监理活动。

根据《工程监理企业资质管理规定》的规定,所有工程项目按照工程性质和技术特点分为14个专业工程类别:房屋建筑工程、冶炼工程、矿山工程、化工石油工程、水利水电工程、电力工程、农林工程、铁路工程、公路工程、港口与航道工程、航天航空工程、通信工程、市政公用工程、机电安装工程。

2.工程监理企业的资质等级标准

为深化"放管服"改革、优化营商环境,国务院在全国范围内推行"证照分离"改革,当前企业资质调整的政策陆续出台。目前,工程监理企业的资质按照等级分为综合资质和专业资质。其中,专业资质分为甲级、乙级,综合资质不分级别;监理企业所能承担的14个专业工程按照工程规模或技术复杂程度又分为3个等级。专业工程类别和等级见表2-1。

2021年6月29日,《住房和城乡建设部办公厅关于做好建筑业"证照分离"改革衔接有关工作的通知》中,取消水利水电工程、公路工程、港口与航道工程等专业资质,其资质要求执行有关行业主管部门规定;取消农林工程监理资质,建设单位委托农林工程监理业务时,不再做资质要求。(国家若有关于资质改革的最新规定时,应从其规定,本书将进行及时调整。)

(1)综合资质标准

①具有独立法人资格且注册资本不少于600万元。

②企业技术负责人应为注册监理工程师,并具有15年以上从事工程建设工作的经历或者具有工程类高级职称。

③具有五个以上工程类别的专业甲级工程监理资质。

④注册监理工程师不少于60人,注册造价工程师不少于5人,一级注册建造师、一级注册建筑师、一级注册结构工程师或者其他勘察设计注册工程师合计不少于15人次。

⑤企业具有完善的组织结构和质量管理体系,有健全的技术、档案等管理制度。

⑥企业具有必要的工程试验检测设备。

⑦申请工程监理资质之日前一年内没有《工程监理企业资质管理规定》第十六条禁止的行为。

⑧申请工程监理资质之日前一年内没有因本企业监理责任造成重大质量事故。

⑨申请工程监理资质之日前一年内没有因本企业监理责任发生三级以上工程建设重大安全事故或者发生两起以上四级工程建设安全事故。

(2)专业资质标准

①甲级

◎具有独立法人资格且注册资本不少于300万元。

◎企业技术负责人应为注册监理工程师,并具有15年以上从事工程建设工作的经历或者具有工程类高级职称。

◎注册监理工程师、注册造价工程师、一级注册建造师、一级注册建筑师、一级注册结构工程师或者其他勘察设计注册工程师合计不少于15人次。其中,相应专业注册监理工程师不少于《专业资质注册监理工程师人数配备表》(表2-2)中要求配备的人数,注册造价工程师不少于1人。

表 2-1　　　　　　　　专业工程类别和等级(部分类别)

序号	工程类别		一级	二级	三级
一	房屋建筑工程	一般公共建筑	28层以上;36 m跨度以上(轻钢结构除外);单项工程建筑面积3×10^4 m² 以上	14～28层;24～36 m跨度(轻钢结构除外);单项工程建筑面积1×10^4～3×10^4 m²	14层以下;24 m跨度以下(轻钢结构除外);单项工程建筑面积1×10^4 m² 以下
		高耸构筑物工程	高度120 m以上	高度70～120 m	高度70 m以下
		住宅工程	小区建筑面积1.2×10^5 m² 以上;单项工程28层以上	建筑面积6×10^4～1.2×10^5 m²;单项工程14～28层	建筑面积6×10^4 m² 以下;单项工程14层以下
二	市政公用工程	城市道路工程	城市快速路、主干路,城市互通式立交桥及单孔跨径100 m以上桥梁;长度1 000 m以上的隧道工程	城市次干路工程,城市分离式立交桥及单孔跨径100 m以下的桥梁;长度1 000 m以下的隧道工程	城市支路工程、过街天桥及地下通道工程
		给水排水工程	1.0×10^5 t/d以上的给水厂;5×10^4 t/d以上污水处理工程;3 m³/s以上的给水、污水泵站;15 m³/s以上的雨泵站;直径2.5 m以上的给水排水管道	2×10^4～1.0×10^5 t/d的给水厂;1×10^4～5×10^4 t/d污水处理工程;1～3 m³/s的给水、污水泵站;5～15 m³/s的雨泵站;直径1～2.5 m的给水管道;直径1.5～2.5 m的排水管道	2×10^4 t/d以下的给水厂;1×10^4 t/d以下污水处理工程;1 m³/s以下的给水、污水泵站;5 m³/s以下的雨泵站;直径1 m以下的给水管道;直径1.5 m以下的排水管道
		燃气热力工程	总储存容积1 000 m³以上液化气贮罐场(站);供气规模1.5×10^5 m³/d以上的燃气工程;中压以上的燃气管道、调压站;供热面积1.5×10^6 m² 以上的热力工程	总储存容积1 000 m³以下的液化气贮罐场(站);供气规模1.5×10^5 m³/d以下的燃气工程;中压以下的燃气管道、调压站;供热面积5×10^5～1.5×10^6 m² 的热力工程	供热面积5×10^5 m² 以下的热力工程
		垃圾处理工程	1 200 t/d以上的垃圾焚烧和填埋工程	500～1 200 t/d的垃圾焚烧及填埋工程	500 t/d以下的垃圾焚烧及填埋工程
		地铁轻轨工程	各类地铁轻轨工程		
		风景园林工程	总投资3000万元以上	总投资1000万元～3000万元	总投资1 000万元以下

注 1.表中的"以上"含本数,"以下"不含本数。
　　2.未列入本表中的其他专业工程,由国务院有关部门按照有关规定在相应的工程类别中划分等级。
　　3.房屋建筑工程包括结合城市建设与民用建筑修建的附建人防工程。

表 2-2　　　　　　专业资质注册监理工程师人数配备表(单位:人)

序号	工程类别	甲级	乙级
1	房屋建筑工程	15	10
2	冶炼工程	15	10
3	矿山工程	20	12
4	化工石油工程	15	10
5	水利水电工程	20	12
6	电力工程	15	10
7	农林工程	15	10
8	铁路工程	23	14
9	公路工程	20	12
10	港口与航道工程	20	12
11	航天航空工程	20	12
12	通信工程	20	12
13	市政公用工程	15	10
14	机电安装工程	15	10

注:表中各专业资质注册监理工程师人数配备是指企业取得本专业工程类别注册的注册监理工程师人数。

◎ 企业近 2 年内独立监理过 3 个以上相应专业的二级工程项目,但是具有甲级设计资质或一级及以上施工总承包资质的企业申请本专业工程类别甲级资质的除外。

◎ 企业具有完善的组织结构和质量管理体系,有健全的技术、档案等管理制度。

◎ 企业具有必要的工程试验检测设备。

◎ 申请工程监理资质之日前一年内没有《工程监理企业资质管理规定》第十六条禁止的行为。

◎ 申请工程监理资质之日前一年内没有因本企业监理责任造成重大质量事故。

◎ 申请工程监理资质之日前一年内没有因本企业监理责任发生三级以上工程建设重大安全事故或者发生两起以上四级工程建设安全事故。

②乙级

◎ 具有独立法人资格且注册资本不少于 100 万元。

◎ 企业技术负责人应为注册监理工程师,并具有 10 年以上从事工程建设工作的经历。

◎ 注册监理工程师、注册造价工程师、一级注册建造师、一级注册建筑师、一级注册结构工程师或者其他勘察设计注册工程师合计不少于 15 人次。其中,相应专业注册监理工程师不少于《专业资质注册监理工程师人数配备表》中要求配备的人数,注册造价工程师不少于 1 人。

◎ 有较完善的组织结构和质量管理体系,有技术、档案等管理制度。

◎ 有必要的工程试验检测设备。

◎ 申请工程监理资质之日前一年内没有《工程监理企业资质管理规定》第十六条禁止的行为。

◎ 申请工程监理资质之日前一年内没有因本企业监理责任造成重大质量事故。

◎ 申请工程监理资质之日前一年内没有因本企业监理责任发生三级以上工程建设重大安全事故或者发生两起以上四级工程建设安全事故。

3.工程监理企业资质相应许可的业务范围
(1)综合资质
可以承担所有专业工程类别建设工程项目的工程监理业务。
(2)专业资质
①专业甲级资质
可承担相应专业工程类别建设工程项目的工程监理业务。
②专业乙级资质
可承担相应专业工程类别二级以下(含二级)建设工程项目的工程监理业务。

4.工程监理企业资质申请和审批
申请综合资质的,应当向企业工商注册所在地的省、自治区、直辖市人民政府建设主管部门提出申请。省、自治区、直辖市人民政府建设主管部门受理后进行初审,并将初审意见和申请材料报国务院建设主管部门。国务院建设主管部门受理申请材料并组织专家审查,公示审查意见。

为进一步放宽建筑市场准入限制,优化审批服务,激发市场主体活力,2020年11月11日,国务院常务会议审议通过了《建设工程企业资质管理制度改革方案》,规定:除综合资质外的其他等级资质,下放至省级及以下有关主管部门审批(其中,涉及公路、水运、水利、通信、铁路、民航等资质的审批权限由国务院住房和城乡建设主管部门会同国务院有关部门根据实际情况决定),方便企业就近办理。

《建设工程企业资质管理制度改革方案》还规定:建筑市场会逐步深化"互联网+政务服务",加快推动企业资质审批事项线上办理,实行全程网上申报和审批,逐步推行电子资质证书,实现企业资质审批"一网通办",并在全国建筑市场监管公共服务平台公开发布企业资质信息。加快推行企业资质审批告知承诺制,进一步扩大告知承诺制使用范围,明确审批标准,逐步提升企业资质审批的规范化和便利化水平。

学习子情境2.2 计算某工程项目的监理费用

2.2.1 工程监理企业经营活动基本准则

工程监理企业从事建设工程监理活动,应当遵循"守法、诚信、公平、科学"的准则。

1.守法
守法,即遵守国家的法律法规,依法经营。主要体现在:
(1)工程监理企业只能在核定的业务范围内开展经营活动。
(2)工程监理企业不得伪造、涂改、出租、出借、转让、出卖《资质等级证书》。

（3）工程监理企业在投标活动中坚持诚实信用原则，不串标、不围标，公平竞争，不扰乱市场秩序。

（4）工程监理企业应依规签订合同，并按照合同约定开展监理业务。

（5）工程监理企业不与被监理工程的施工、材料、构配件及设备供应单位有隶属关系或其他利害关系，不谋取非法利益。

2.诚信

诚信，即诚实守信用。这是道德规范在市场经济中的体现。它要求一切市场参与者在不损害他人利益和社会公共利益的前提下，追求自己的利益，目的是在当事人之间的利益关系和当事人与社会之间的利益关系中实现平衡，并维护市场道德秩序。诚信原则的主要作用在于指导当事人以善意的心态、诚信的态度行使民事权利，承担民事义务，正确地从事民事活动。

3.公平

公平，是指工程监理企业在监理活动中既要维护业主的利益，又不能损害承包商的合法利益，并依据合同公平、合理地处理业主与承包商之间的争议。

工程监理企业要做到公平，必须做到以下几点：

（1）要具有良好的职业道德；

（2）要坚持实事求是；

（3）要熟悉有关建设工程合同条款；

（4）要提高专业技术能力；

（5）要提高综合分析判断问题的能力。

4.科学

科学，是指工程监理企业要依据科学的方案，运用科学的手段，采取科学的方法开展监理工作。工程监理工作结束后，还要进行科学的总结。实施科学化管理主要体现在：

（1）科学的方案

工程监理的方案主要是指科学的监理规划和监理实施细则。监理规划的内容应齐全、翔实，工作程序及控制措施应科学、合理。监理实施细则应涵盖各专业、各阶段监理工作内容的关键部位或可能出现的重大问题，并有针对性地拟定解决方法，制定出切实可行、行之有效的实施措施。

（2）科学的手段

实施工程监理必须借助于先进的科学仪器才能做好监理工作，如各种检测、试验、化验仪器、摄像录像设备及计算机等。

（3）科学的方法

监理工作的科学方法主要体现在监理人员在掌握大量、确凿的有关监理对象及其外部环境实际情况的基础上，适时、妥帖、高效地处理有关问题。解决问题要用事实、数据说话，并形成书面文字。在开展监理工作时，应注重开发、利用网络、计算机软件进行辅助监理。

2.2.2 监理企业市场开发

1.取得监理业务的基本方式

工程监理企业承揽监理业务的表现形式有两种:一是通过投标竞争取得监理业务;二是由业主直接委托取得监理业务。通过投标取得监理业务,是市场经济体制下比较普遍的形式。我国《招标投标法》明确规定,关系公共利益安全、政府投资、外资工程等实行监理必须招标。在不宜公开招标的机密工程或没有投标竞争对手的情况下,或者是工程规模比较小、比较单一的监理业务,或者是对原工程监理企业续用等情况下,业主也可以直接委托工程监理企业实施监理。

2.工程监理企业投标书的核心

工程监理企业向业主提供的是管理服务,所以工程监理企业投标书的核心是反映所提供的管理服务水平的监理大纲,尤其是主要的监理对策。业主在监理招标时,应以监理大纲的水平高低作为评定投标书优劣的重要标准,而不应把监理费当作选择工程监理企业的主要评定指标。

2.2.3 建设工程监理费用构成

建设工程监理费用是指业主依据建设工程监理合同支付给监理企业的监理酬金。其构成是工程监理企业在监理活动中所需要的全部直接成本和间接成本,再加上应缴纳的税金和合理的利润。

1.直接成本

直接成本是指监理企业履行监理合同时所发生的成本。主要包括:
(1)监理人员和监理辅助人员的工资、奖金、津贴、补助、附加工资等;
(2)用于监理工作的常规检测工器具、计算机等办公设施的购置费和其他仪器、机械的租赁费;
(3)用于监理人员和监理辅助人员的其他专项开支,包括办公费、通信费、差旅费、书报费、文印费、会议费、医疗费、劳保费、保险费、休假探亲费等;
(4)其他费用。

2.间接成本

间接成本是指全部业务经营开支及非工程监理的特定开支,具体内容包括:
(1)管理人员、行政人员以及后勤人员的工资、奖金、补助和津贴;
(2)经营性业务开支,包括为招揽监理业务而发生的广告费、宣传费、有关合同的公证费等;
(3)办公费,包括办公用品、报刊、会议、文印、上下班交通费等;
(4)公用设施使用费,包括办公使用的水、电、气、环卫、保安等费用;
(5)业务培训费,图书、资料购置费;

(6)附加费,包括劳动统筹、医疗统筹、福利基金、工会经费、人身保险、住房公积金、特殊补助等;

(7)其他费用。

3.税金

税金是指按照国家规定,工程监理企业应缴纳的各种税金总额,如营业税、城市维护建设税、教育费附加、企业所得税等。

4.利润

利润是指工程监理企业的监理活动收入扣除直接成本、间接成本和各种税金后的余额。

2.2.4 建设工程监理费用计取方式及案例计算

1.建设工程监理费用计取方式

由于建设工程类别、特点及服务内容不同,可采用不同方法计取监理费用。通行的咨询计价方式有以下几种,具体采用哪种计价方式,应由双方在合同中约定。

(1)按费率计费

这种方法是按照工程规模大小和所委托的咨询工作繁简,以建设投资的一定百分比来计算的。一般情况下,工程规模越大,建设投资越多,计算咨询费的百分比越小。这种方法比较简便、科学,颇受业主和咨询单位欢迎,也是行业中工程咨询采用的计费方式之一。考虑到改进设计、降低成本可能会导致服务费相应降低,影响服务者改进工作的积极性,美国规定:服务者因改进设计而使工程费用降低,可按其节约额的一定百分比给予奖励。

(2)按人工时计费

这种方法是根据合同项目执行时间(时间单位可以是小时,也可以是工作日或月),以补偿加一定数额的补贴来计算咨询费总额。单位时间的补偿费用一般以咨询企业职员的基本工资为基础,再加上一定的管理费和利润(税前利润)。采用这种方法时,咨询人员的差旅费、资料费,以及试验和检验费、交通和住宿费等均由业主另行支付。这种方法主要适用于临时性、短期咨询业务活动,或者不宜按建设投资百分比等方法计算咨询费的情形。

(3)按服务内容计费

这种方法是指在明确咨询工作内容的基础上,业主与工程咨询公司协商一致确定的固定咨询费,或工程咨询公司在投标时以固定价形式进行报价而形成的咨询合同价。当实际咨询工作量有所增减时,一般也不调整咨询费。

2015年,按照国务院部署,为充分发挥市场在资源配置中的决定性作用,决定进一步放开建设项目专业服务价格。对建设项目前期工作咨询费、工程勘察设计费、招标代理费、工程监理费、环境影响咨询费5项服务价格实行市场调节价。目前,国内工程监理费用一般参考国家以往收费标准或以人工成本加酬金等方式计取。国家以往收费标准是指2007年5月1日起施行的国家发展改革委与建设部联合发布的《建设工程监理与相关服务收费管理规定》(发改价格[2007]670号),准确、合理计算建设工程监理费用是监理行业人员最基本技能之一。

2. 建设工程监理费用计算

《建设工程监理与相关服务收费管理规定》(发改价格[2007]670号)中费用计算涉及施工监理服务收费基价、项目专业、工程复杂程度、项目高程,以及服务内容不同、总体协调等诸多环节,计算过程需注重较多细节,为方便各监理、招标及建设单位计算监理费用,编者编制了"建设工程监理费用计算指导书",见表2-3。计算时,只须将工程项目有关特征依照顺序填入此表,即可得到最终的监理费用。

表 2-3　　　　　　　　　　建设工程监理费用计算指导书

项目名称	
监理范围	
监理收费实行方式	政府指导价□　　　　市场调节价□
监理收费计费额 A (　　)万元	铁路、水运、公路、水电、水库工程施工监理,其建筑安装工程费 A_0(　　)万元 / 其他工程施工监理,其工程概算投资额 A_1(　　)万元 建筑安装工程费 A_2 (　　)万元　设备购置费 A_3 (　　)万元　联合试运转费 A_4 (　　)万元 其中:设备购置费和联合试运转费占工程概算投资额的比例 A_5 (　　)% 监理收费计费额计算: 1. 以建筑安装工程费为计费额时,$A = A_0$ 2. 以工程概算投资额为计费额时: $A_5 = (A_3 + A_4) \times 100 / A_1$ (1) $A_5 < 40$ 时,$A = A_1$ (2) $A_5 \geq 40$ 时,$A = A_2 + (A_3 + A_4) \times 40\%$[若 $A < (A_2/60\%)$,则 $A = A_2/60\%$;若 $A \geq (A_2/60\%)$,则 $A = A_2 + (A_3 + A_4) \times 40\%$]
监理收费基价 B (　　)万元	采用直线内插法计算: $B = Y_1 + (Y_2 - Y_1) \div (X_2 - X_1) \times (A - X_1)$ (式中,A:已知计费额;X_1:计费额 X 所在区间的下限值;X_2:计费额 X 所在区间的上限值;Y_1:收费基价 Y 所在区间的下限值;Y_2:收费基价 Y 所在区间的上限值;B:所要计算的施工监理服务收费基价)
专业调整系数 C (　　)	本项目工程类别为:
工程复杂程度调整系数 D (　　)	本项目工程特征为:
高程调整系数 E (　　)	本项目所在地海拔高程为:
监理收费基准价 F (　　)万元	依公式计算: $F = B \times C \times D \times E$

(续表)

浮动幅度 G （　　）%	采用政府 指导价 G_1 （$-20 \leqslant G_1 \leqslant 20$）	采用市场 调节价 G_2 （$-30 \leqslant G_2 \leqslant 30$）	项目监理中一部分工作 G_3 （$-30 \leqslant G_3 \leqslant 30$）
	浮动幅度选择： 1. $G=G_1$　□ 2. $G=G_2$　□ 3. $G=G_3$　□		
本项目监理 费用总额 H （　　）万元	依公式计算： $H=F\times(1+G\%)$		
备　　注			
经计算,本工程的监理费用为　　　　万元			

注　1.本计算书应参照公式,依据《建设工程监理与相关服务收费标准》及河北省相关规定编制。

2.在空白处列公式计算或填写内容,"□"内打勾选择,"（）"内填写数字。

3.建设工程监理费用案例计算

【例 2-1】 某三级公路位于海拔 3 010～3 480 m 处,长 89 km,工程概算 6 923 万元,其中建筑安装工程费 4 500 万元（未含机电工程）,包括土石方 59 万 m³,小桥 4 座,涵洞 208 道,路面砂砾垫层 733 000 m² 等。发包人委托监理人对该建设工程项目进行施工阶段的监理服务（注：三级公路的工程复杂程度属于Ⅰ级）。

施工监理服务收费按以下步骤计算：

施工监理服务收费基准价＝施工监理服务收费基价×专业调整系数×工程复杂程度调整系数×高程调整系数

(1)确定施工监理服务收费计费额,公路工程的施工监理服务收费计费额为建筑安装工程费,该建设工程项目的施工监理服务收费的计费额为 4 500 万元。

(2)计算施工监理服务收费基价

根据本标准收费基价表,采用内插法计算（图 2-1）：

施工监理服务收费基价＝78.1＋(120.8－78.1)×(4 500－3 000)/(5 000－3 000)＝110.125（万元）

(3)确定专业调整系数,根据本标准专业调整系数表,公路工程的专业调整系数为 1.0。

(4)确定工程复杂程度调整系数,根据本标准复杂程度表,三级公路的工程复杂程度属于Ⅰ级,复杂程度调整系数为 0.85。

(5)确定高程调整系数,该建设工程项目所处地理位置海拔 3 010～3 480 m,根据《建设工程监理与相关服务收费标准》1.0.9 条规定,高程调整系数为 1.2。

(6)计算施工监理服务收费基准价

施工监理服务收费基准价＝施工监理服务收费基价×专业调整系数×工程复杂程度调整系数×高程调整系数＝110.125×1.0×0.85×1.2＝112.33（万元）

该建设工程项目的施工监理服务收费基准价为 112.33 万元。若该建设工程项目属于依法必须实行监理的,监理人和发包人应在此基础上,根据《建设工程监理与相关服务收费标准》规定,在上下20%浮动范围内,协商确定该建设工程项目的施工监理服务收费合同额。

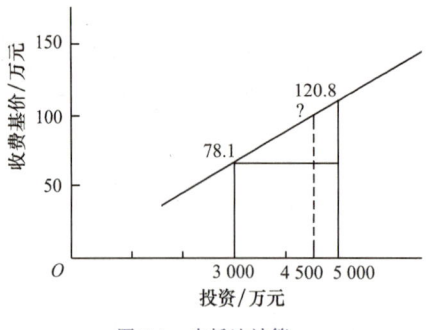

图 2-1 内插法计算

【例 2-2】 某配电柜制造厂新建工程项目,有配电柜总装配工业厂房 2.4 万 m²(部分为空调车间)、变电所、空压站、冰蓄冷制冷站房、泵房、锅炉房、办公楼及有关配套设施,工程建设地点海拔高程为 20.50 m。建设项目总投资为 19 000 万元,其中:建筑安装工程费 7 400 万元、设备购置费 480 万元、联合试运转费 120 万元。发包人委托监理人对该建设工程项目提供施工阶段的质量控制和安全生产监督管理服务(注:配电柜制造厂工程项目工程复杂程度为Ⅰ级)。

施工阶段的质量控制和安全生产监督管理服务收费,按以下步骤计算:

计算施工阶段监理服务收费:

施工监理服务收费基准价＝施工监理服务收费基价×专业调整系数×
工程复杂程度调整系数×高程调整系数

(1)计算施工监理服务收费计费额

①确定工程概算投资额

工程概算投资额＝建筑安装工程费＋设备购置费＋联合试运转费
　　　　　　　＝7 400＋480＋120＝8 000(万元)

②确定设备购置费和联合试运转费占工程概算投资额的比例

(设备购置费＋联合试运转费)÷工程概算投资额＝(480＋120)÷8 000＝7.5%

③确定施工监理服务收费的计费额

因设备购置费和联合试运转费占工程概算投资额的比例未达到40%,故

施工监理服务收费计费额＝建筑安装工程费＋设备购置费＋联合试运转费
　　　　　　　　　　　＝7 400＋480＋120＝8 000(万元)

(2)计算施工监理服务收费基价

根据本标准收费基价表,施工监理服务收费基价为 181.0 万元

(3)确定专业调整系数,根据本标准专业调整系数表,各类加工工程专业调整系数为1.0。

(4)确定工程复杂程度调整系数,根据复杂程度表,配电柜制造厂工程项目工程复杂程度为Ⅰ级,工程复杂程度调整系数取 0.85。

(5)确定高程调整系数,该工程建设地点海拔高程为 20.50 m,小于 2 001 m,根据《建设工程监理与相关服务收费标准》1.0.9条规定,高程调整系数为1.0。

(6)计算施工监理服务收费基准价

施工监理服务收费基准价＝施工监理服务收费基价×专业调整系数×工程复杂程度调整系数×高程调整系数＝181.0×1.0×0.85×1.0＝153.85(万元)

根据《建设工程监理与相关服务收费标准》1.0.10 规定,监理人只承担施工阶段的质量控制和安全生产监督管理服务,其施工监理服务收费额不宜低于施工监理服务收费的 70%,即 153.85×70%＝107.70(万元)。若该建设工程项目属于依法必须实行监理的,监理人和发包人应在此基础上,根据《建设工程监理与相关服务收费标准》规定,在上下 20% 浮动范围内,协商确定该建设工程项目的施工监理服务收费合同额。

【例 2-3】 北京市新建一住宅小区,该小区总建筑面积 24.6 万 m^2,结构形式为全现浇剪力墙结构。其中,多层住宅下建有附建人防和地下车库。工程概算 53 966 万元,其中,建筑安装工程费为 37 400 万元,建筑物概况见表 2-4。

表 2-4　　　　　　　　　　　　建筑物概况

序号	建筑物类别	建筑面积/m^2	建筑物高度/m	层数地上/地下	建安工程费/万元
1	多层住宅 4 栋	3 581×4	20.8	7/2	396×4＝1 584
2	高层塔楼 5 栋	20 652×5	76.4	26/2	2 856×5＝14 280
3	板式住宅 4 栋	26 658×4	48.8	17/2	4 014×4＝16 056
4	地下车库	21 868		地下 2 层	5 522

发包人将该住宅小区工程分别委托给甲、乙两个监理人承担施工阶段监理。其中,甲监理人负责多层住宅,多层住宅建有附建人防和地下车库;乙监理人负责高层塔楼、板式住宅,并负责工程监理的总体协调工作(注:多层住宅,建有附建人防和地下车库,其工程复杂程度为Ⅱ级;高层塔楼、板式住宅,高度均大于 24 m,其工程复杂程度为Ⅱ级)。

施工监理服务收费按以下步骤计算:

施工监理服务收费基准价＝施工监理服务收费基价×专业调整系数×
工程复杂程度调整系数×高程调整系数

(1)计算施工监理服务收费计费额
①确定工程概算投资额
因本工程未列设备购置费、联合试运转费,因此,工程概算投资额等于建筑安装工程费。
甲监理人所监理工程的工程概算投资额 1 584＋5 522＝7 106(万元)
乙监理人所监理工程的工程概算投资额 14 280＋16 056＝30 336(万元)
②确定施工监理服务收费的计费额
甲监理人施工监理服务收费计费额＝建筑安装工程工程费＝7 106(万元)
乙监理人施工监理服务收费计费额＝建筑安装工程工程费＝30 336(万元)
(2)计算施工监理服务收费基价
根据《建设工程监理与相关服务收费标准》收费基价表,采用内插法计算。
甲监理人的工程监理服务收费基价＝120.8＋(181.0－120.8)×(7 106－
5 000)/(8 000－5 000)＝163.06(万元)
乙监理人的工程监理服务收费基价＝393.4＋(708.2－393.4)×(30 336－
20 000)/(40 000－20 000)＝556.09(万元)
(3)确定专业调整系数,根据本标准专业调整系数表,建筑工程的专业调整系数为 1.0。
(4)确定工程复杂程度调整系数,甲监理人负责的多层住宅,建有附建人防和地下车库。根据本标准规定,其工程复杂程度为Ⅱ级,复杂程度调整系数为 1.0;乙监理人负责的高层塔楼、板式住宅,高度均大于 24 m,根据本标准表 7.2.1 规定,其工程复杂程度为Ⅱ级,复杂程度调整系数为1.0。

(5)确定高程调整系数,该建设工程项目所处位置海拔高程小于2 001 m,根据《建设工程监理与相关服务收费标准》1.0.9条规定,高程调整系数为1.0。

(6)计算施工监理服务收费基准价

施工监理服务收费基准价=施工监理服务收费基价×专业调整系数×工程复杂程度调整系数×高程调整系数

甲监理人施工监理服务收费基准价=163.06×1.0×1.0×1.0=163.06(万元)

乙监理人施工监理服务收费基准价=556.09×1.0×1.0×1.0=556.09(万元)

该建设工程项目甲监理人的施工监理服务收费基准价为163.06万元,乙监理人的施工监理服务收费基准价为556.09万元。若该建设工程项目属于依法必须实行监理的,监理人和发包人在此基础上,根据本标准规定,在上下20%浮动范围内,协商确定该建设工程项目的施工监理服务收费合同额。

因乙监理人负责工程监理的总体协调工作,经合同双方协商,根据本标准1.0.11条,乙监理人按监理人合计监理服务收费额的5%收取总体协调费。

总体协调费=(163.06+556.09)×5%=35.96(万元)

【例2-4】 某沿海城市新建天文馆工程,工程总概算投资25 000万元,工艺系统建安工程费1 500万元,设备购置费5 500万元。监理范围包括新馆3个不同类型影院场馆的音频视频系统、电影系统、灯光等。工程完工后,能同时播放3套现代电影节目。发包人委托监理人对该建设工程项目进行施工阶段的监理服务(注:本工程复杂程度属于Ⅱ级)。

施工监理服务收费按以下步骤计算:

施工监理服务收费基准价=施工监理服务收费基价×专业调整系数×工程复杂程度调整系数×高程调整系数

(1)计算施工监理服务收费计费额

①确定工程概算投资额

工程概算投资额=建筑安装工程费+设备购置费+联合试运转费
$\qquad$ =1 500+5 500+0=7 000(万元)

②确定设备购置费和联合试运转费占工程概算投资额的比例

(设备购置费+联合试运转费)÷工程概算投资额=(5 500+0)÷7 000=78.57%

③确定施工监理服务收费的计费额

因设备购置费和联合试运转费占工程概算投资额的比例超过了《建设工程监理与相关服务收费标准》1.0.8条规定的40%,则按以下方式确定:

施工监理服务收费计费额=建筑安装工程费+(设备购置费+联合试运转费)×40%
$\qquad$ =1 500+5 500×40%=3 700(万元)

若项目B建安费与该建设项目工程相同,而设备购置费和联合试运转费等于工程概算投资额的40%,则B项目监理费计算额:

监理费计算额=建安费/(1−40%)=1 500/60%=2 500(万元)＜3 700(万元)

故本项目施工监理服务收费计费额取3 700万元。

例:40%与62.5%临界点(图2-2)。

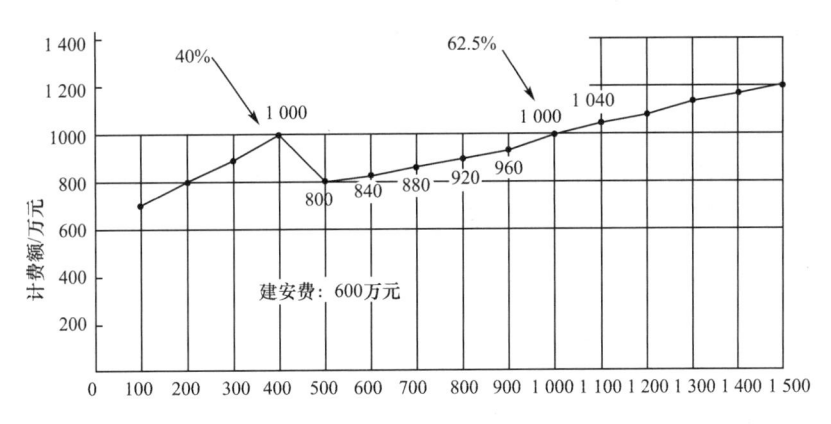

图 2-2　40％与 62.5％临界点

（2）计算施工监理服务收费基价

根据本标准收费基价表，采用内插法计算：

施工监理服务收费基价＝78.1＋(120.8－78.1)×(3 700－3 000)/(5 000－3 000)＝93.05(万元)

（3）确定专业调整系数，根据本标准专业调整系数表，广播电视工程的专业调整系数为 1.0。

（4）确定工程复杂程度调整系数，根据复杂程度表规定，本工程能独立播放 3 套电影节目，复杂程度属于Ⅱ级，复杂程度调整系数为 1.0。

（5）确定高程调整系数，该建设工程项目所处地理位置海拔小于 2 001 m，根据《建设工程监理与相关服务收费标准》1.0.9 条规定，高程调整系数为 1.0。

（6）计算施工监理服务收费基准价

施工监理服务收费基准价＝施工监理服务收费基价×专业调整系数×工程复杂程度调整系数×高程调整系数＝93.05×1.0×1.0×1.0＝93.05(万元)

该建设工程项目的施工监理服务收费基准价为 93.05 万元。若该建设工程项目属于依法必须实行监理的，监理人和发包人应在此基础上，根据《建设工程监理与相关服务收费标准》规定，在上下 20％浮动范围内，协商确定该建设工程项目的施工监理服务收费合同额。

学习子情境 2.3　制度化管理企业监理人员

2.3.1　工程监理人员的组成

监理单位履行建设工程监理合同时，必须在施工现场建立项目监理机构。项目监理机构是指监理单位派驻工程项目负责履行建设工程监理合同的组织机构。

按照《建设工程监理规范》(GB/T50319—2013)规定，项目监理机构的监理人员应由总监理工程师、专业监理工程师和监理员组成,且专业配套,数量应满足建设工程监理工作需要,必要时可配备总监理工程师代表。

1. 监理工程师

监理工程师是注册监理工程师的简称,指取得国务院建设主管部门颁发的《中华人民共和国注册监理工程师注册执业证书》和执业印章,从事建设工程监理与相关服务等活动的人员。

监理工程师必须具备三个基本条件:一是参加全国监理工程师统一考试成绩合格,取得《监理工程师资格证书》;二是根据注册规定,经监理工程师注册机关注册取得《监理工程师注册执业证书》;三是从事建设工程监理与相关服务等工作。

未取得注册证书和执业印章的人员,不得以注册监理工程师名义从事工程监理及相关业务活动。

2. 总监理工程师

总监理工程师是指由监理单位法定代表人书面任命,全面负责监理合同的履行、主持项目监理机构工作的监理工程师。

我国建设工程监理实行总监负责制。一名总监理工程师只宜担任一项监理合同的项目总监工作。当需要同时担任多项监理合同的项目总监工作时,需经建设单位同意,且最多不得超过三项。当总监理工程师需要调整时,监理单位应征得建设单位同意并书面通知建设单位。

3. 总监理工程师代表

总监理工程师代表是指经工程监理单位法定代表人同意,由总监理工程师书面授权,代表总监理工程师行使其部分职责和权利,具有工程类注册执业资格或具有中级及以上专业技术职称、3年及以上工程实践经验并经监理业务培训的人员。

4. 专业监理工程师

专业监理工程师是指由总监理工程师授权,负责实施某一专业或某一岗位的监理工作,有相应监理文件签发权,具有工程类注册执业资格或具有中级及以上专业技术职称、2年及以上工程实践经验并经监理业务培训的人员。

5. 监理员

监理员是指从事具体监理工作,具有中专及以上学历并经过监理业务培训的人员。

2.3.2 工程监理人员的素质要求

1. 监理工程师素质要求

具体从事监理工作的监理人员,不仅要有一定的工程技术、工程经济方面的专业知识和专业技能,而且还要有一定的项目管理、组织协调能力。这就要求监理工程师应具备以下素质:

(1)较高的专业学历和复合型的知识结构:至少应掌握一种专业理论知识;至少应具有工程类大专以上学历;了解或掌握一定的工程建设经济、法律和组织管理等方面的理论知识,不断了解新技术、新设备、新材料、新工艺(简称"四新"),熟悉相关现行法律法规、政策规定,成为一专多能的复合型人才,持续保持较高的知识水准。

(2)丰富的工程建设实践经验:工程建设中的实践经验主要包括:立项评估、地质勘测、规划设计、工程招标投标、工程设计及设计管理、工程施工及施工管理、工程监理、设备制造等。

(3)良好的品德。

(4)健康的体魄和充沛的精力:我国对年满65周岁的监理工程师不再进行注册,主要就是考虑监理从业人员身体健康状况的适应能力而设定的条件。

2.监理员素质要求

参加监理业务培训合格后,从事建设监理工作的工程技术人员均可担任监理员。监理员同样需要具备一定的专业知识和专业能力。

(1)专业知识

①掌握建设工程施工旁站的有关规定;

②掌握建设工程质量、进度、投资控制的基本知识;

③掌握建设工程信息管理及合同管理的基本知识;

④掌握《建设工程监理规范》中监理员应掌握的有关条款;

⑤熟悉《中华人民共和国建筑法》《中华人民共和国民法典》《建设工程质量管理条例》《建设工程安全生产管理条例》;

⑥熟悉建筑工程施工验收统一标准、规范体系,掌握相关的强制性条文和与监理员岗位相关的内容。

(2)专业能力

①具备一定的语言和文字表达能力,会起草相关监理文件;能熟练利用计算机进行一般的文件处理,绘制有关图表;

②能在监理工程师的指导下开展现场监理工作;

③能检查施工单位投入工程项目的人力、材料、主要设备及其使用、运行状态,并做好检查记录;

④能复核或从施工现场直接获取工程量的有关数据并签署原始凭证;

⑤能按设计图纸及有关标准,对施工单位的工艺过程或施工工序进行检查和记录,对加工制作及工序施工质量检查结果进行记录;

⑥能担任现场旁站、巡视工作,能发现问题并及时处理;

⑦能做好监理日志和有关的监理记录;

⑧能在监理工程师的指导下编写监理月报、监理实施细则的相关章节,能够清楚、准确地表达监理意向。

3.监理人员的职业道德

(1)维护国家的荣誉和利益,按照"守法、诚信、公平、科学"的准则执业;

(2)执行有关工程建设的法律、法规、标准、规范、规程和制度,履行监理合同规定的义务和职责；

(3)努力学习专业技术和建设监理知识,不断提高业务能力和监理水平；

(4)不以个人名义承揽监理业务；

(5)不同时在两个或两个以上监理单位注册和从事监理活动,不在政府部门和施工、材料设备的生产供应等单位兼职；

(6)不为所监理项目指定承包商、建筑构配件、设备、材料生产厂家和施工方法；

(7)不收受被监理单位的任何礼金；

(8)不泄露所监理工程各方认为需要保密的事项；

(9)坚持独立自主地开展工作。

2.3.3 工程监理人员的职责

根据《建设工程监理规范》(GB/T 50319—2013)规定,工程监理人员应履行以下职责。

1.总监理工程师

(1)确定项目监理机构人员及其岗位职责；

(2)组织编制监理规划,审批监理实施细则；

(3)根据工程进展及监理工作情况调配监理人员,检查监理人员工作；

(4)组织召开监理例会；

(5)组织审核分包单位资格；

(6)组织审查施工组织设计、(专项)施工方案；

(7)审查开复工报审表,签发工程开工令、暂停令和复工令；

(8)组织检查施工单位现场质量、安全生产管理体系的建立及运行情况；

(9)组织审核施工单位的付款申请,签发工程款支付证书,组织审核竣工结算；

(10)组织审查和处理工程变更；

(11)调解建设单位与施工单位的合同争议,处理工程索赔；

(12)组织验收分部工程,组织审查单位工程质量检验资料；

(13)审查施工单位的竣工申请,组织工程竣工预验收,组织编写工程质量评估报告,参与工程竣工验收；

(14)参与或配合工程质量安全事故的调查和处理；

(15)组织编写监理月报、监理工作总结,组织整理监理文件资料。

2.总监理工程师代表职责

(1)负责总监理工程师指定或交办的监理工作；

(2)按总监理工程师的授权,行使总监理工程师的部分职责和权利。

总监理工程师不得将下列工作委托给总监理工程师代表：

①组织编制监理规划,审批监理实施细则；

总监理工程师职责-组织审查施工组织设计

②根据工程进展及监理工作情况调配监理人员；

③组织审查施工组织设计、(专项)施工方案；

④签发工程开工令、暂停令和复工令；

⑤签发工程款支付证书，组织审核竣工结算；

⑥调解建设单位与施工单位的合同争议，处理工程索赔；

⑦审查施工单位的竣工申请，组织工程竣工预验收，组织编写工程质量评估报告，参与工程竣工验收；

⑧参与或配合工程质量安全事故的调查和处理。

3.专业监理工程师职责

(1)参与编制监理规划，负责编制监理实施细则；

(2)审查施工单位提交的涉及本专业的报审文件，并向总监理工程师报告；

(3)参与审核分包单位资格；

(4)指导、检查监理员工作，定期向总监理工程师报告本专业监理工作实施情况；

(5)检查进场的工程材料、构配件、设备的质量；

(6)验收检验批、隐蔽工程、分项工程，参与验收分部工程；

(7)处置发现的质量问题和安全事故隐患；

(8)进行工程计量；

(9)参与工程变更的审查和处理；

(10)组织编写监理日志，参与编写监理月报；

(11)收集、汇总、参与整理监理文件资料；

(12)参与工程竣工预验收和竣工验收。

4.监理员职责

(1)检查施工单位投入工程的人力、主要设备的使用及运行状况；

(2)进行见证取样；

(3)复核工程计量有关数据；

(4)检查工序施工结果；

(5)发现施工作业中的问题，及时指出并向专业监理工程师报告。

2.3.4 监理工程师职业资格考试

1992年6月,建设部发布了《监理工程师资格考试和注册试行办法》(建设部第18号令),中国开始实施监理工程师资格考试。自1997年起,每年正式举行监理工程师执业资格考试,监理工程师是自中华人民共和国成立以来在工程建设领域设置的第一个执业资格。2020年2月,国家设置监理工程师准入类职业资格,纳入《国家职业资格目录》,住房和城乡建设部、交通运输部、水利部、人力资源和社会保障部共同制定监理工程师职业资格制度,并按照职责分工分别负责监理工程师职业资格制度的实施与监管。

1. 报考条件

凡遵守中华人民共和国宪法、法律、法规,具有良好的业务素质和道德品行,具备下列条件之一者,可以申请参加监理工程师职业资格考试:

(1)具有各工程大类专业大学专科学历(或高等职业教育),从事工程施工、监理、设计等业务工作满4年;

(2)具有工学、管理科学与工程类专业大学本科学历或学位,从事工程施工、监理、设计等业务工作满3年;

(3)具有工学、管理科学与工程一级学科硕士学位或专业学位,从事工程施工、监理、设计等业务工作满2年;

(4)具有工学、管理科学与工程一级学科博士学位。

2. 考试内容

监理工程师职业资格考试设《建设工程监理基本理论和相关法规》(客观题,考试时间:120分钟,满分110分)、《建设工程合同管理》(客观题,考试时间:120分钟,满分110分)、《建设工程目标控制》(客观题,考试时间:180分钟,满分160分)、《建设工程监理案例分析》(主观题,考试时间:240分钟,满分120分)4个科目。其中,《建设工程监理基本理论和相关法规》《建设工程合同管理》为基础科目,《建设工程目标控制》《建设工程监理案例分析》为专业科目。

监理工程师职业资格考试专业科目分为土木建筑工程、交通运输工程、水利工程3个专业类别,考生在报名时可根据实际工作需要进行选择。其中,土木建筑工程专业由住房和城乡建设部负责;交通运输工程专业由交通运输部负责;水利工程专业由水利部负责。

3. 考试管理

监理工程师职业资格考试原则上每年举行一次,考试时间一般安排在5月第二个周六日,考试分4个半天进行。考点原则上设在直辖市、自治区首府和省会城市的大、中专院校或者高考定点学校。

监理工程师职业资格考试成绩实行4年为一个周期的滚动管理办法,在连续的4个考试年度内通过全部考试科目,方取得监理工程师职业资格证书。

已取得监理工程师一种专业职业资格证书的人员,报名参加其他专业科目考试的,可免考基础科目。考试合格后,核发人力资源和社会保障部统一印制的相应专业考试合格证明。该证明作为注册时增加执业专业类别的依据。免考基础科目和增加专业类别的人员,专业科目成绩按照2年为一个周期滚动管理。

监理工程师职业资格考试合格者,由各省、自治区、直辖市人力资源和社会保障行政主管部门颁发中华人民共和国监理工程师职业资格证书(或电子证书)。该证书由人力资源和社会保障部统一印制,住房和城乡建设部、交通运输部、水利部按专业类别分别与人力资源和社会保障部用印,在全国范围内有效。

2.3.5 监理工程师注册与执业

1.监理工程师注册

国家对监理工程师职业资格实行执业注册管理制度。取得监理工程师职业资格证书且从事工程监理及相关业务活动的人员,经注册方可以监理工程师名义执业。注册的单位可以是一个具有建设工程勘察、设计、施工、监理、招标代理、造价咨询等一项或者多项资质的单位。

住房和城乡建设部、交通运输部、水利部按照职责分工,制定相应监理工程师注册管理办法并按专业类别分别负责监理工程师注册及相关工作。经批准注册的申请人,由住房和城乡建设部、交通运输部、水利部分别核发《中华人民共和国监理工程师注册证》(或电子证书)。

监理工程师执业时应持注册证书和执业印章。注册证书、执业印章样式以及注册证书编号规则由住房和城乡建设部会同交通运输部、水利部统一制定。执业印章由监理工程师按照统一规定自行制作。注册证书和执业印章由监理工程师本人保管和使用。

住房和城乡建设部、交通运输部、水利部按照职责分工建立监理工程师注册管理信息平台,保持通用数据标准统一。住房和城乡建设部负责归集全国监理工程师注册信息,促进监理工程师注册、执业和信用信息互通共享。

2.监理工程师执业

监理工程师在工作中,必须遵纪守法,恪守职业道德和从业规范,诚信执业,主动接受有关部门的监督检查,加强行业自律。监理工程师不得同时受聘于两个或两个以上单位执业,不得允许他人以本人名义执业,严禁"证书挂靠"。出租出借注册证书的,依据相关法律法规进行处罚;构成犯罪的,依法追究刑事责任。

注册监理工程师可以担任工程总承包项目经理。《房屋建筑和市政基础项目工程总承包管理办法》(部建市规〔2019〕12号)第二十条,工程总承包项目经理应当具备下列条件:

①取得相应工程建设类注册执业资格,包括注册建筑师、勘察设计注册工程师、注册建造师或者注册监理工程师等;未实施注册执业资格的,取得高级专业技术职称;

②担任过与拟建项目相类似的工程总承包项目经理、设计项目负责人、施工项目负责人或者项目总监理工程师;

③熟悉工程技术和工程总承包项目管理知识以及相关法律法规、标准规范;

④具有较强的组织协调能力和良好的职业道德。

监理工程师依据职责开展工作,在本人执业活动中形成的工程监理文件上签章,并承担相应责任。住房和城乡建设部、交通运输部、水利部按照职责分工制定监理工程师具体执业范围,建立健全监理工程师诚信体系,制定相关规章制度或从业标准规范,并指导监督信用评价工作。

监理工程师未执行法律、法规和工程建设强制性标准实施监理,造成质量安全事故的,依据相关法律法规进行处罚;构成犯罪的,依法追究刑事责任。

取得监理工程师注册证书的人员,应当按照国家专业技术人员继续教育的有关规定接受继续教育,更新专业知识,提高业务水平。

学习子情境 2.4　组建某工程的项目监理机构

2.4.1　项目监理机构及其组织形式

项目监理机构是监理单位为履行监理合同派驻施工现场的临时组织机构。监理单位应根据监理合同规定的服务内容、服务期限、工程类别、规模、技术复杂程度、工程环境等因素确定项目监理机构的组织形式和规模。项目监理机构在完成监理合同约定的监理工作后,可撤离施工现场。

项目监理机构的组织形式是指项目监理机构具体采用的管理组织结构,其形式应结合工程项目特点及监理工作的需要来确定。监理机构组织形式有以下几种:直线制监理组织形式、职能制监理组织形式、直线职能制监理组织形式、矩阵制监理组织形式等。

1. 直线制监理组织形式

这种组织形式的特点是项目监理机构中任何一个下级只接受唯一上级的命令。各级部门主管人员对所属部门的问题负责,项目监理机构中不再另设投资控制、进度控制、质量控制及合同管理等职能部门。最典型的特征就是没有职能部门,假设自己处于最低层次,则只有一个上级可以发布指令。

直线制监理组织形式可依据工程项目特点及管理方式不同,分为按子项目分解、按建设阶段分解、按专业内容分解的直线制监理组织形式。

按子项目分解的直线制监理组织形式适用于能划分为若干相对独立的子项目的大、中型建设工程。如图 2-3 所示,总监理工程师负责整个工程的规划、组织和指导,并负责整个工程范围内各方面的指挥、协调工作;子项目监理组分别负责各子项目的目标控制,具体领导现场专业或专项监理组的工作。

按建设阶段分解的直线制监理组织形式适用于业主委托监理单位对建设工程实施全过程监理。如图 2-4 所示。

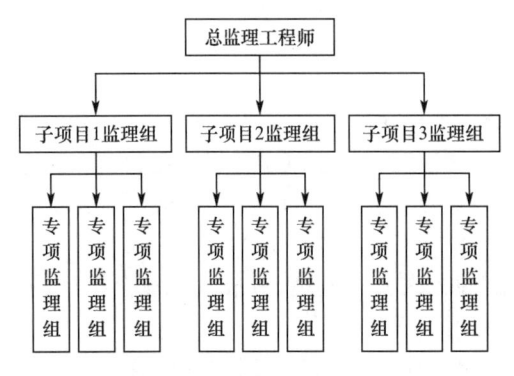

图 2-3　按子项目分解的直线制监理组织形式 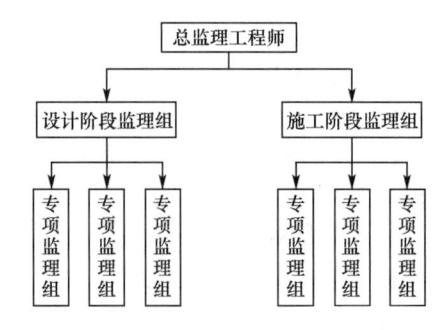　　图 2-4　按建设阶段分解的直线制监理组织形式

按专业内容分解的直线制监理组织形式适用于小型建设工程,目前多数工程项目采用这种监理组织形式。如图 2-5 所示。

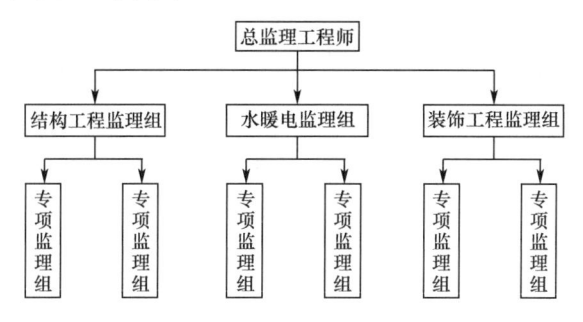

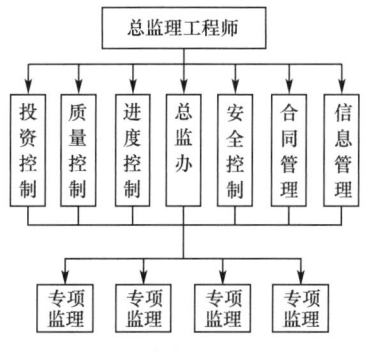

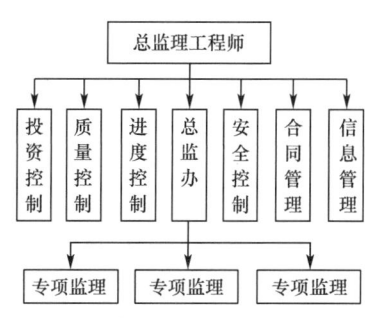

图 2-5 按专业内容分解的直线制监理组织形式

直线制监理组织形式的主要优点是组织机构简单,权利集中,命令统一,职责分明,决策迅速,隶属关系明确;缺点是没有职能部门的"个人管理",这就要求总监理工程师通晓各种业务,通晓多种知识技能,成为全能式人物。

2. 职能制监理组织形式

职能制监理组织形式是把管理部门和人员分为两类:一类是以子项目监理为对象的直线指挥部门和人员;另一类是以投资控制、进度控制、质量控制及合同管理为对象的职能部门和人员。监理机构内的职能部门按总监理工程师授予的权利和监理职责有权对指挥部门发布指令。假设自己处于最低层次,则可以有多个职能部门和指挥部门对自己发布指令。

职能制监理组织形式如图 2-6 所示。

这种组织形式的主要优点是加强了项目监理目标控制的职能化分工,能够发挥职能机构的专业管理作用,提高管理效率,减轻总监理工程师负担。但由于直线指挥部门人员受职能部门多头指令,如果这些指令相互矛盾,将使直线指挥部门人员在监理工作中无所适从。

3. 直线职能制监理组织形式

直线职能制监理组织形式是吸收了直线制监理组织形式和职能制监理组织形式的优点而形成的一种组织形式。直线指挥部门拥有对下级实行指挥和发布命令的权利,并对该部门的工作全面负责;职能部门是直线指挥人员的参谋,他们只能对指挥部门进行业务指导,而不能对指挥部门直接进行指挥和发布命令。假设自己处于最低层次,则只有一个上级可以发布指令(与职能制相区别),同时又有多个职能部门设存在(与直线制相比较)。如图2-7所示。

图 2-6 职能制监理组织形式

图 2-7 直线职能制监理组织形式

这种形式保持了直线制组织实行直线领导、统一指挥、职责清楚的优点,另一方面又保持了职能制组织目标管理专业化的优点;其缺点是职能部门与指挥部门易产生矛盾,信息传递路线长,不利于互通情报。

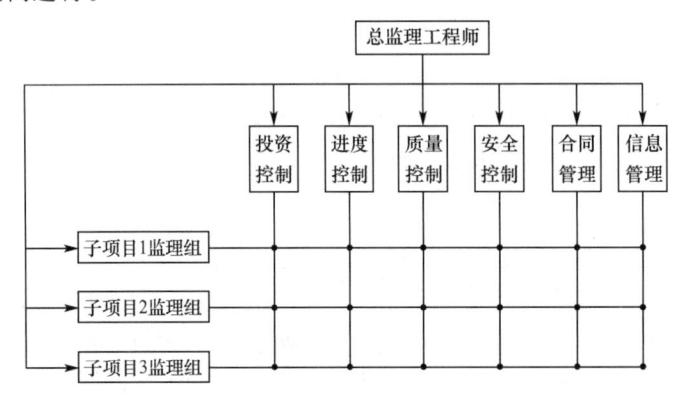

4.矩阵制监理组织形式

矩阵制监理组织形式是由纵、横两套管理系统组成的矩阵型组织结构,一套是纵向的职能系统,另一套是横向的子项目系统,职能部门和指挥部门纵横交叉,呈棋盘状。如图2-8所示。这种组织形式的纵、横两套管理系统在监理工作中是相互融合关系。图中实线所绘的交叉点上,表示了两者协同以共同解决问题。如子项目1的质量验收由子项目1监理组和质量控制组共同进行。

图2-8 矩阵制监理组织形式

这种形式的优点是加强了各职能部门的横向联系,具有较大的机动性和适应性,把上下左右集权与分权实行最优的结合,有利于解决复杂难题,有利于监理人员业务能力的培养;缺点是纵横向协调工作量大,处理不当会造成扯皮现象,产生矛盾。

2.4.2 项目监理机构的人员与工器具配置

工程监理单位应选派具备相应资格且专业配套、数量满足监理工作需要和相关规范标准规定的监理人员组成项目监理机构,并进驻项目施工现场。项目监理机构的监理人员应遵循适用、精简、高效的原则,由总监理工程师、专业监理工程师和监理员组成,必要时可设总监理工程师代表。

工程监理单位应配备满足项目监理工作需要的常用检测仪器设备和工器具,为项目监理机构提供必要的办公场所和办公设备。

1.项目监理机构人员结构

项目监理机构应具有合理的人员结构,包括以下内容:

(1)合理的专业结构,也就是各专业人员要配套。

(2)合理的技术职务、职称结构,表现在高级职称、中级职称和初级职称有与监理工作要求相称的比例。一般来说,决策阶段、设计阶段的监理,具有高级职称及中级职称的人员应占绝大多数;施工阶段的监理,可有较多的初级职称人员和具有相应能力的实践经验丰富的工人从事实际操作。

(3)合理的人员经历(实践经验),以及融洽的合作关系等。

2.项目监理机构监理人员数量的确定

影响项目监理机构人员数量的主要因素有:工程建设强度、建设工程复杂程度、监理单位的业务水平、项目监理机构的组织结构和任务职能分工等。工程监理单位宜根据项目的特点、建筑物功能与布局、工作与交通条件、地区差异、合同约定、主管部门及建设单位对监理工作的要求等实际情况来确定项目监理机构监理人员数量。

依据2020年3月中国建设监理协会发布的《项目监理机构人员配置标准》(试行),在项目实施阶段,工程监理单位应保证监理工作的质量、有效履行监理职责,在施工高峰期项目监理机构应配备的基本人数,可参考以下标准:

(1)住宅工程。住宅小区建筑面积60 000 m² 以下、单项工程14层以下;住宅小区60 000 m² 以上120 000 m² 以下、单项工程14层以上28层以下;住宅小区建筑面积120 000 m² 以上、单项工程28层以上的住宅类建设工程。住宅工程项目监理机构人员配置见表2-5。

表2-5 住宅工程项目监理机构人员配置表

总建筑面积M/平方米		各岗位人员配置数量/人			
区间值		总监理工程师	专业监理工程师	监理员	合计
M≤60 000	单栋	(1)	1	0~1	2~3
	多栋	(1)	1	0~2	2~4
60 000<M≤120 000		(1)	1~2	2~3	4~6
120 000<M≤200 000		1	2~3	3~5	6~9
200 000<M≤300000		1	3~6	5~8	9~15
300000<M≤500 000		1	6~9	8~12	15~22
500 000<M≤800 000		1	9~12	12~16	22~29
800 000<M		建筑面积每增加3万m²,需增加专业监理工程师1名,增加监理员1名。			

注:总监理工程师兼职在本标准配置表中用"(1)"统一表示,下同。

(2)一般公共建筑工程(Ⅰ)。建筑层数14层以下、单栋建筑面积10 000 m² 以下;建筑层数14层以上28层以下、单栋建筑面积10 000 m² 以上30 000 m² 以下;建筑层数28层以上、单栋建筑面积30 000 m² 以上的如办公楼、写字楼、宾馆、酒店、教学实验楼、文化体育场馆、博物馆、图书馆、科技馆、艺术馆、会展中心、医疗建筑及大中型商业综合体等。一般公共建筑工程(Ⅰ)项目监理机构人员配置表见表2-6。

表2-6 一般公共建筑工程(Ⅰ)项目监理机构人员配置表

工程概算投资额N/万元	各岗位人员配置数量/人			
区间值	总监理 工程师	专业监理 工程师	监理员	合计
N≤3 000	(1)	1	0~1	2~3
3 000<N≤5 000	(1)	1	1~2	3~4
5 000<N≤10 000	(1)	1~2	2~3	4~6

(续表)

工程概算投资额 N/万元	各岗位人员配置数量/人			
区间值	总监理工程师	专业监理工程师	监理员	合计
10 000＜N≤30 000	(1)	2～3	3～4	6～8
30 000＜N≤60 000	1	3～5	4～5	8～11
60 000＜N≤100 000	1	5～6	5～9	11～16
100 000＜N	工程概算投资额每增加1.5亿，增加专业监理工程师1名，增加监理员1名。			

（3）一般公共建筑(Ⅱ)。跨度小于24 m；24 m到36 m；36 m以上的单层工业厂房、多层工业建筑和仓储类建筑工程。不包含爆炸和火灾危险性生产厂房、处于恶劣环境下（如多尘、潮湿、高温或有蒸汽、震动、烟雾、酸碱腐蚀性气体、有辐射性物质）生产厂房等。一般公共建筑工程(Ⅱ)项目监理机构人员配置见表2-7。

表2-7　　　　　　　一般公共建筑工程(Ⅱ)项目监理机构人员配置表

工程概算投资额 N/万元	岗位人员配置数量/人			
区间值	总监理工程师	专业监理工程师	监理员	合计
N≤3 000	(1)	1	0～1	2～3
3 000＜N≤5 000	(1)	1	1～2	3～4
5 000＜N≤10 000	(1)	1～2	2～3	4～6
10 000＜N≤30 000	(1)	2～3	3	6～7
30 000＜N≤60 000	1	3～4	3～5	7～10
60 000＜N≤100 000	1	4～6	5～8	10～15
100 000＜N	工程概算投资额每增加2亿，增加专业监理工程师1名，增加监理员1名。			

工程监理单位应结合房屋建筑工程特点，根据建设项目的建设规模、建设投资、建设工期、监理服务费用、不同施工阶段高峰期工作强度等，参考以上标准，对项目监理机构人员进行合理配置。

3.项目监理机构监理人员管理

工程监理单位应于委托监理合同签订后十天内将项目监理机构的组织形式、人员构成及对总监理工程师的任命书面通知建设单位。当总监理工程师需要调整时，监理单位应征得建设单位同意并书面通知建设单位；当专业监理工程师需要调整时，总监理工程师应书面通知建设单位和承包单位。工程监理单位应制订项目监理机构检查计划，定期或不定期对项目监理机构人员履职情况进行检查考评。工程监理单位应提供企业层级技术支持、资源保障和综合管理等服务，保证项目监理机构及时得到有效支持和帮助。

4.监理工器具

建设单位应提供委托监理合同约定的满足监理工作需要的办公、交通、通信、生活设施。项目监理机构应妥善保管和使用建设单位提供的设施，并应在完成监理工作后移交建设单位。

项目监理机构应根据工程项目的类别、规模、技术复杂程度、工程项目所在地的环境条件，按委托监理合同的约定，配备满足监理工作需要的常规检测设备和工器具。

学习子情境2.5　项目监理机构协调有关各方关系

2.5.1　建设工程监理组织协调概述

1.组织协调的概念与目的

在建设工程实施监理过程中，为了实现项目目标，组织协调工作必不可少。所谓组织协调工作，是指为了实现项目目标，监理人员所进行的监理机构内部人与人之间、机构与机构之间以及监理组织与外部环境组织之间的沟通、调和、联合和联结工作，以达到在实现项目总目标的过程中，相互理解信任、步调一致、运行一体化。做好组织协调工作最为重要，也最为困难，是监理工作取得成功的关键。只有通过积极的组织协调，才能实现整个系统全面协调控制的目的。

建设工程监理组织协调的目的，就是对项目实施过程中产生的各种关系进行疏导，及时排除或缓解产生的干扰和障碍，解决矛盾，处理争端，使整个项目的实施处于一种有序状态，并不断使各种资源得到有效、合理的优化配置，确保所监理的项目质量好、投资省、工期短，最终实现预期的目标和要求。

2.组织协调的分类

按监理人员与被协调对象之间的组织关系的"远、近"程度，可分为内部协调、近外层协调、远外层协调三类。

(1)项目监理机构内部协调包括与监理单位的内部协调和项目监理机构自身组织的内部协调。

(2)近外层协调是与工程项目建设有合同关系的单位之间的协调。如建设单位(甲方代表)、勘察、设计、施工总施工单位、专业分包单位、供货商、招标代理单位等，协调主要是相互配合，履行合同义务，共同实现项目目标。

(3)远外层协调指的是与社会环境单位的协调，与工程项目建设没有合同关系，这些单位一般是政府执法部门或相关管理机构，其主要的任务是维护社会公共利益，这里的协调主要是联络沟通，满足远外层单位对建设项目的要求。

3.组织协调的内容

(1)项目监理机构的内部协调

①建立项目监理机构并明确各部门的组织管理关系。明确各部门和各岗位的目标、职责和权限，制定监理工作制度和工作程序。

②召开监理工作交底会议，介绍工程项目的前期工作情况和监理规划交底。

③发挥总监理工程师的核心作用。

④建立内部沟通机制。

(2)项目监理机构的近外层协调

近外层协调主要是指监理组织(企业)与建设单位(业主)、勘察设计单位、施工单位、材料设备供应等参与工程建设单位之间的关系协调。

①监理企业与业主的协调。工程项目法人责任制与建设工程监理制这两大体制的关系,决定了业主与监理企业这两类法人之间是一种平等的关系,是一种委托与被委托、授权与被授权的关系,更是相互依存、相互促进、共兴共荣的紧密关系。监理工程师应从以下几方面加强与业主的协调:

首先,监理工程师要清楚建设工程总目标,理解业主的建设意图。在开展监理工作之前必须了解项目构思的基础、起因和出发点,否则可能对监理目标及完成任务有不完整的理解,导致实际监理工作困难。

其次,监理工程师要利用工作之便做好监理宣传工作,增进业主对监理工作的理解,特别是对建设工程管理各方职能及监理程序的理解,以自己规范化、标准化、制度化的工作去影响和促进双方工作的协调一致。

最后,监理工程师要尊重业主,同业主一起投入建设工程的全过程中,力求使业主满意。对于业主提出的不适当要求,应寻求适当时机,以合适的方式进行说明和解释,以避免误解。

②监理企业与承建商的协调。这里所说的承建商,不单是指施工企业,而是包括承接工程项目规划的规划单位、承接工程勘察的勘察单位、承接工程设计业务的设计单位、承接工程施工的总承包和分包单位,以及承接工程设备、工程构件和配件的加工制造单位在内的所有承建商。也就是说,凡是承接工程建设业务的单位,相对于业主来说,都叫作承建商。与承建商之间的协调,监理工程师要注意以下几个方面:

首先,要坚持原则,实事求是,严格按规范、规程办事,讲究科学的态度。在监理工作中,监理工程师应强调各方面利益和建设工程总目标的一致性,鼓励承建商将工程的实际进展状况、实施结果和遇到的困难及协调意见及时向监理方汇报,以找出影响目标控制可能的干扰因素。双方了解得越多、越深刻,监理工作中的对抗和争执就会越少。

其次,要注意协调的方式和方法。与承建商的协调工作不仅是方法、技术问题,更是语言艺术、感情交流和用权适度的问题。如何用高超的协调能力,把正确的协调意见表达出来,使对方容易接受,使各方都能满意,这是监理工程师必须仔细研究的问题。

(3)项目监理机构的远外层协调

远外层协调主要指监理组织(企业)与政府有关部门、社会团体等单位之间的关系协调。一个建设工程的开展还存在政府部门及其他单位的影响,如政府部门、金融组织、社会团体、新闻媒介、毗邻单位等,它们对建设工程起着一定的控制、监督、支持、帮助作用。这些关系若协调不好,建设工程实施也可能严重受阻。

①政府行政部门对工程质量进行宏观控制,并对监理单位的行为进行监督与指导。项目监理机构应认真执行政府颁布的管理规定,监理工程师应及时、如实地向政府行政部门反映情况。总监理工程师应与本工程项目所在地的政府行政主管部门加强联系,密切配合。监理单位在进行工程监理和问题处理时,要做好与政府行政部门的交流与协调。

如发生重大质量、安全事故,在承包商采取急救、补救措施的同时,应敦促承包商立即向政府有关部门报告情况,接受检查和处理。

②与社会团体的协调。一些大中型建设工程建成后,不仅会给业主带来效益,还会给该地区的经济发展带来好处,同时给当地人民生活带来方便,因此必然会引起社会各界关注。业主和监理单位应把握机会,争取社会各界对建设工程的关心和支持。这是一种争取良好社会环境的协调工作。

本部分的协调工作,从组织协调的范围看,属于远外层的管理。根据目前的工程监理实践,对远外层关系的协调,应由业主主持,监理单位主要协调近外层的关系。如业主将部分或全部远外层的关系协调工作委托监理单位承担,则应在监理合同专用条件中明确委托的工作和相应的报酬。

2.5.2 组织协调的方法与要点

1.组织协调的方法

(1)会议协调法

会议协调法是建设工程监理中常用的一种协调方法,实践中常用的会议协调法包括第一次工地会议、监理例会、专题性监理会议(工程监理三大会议)等。

①第一次工地会议。第一次工地会议是建设工程尚未全面展开前,履约各方相互认识、确定联络方式的会议,也是检查开工前各项准备工作是否就绪并明确监理程序的会议。第一次工地会议应在项目总监理工程师下达开工令之前举行,会议由建设单位主持召开,监理单位、总承包单位的授权代表参加,也可邀请分包单位参加,必要时还可邀请有关设计单位人员参加。

第一次工地会议应包括以下主要内容:

◎ 建设单位、承包单位和监理单位分别介绍各自驻现场的组织机构、人员及其分工;
◎ 建设单位根据监理合同宣布对总监理工程师的授权;
◎ 建设单位介绍工程开工准备情况;
◎ 承包单位介绍施工准备情况;
◎ 建设单位和总监理工程师对施工准备情况提出意见和要求;
◎ 总监理工程师介绍监理规划的主要内容;
◎ 研究确定各方在施工过程中参加工地例会的主要人员,召开工地例会周期、地点及主要议题。

第一次工地会议纪要应由项目监理机构负责起草,并经与会各方代表会签。

②监理例会。监理例会是由总监理工程师或其授权的总监理工程师代表主持,按一定程序召开的,研究施工中出现的计划、进度、质量及工程款支付等问题的工地会议。监理例会应当定期召开,宜每周召开一次,参加人员包括项目总监理工程师(也可为总监理工程师代表)、其他有关监理人员、承包商项目经理、承包单位其他有关人员。需要时,还可邀请其他有关单位代表参加。

监理例会应包括以下主要内容:

◎ 检查上次监理例会议定事项的落实情况,分析未完事项原因;
◎ 检查分析工程项目进度计划完成情况,提出下一阶段进度目标及其落实措施;
◎ 检查分析工程项目质量状况,针对存在的质量问题提出改进措施;
◎ 检查工程量核定及工程款支付情况;
◎ 解决需要协调的有关事项;
◎ 其他有关事宜。

③专题性监理会议。专题性监理会议简称专题会议,是由总监理工程师或其授权的总

监理工程师代表主持或参加的,为解决监理过程中的工程专项问题而不定期召开的会议。为解决监理工作范围内工程专项问题,项目监理机构可根据需要主持召开专题会议,并可邀请建设单位、设计单位、施工单位、设备供应厂商等相关单位参加。此外,项目监理机构可根据需要,参加由建设单位、设计单位或施工单位等相关单位召集的专题会议。

(2)交谈协调法

在实践中,有时可采用"交谈"这一方法。交谈包括面对面的交谈和电话交谈两种形式。无论是内部协调还是外部协调,这种方法使用频率都相当高。其原因在于:

①保持信息畅通。由于交谈本身没有合同效力且具有方便性和及时性,所以建设工程参与各方之间及监理机构内部,都愿意采用这一方法。

②寻求协作和帮助。在寻求别人帮助和协作时,往往要及时了解对方的反应和意见,以采取相应的对策。另外,相对于书面寻求协作,人们更难于拒绝面对面的请求。因此,采用交谈方式请求协作和帮助,比采用书面方法实现的可能性要大。

③及时发布工程指令。在实践中,监理工程师一般都采用交谈方式先发布口头指令。这样,一方面可以使对方及时地执行指令;另一方面可以和对方进行交流,了解对方是否正确理解了指令。随后,再以书面形式加以确认。

(3)书面协调法

当会议或者交谈不方便或不需要时,或者需要精确地表达自己的意见时,就会用到书面协调的方法。书面协调方法的特点是具有合同效力,一般常用于:不需要双方直接交流的书面报告、报表、指令和通知等;需要以书面形式向各方提供详细信息和情况通报的报告、信函和备忘录等;事后对会议记录、交谈内容或口头指令的书面确认。

(4)访问协调法

访问协调法主要用于外部协调中,有走访和邀访两种形式。

走访是指监理工程师在建设工程施工前或施工过程中,对与工程施工有关的各政府部门、公共事业机构、新闻媒介或工程毗邻单位等进行访问,向他们解释工程的情况,了解他们的意见。

邀访是指监理工程师邀请上述各单位(包括业主)代表到施工现场对工程进行指导性巡视,了解现场工作。因为在多数情况下,这些有关单位并不了解工程,不清楚现场的实际情况。如果进行一些不恰当的干预,会对工程产生不利影响。这个时候,采用访问法可能是一个相当有效的协调方法。

(5)情况介绍法

情况介绍法通常与其他协调方法紧密结合在一起,它可能是在一次会议前,也可能是在一次交谈前,或是在一次走访或邀访前向对方进行的情况介绍。形式上主要是口头的,有时也伴有书面的。介绍往往作为其他协调的引导,目的是使别人首先了解情况。因此,监理工程师应重视任何场合下所做的介绍,要使别人能够理解介绍的内容、问题和困难,以及想得到的协助等。

2. 组织协调的要点

组织协调工作涉及面广,受主观和客观因素影响较大,所以监理工程师的知识面要宽,要有较强工作能力,能因地制宜地处理问题。在实际工作中,监理工程师应把握好下列事项:

(1)监理指令和审批

监理指令和审批包括监理通知、工程暂停指令、不合格项目处置记录、进度计划审批、工程延期审批、费用索赔审批、工作联系单等,用来协调与项目法人和承包单位的关系。

(2)监理例会和专题会议

监理例会要定期召开,专题会议应根据需要召开,协调与项目法人和承包单位的关系,会后要形成会议纪要,明确各方的责任、需承担的工作、完成的时间和相互的协调配合等。

(3)监理月报

监理月报是与项目法人进行协调的重要方法,应比较完整地反映监理工作的情况、监理的意见和需要由项目法人解决的问题等。

(4)现场协调

有关建设工程的质量、进度、造价控制,有时需要进行现场协调,现场协调的特点是直观、准确、快捷,但现场协调后要形成文字意见。

(5)个别交换意见

当有重大问题、复杂问题需要协调解决时,首先应与有关方面个别沟通情况和交换意见,看法基本一致后开会解决,避免激化问题,把关系搞僵。另外,每次监理例会前总监要与项目法人代表先交换意见,有时也要先与承包单位的项目经理交换意见,这样可以大大提高例会的质量、节省解决问题的时间。

(6)汇报

项目监理部要主动向监理公司汇报工作,反映实际情况,积极争取各级的支持和帮助。除监理月报外,也应主动向项目法人汇报监理工作,以此取得项目法人的理解和支持。

工程案例

案例1

某工程,施工总承包单位依据施工合同约定,与甲安装单位签订了安装分包合同。基础工程完成后,由于项目用途发生变化,建设单位要求设计单位编制设计变更文件,并授权项目监理机构就设计变更引起的有关问题与总承包单位进行协商。项目监理机构在收到经相关部门重新审查批准的设计变更文件后,经研究对其今后工作安排如下:

(1)由总监理工程师负责与总承包单位进行质量、费用和工期等问题的协商工作;

(2)要求总承包单位调整施工组织设计,并报建设单位同意后实施;

(3)由总监理工程师代表主持修订监理规划;

(4)由负责合同管理的专业监理工程师全权处理合同争议;

(5)安排一名监理员主持整理工程监理资料。

在协商变更单价过程中,项目监理机构未能与总承包单位达成一致意见,总监理工程师决定以双方提出的变更单价的均值作为最终的结算单价。

项目监理机构认为甲安装分包单位不能胜任变更后的安装工程,要求更换安装分包单位。总承包单位认为项目监理机构无权提出该要求,但仍表示愿意接受,随即提出由乙安装单位分包。

甲安装单位依据原定的安装分包合同已采购的材料,因设计变更需要退货,向项目监理机构提出了申请,要求补偿因材料退货造成的费用损失。

问题:

1.逐项指出项目监理机构对其今后工作的安排是否妥当,不妥之处写出正确做法。

2.指出在协商变更单价过程中项目监理机构做法的不妥之处,并按《监理规范》写出正确做法。

3.总承包单位认为项目监理机构无权提出更换甲安装分包单位的意见是否正确?为什么?写出项目监理机构对乙安装单位分包资格的审批程序。

4.指出甲安装单位要求补偿材料退货造成费用损失申请程序的不妥之处,写出正确做法。该费用损失应由谁承担?

案例 2

某实施监理的工程项目,监理工程师对施工单位报送的施工组织设计审核时,发现两个问题:一是施工单位为方便施工,将设备管道竖井的位置做了移位处理;二是工程的有关试验主要安排在施工单位试验室进行。总监理工程师分析后认为,管道竖井移位方案不会影响工程使用功能和结构安全,因此,签认了该施工组织设计报审表并送达建设单位;同时,指示专业监理工程师对施工单位试验室资质等级及其试验范围等进行考核。

项目监理过程中有如下事件:

事件 1:在建设单位主持召开的第一次工地会议上,建设单位介绍工程开工准备工作基本完成,施工许可证正在办理,要求会后就组织开工。总监理工程师认为施工许可证未办理好前,不宜开工。对此,建设单位代表很不满意,会后建设单位起草了会议纪要,纪要中明确边施工边办理施工许可证,并将此会议纪要送发监理单位、施工单位,要求遵照执行。

事件 2:设备安装施工,要求安装人员有安装资格证书。专业监理工程师检查时发现施工单位安装人员与资格报审名单中的人员不完全相符,其中五名安装人员无安装资格证书,他们已参加并完成了该工程的一项设备安装工作。

事件 3:设备调试时,总监理工程师发现施工单位未按技术规程要求进行调试,存在较大的质量和安全隐患,立即签发了工程暂停令,并要求施工单位整改。施工单位用了 2 天时间整改后被指令复工。对此次停工,施工单位向总监理工程师提交了费用索赔和工程延期的申请,强调设备调试为关键工作,停工 2 天导致窝工,建设单位应给予工期顺延和费用补偿,理由是虽然施工单位未按技术规程调试但并未出现质量和安全事故,停工 2 天是监理单位要求的。

问题:

1.总监理工程师应如何组织审批施工组织设计?总监理工程师对施工单位报送的施工组织设计内容的审批处理是否妥当?说明理由。

2.专业监理工程师对施工单位试验室除考核资质等级及其试验范围外,还应考核哪些内容?

3. 事件1中建设单位在第一次工地会议的做法有哪些不妥？写出正确的做法。
4. 监理单位应如何处理事件2？
5. 在事件3中，总监理工程师的做法是否妥当？施工单位的费用索赔和工程延期要求是否应该被批准？说明理由。

案例 3

某实施监理的市政工程，分成A、B两个施工标段。工程监理合同签订后，监理单位将项目监理机构组织形式、人员构成和对总监理工程师的任命书面通知建设单位。该总监理工程师担任总监理工程师的另一工程项目尚有一年方可竣工。根据工程专业特点，市政工程A、B两个标段分别设置了总监理工程师代表甲和乙。甲、乙均不是注册监理工程师，但甲具有高级专业技术职称，在监理岗位任职15年；乙具有中级专业技术职称，已取得了建造师执业资格证书但尚未注册，有5年施工管理经验，1年前经培训开始在监理岗位就职。工程实施中发生以下事件：

事件1：建设单位同意对总监理工程师的任命，但认为甲、乙二人均不是注册监理工程师，不同意二人担任总监理工程师代表。

事件2：工程质量监督机构以同时担任另一项目的总监理工程师，有可能"监理不到位"为由，要求更换总监理工程师。

事件3：监理单位对项目监理机构人员进行了调整，安排乙担任专业监理工程师。

事件4：总监理工程师考虑到身兼两项工程比较忙，委托总监理工程师代表开展若干项工作，其中有组织召开监理例会、组织审查施工组织设计、签发工程款支付证书、组织审查和处理工程变更、组织分部工程验收。

事件5：总监理工程师在安排工程计量工作时，要求监理员进行具体计量，同专业监理工程师进行复核检查。

问题：
1. 事件1中，建设单位不同意甲、乙担任总监理工程师代表的理由是否正确？甲和乙是否可以担任总监理工程师？分别说明理由。
2. 事件2中，工程质量监督机构的要求是否妥当？说明理由。
3. 事件3中，监理单位安排乙担任专业监理工程师是否妥当？说明理由。
4. 指出事件4中，总监理工程师对所列工作的委托，哪些是正确的，哪些不正确。
5. 事件5中，总监理工程师的做法是否妥当？说明理由。

自我测评

通过本学习情境的学习，你是否掌握了工程监理企业、人员及项目监理机构的相关知识？赶快拿出手机，扫描二维码测一测吧。

学习情境 3

建设工程质量控制

开篇案例

某工程项目基本概况：

石家庄×××小区工程位于石家庄市××街××号，总体规划为五栋住宅楼，一栋综合办公楼，一栋幼儿园，建设方为×××房地产开发有限公司，设计方为×××建筑设计有限公司，监理方为×××有限公司。2015年3月5日，第一期开工五栋住宅楼，本工程总建筑面积为3万平方米，采用砖混结构体系，钢筋混凝土带形基础，抗震烈度按七度设防。

本工程设计耐久年限为二级，计划工期为229天。

由石家庄×××建筑工程有限公司、河北省×××建筑公司等施工单位分别承担1#~5#住宅楼的施工任务。

自2016年3月6日起，开工建设商办楼工程，由石家庄×××建筑装饰公司承担施工任务。本工程采用钢筋混凝土带形基础（局部筏板基础）框架结构，抗震烈度按七度设防，总建筑面积为5 472平方米，计划工期为350天。

自2016年2月10日起，开工建设幼儿园工程，该工程为二层托幼建筑，建筑高度为7.6米，砖混结构，建筑总面积为643.91平方米，施工方为石家庄×××建筑公司。

本工程监理范围：

地基处理及施工图范围内土建工程、设备安装工程以及室外工程施工（其配套水、电、暖、设备的施工安装）阶段的监理。

本工程监理工作目标：

进行工程施工监理工作，并帮助协调实施工作。主要是进行投资、进度、质量、安全生产管理、合同管理、信息管理和组织协调工作，确保合同目标的实现。

> 质量目标：合格。
> 进度目标：施工合同工期。
> 投资目标：施工合同价款。
>
> ▼ **需完成的工作任务**
>
> 1. 熟悉项目监理机构对质量控制的内容；
> 2. 在施工阶段对本项目工程质量进行控制；
> 3. 处理本项目施工中的工程质量问题和质量事故。

学习子情境3.1　熟悉项目监理机构对质量控制的内容

3.1.1　工程质量

1. 工程质量的概念

建设工程质量，简称工程质量。工程质量是指工程满足建设单位需要，符合国家法律、法规、技术规范标准、设计文件及合同规定的特性综合。

建设工程作为一种特殊的产品，除具有一般产品共有的质量特性，如性能、寿命、可靠性、安全性、经济性等满足社会需要的使用价值及其属性外，还具有特定的内涵。

2. 工程质量的特性

(1)适用性。即功能，是指工程满足使用目的的各种性能。包括：理化性能、结构性能、使用性能、外观性能等。

(2)耐久性。即寿命，是指工程在规定的条件下，满足规定功能要求使用的年限，也就是工程竣工后的合理使用寿命周期。

(3)安全性。指工程建成后，在使用过程中保证结构安全、保证人身和环境免受危害的程度。

(4)可靠性。指工程在规定的时间和规定的条件下,完成规定功能的能力。

(5)经济性。指工程从规划、勘察、设计、施工到整个产品使用寿命周期内的成本和消耗的费用。

(6)与环境的协调性。指工程与其周围生态环境协调,与所在地区经济环境协调以及与周围已建工程相协调,以适应可持续发展的要求。

上述六个方面的质量特性彼此之间相互依存。总体而言,适用、耐久、安全、可靠、经济、与环境协调,都是必须达到的基本要求,缺一不可。

3. 工程质量形成过程

工程建设的不同阶段,对工程项目质量的形成起着不同的作用和影响。项目可行性研究阶段,确定工程项目的质量要求,并与投资目标相协调;项目决策阶段对项目的建设方案做出决策,确定工程项目应达到的质量目标和水平。工程地质勘察是为建设场地的选择和工程的设计与施工提供地质资料依据。而工程设计是根据建设项目总体需要和地质勘察报告,对工程的外形和内在的实体进行筹划、研究、构思、设计和描绘,形成设计说明书和图纸等相关文件,使得质量目标和水平具体化,为施工提供直接依据。

工程设计质量是决定工程质量的关键环节。而工程施工活动的顺序开展决定了设计意图的良好体现,它直接关系到工程的安全可靠、使用功能可实现,以及外表观感所能体现建筑设计的艺术水平。在一定限度上,工程施工是形成实体质量的决定性环节。工程竣工验收就是对项目施工阶段的质量通过检查评定、试车运转,考核项目质量是否达到设计要求,是否符合决策阶段确定的质量目标和水平,并通过验收确保工程项目的质量。所以,工程竣工验收是保证产品最终质量的关键环节。

4. 工程质量影响因素

影响工程质量的因素很多,但归纳起来主要有五个方面,即人(Man)、机械(Machine)、材料(Material)、方法(Method)和环境(Environment),简称 4M1E 因素。

(1)人员素质

人是生产经营活动的主体,也是工程项目建设的决策者、管理者、操作者。人员素质直接或间接地对规划、决策、勘察、设计和施工的质量产生影响。因此,建筑行业实行经营资质管理和各类专业从业人员持证上岗制度,是保证人员素质的重要管理措施。

(2)机械设备

机械设备可分为两类:一是指组成工程实体及配套的工艺设备和各类机械,它们构成了建筑设备安装工程或工业设备安装工程,形成完整的使用功能;二是指施工过程中使用的各类机械设备,简称施工机械设备,它们是施工生产的手段。机械设备对工程质量也有重要影响。工程用机械设备的产品质量直接影响工程使用功能和质量。施工机械设备的类型是否符合工程施工特点、性能是否先进稳定、操作是否方便安全等,都会影响工程项目的质量。

(3)工程材料

工程材料选用是否合理、产品是否合格、材质是否经过检验、保管使用是否得当等,都将直接影响建设工程的结构刚度和强度是否合格,影响工程外表及使用功能和使用安全是否合格。

(4)施工方法

在工程施工中,施工方案是否合理、施工工艺是否先进、施工操作是否正确,都将对工程质量是否合格产生重大的影响。大力推进新技术、新工艺、新方法,不断提高工艺技术水平,是保证工程质量稳定提高的重要因素。

(5)环境条件

环境条件是指对工程质量特性起重要作用的环境因素,包括工程技术环境、工程作业环境、工程管理环境、工程周边环境等。环境条件往往对工程质量产生特定的影响。加强环境管理,改进作业条件,把握好技术环境,辅以必要的措施,是控制环境对质量影响的重要保证。

3.1.2 工程质量控制

1.工程质量控制的概念

工程质量控制是指致力于满足工程质量要求,也就是为了保证工程质量及满足工程合同、规范、标准等所采取的一系列措施、方法和手段。工程质量要求主要表现为工程合同、设计文件、技术规范、标准等规定的质量标准。

(1)工程质量控制按其实施主体不同,分为政府工程质量控制和工程监理单位质量控制的监控主体,勘察设计单位质量控制和施工单位质量控制的自控主体。前者是指对他人质量能力和效果的监控者,后者是指直接从事质量职能的活动者。

(2)工程质量控制按工程质量形成过程,包括全过程各阶段的质量控制,其中主要是决策阶段的质量控制、工程勘察设计阶段的质量控制、工程施工阶段的质量控制。

2.工程项目各方的质量责任

在工程项目建设中,参与工程建设的各方,应根据国家颁布的《建设工程质量管理条例》以及合同、协议及有关文件的规定,承担相应的质量责任。

(1)建设单位的质量责任

①建设单位要根据工程特点和技术要求,按有关规定选择相应资质等级的勘察、设计单位和施工单位,在合同中必须有质量条款,明确质量责任,并真实、准确、齐全地提供与建设工程有关的原始资料。凡建设工程项目的勘察、设计、施工、监理以及工程建设有关重要设备材料等的采购,均实行招标,依法确定程序和方法,择优选定中标者。不得将应由一个施

工单位完成的建设工程项目肢解成若干部分,发包给几个施工单位;不得迫使承包方以低于成本的价格竞标;不得任意压缩合理工期;不得明示或暗示设计单位或施工单位违反建设强制性标准,降低建设工程质量。建设单位对其自行选择的设计、施工单位发生的质量问题承担相应责任。

②建设单位应根据工程特点,配备相应的质量管理人员。对国家规定强制实行监理的工程项目,必须委托有相应资质等级的工程监理单位进行监理。建设单位应与监理单位签订监理合同,明确双方的责任和义务。

③建设单位在工程开工前,负责办理有关施工图设计文件审查、工程施工许可证和工程质量监督手续,组织设计和施工单位认真进行设计交底。在工程施工中,可按国家现行有关工程建设法规、技术标准及合同规定,对工程质量进行检查,涉及建筑主体和承重结构变动的装修工程,建设单位应在施工前委托原设计单位或者有相应资质等级的设计单位提出设计方案,经原审查机构审批后方可施工。工程项目竣工后,应及时组织设计、施工、工程监理等有关单位进行施工验收,未经验收备案或验收备案不合格的,不得交付使用。

④建设单位按合同的约定负责采购供应的建筑材料、建筑构配件和设备,应符合设计文件和合同要求,对发生的质量问题应承担相应的责任。

(2) 勘察、设计单位的质量责任

①勘察、设计单位必须在其资质等级许可的范围内承揽相应的勘察设计任务,不许承揽超越其资质等级许可范围的任务,不得将承揽工程转包或违法分包,也不得以任何形式用其他单位的名义承揽业务或允许其他单位或个人以本单位的名义承揽业务。

②勘察、设计单位必须按照国家现行的有关规定、工程建设强制性技术标准和合同要求进行勘察、设计工作,并对所编制的勘察、设计文件的质量负责。勘察单位提供的地质、测量、水文等勘察结果文件必须真实、准确。设计单位提供的设计文件应当符合国家规定的设计深度要求,注明工程合理使用年限。设计文件中选用的材料、构配件和设备,应当注明规格、型号、性能等技术指标,其质量必须符合国家规定的标准。除有特殊要求的建筑材料、专用设备、工艺生产线外,不得指定生产厂、供应商。设计单位应就审查合格的施工图文件向施工单位做出详细说明,解决施工中对设计提出的问题,负责设计变更。参与工程质量事故分析,并对因设计造成的质量事故,提出相应的技术处理方案。

(3) 施工单位的质量责任

①施工单位必须在其资质等级许可的范围内承揽相应的施工任务,不许承揽超越其资质等级业务范围的任务,不得将承接的工程转包或违法分包,也不得以任何形式用其他施工单位的名义承揽工程,或允许其他单位或个人以本单位的名义承揽工程。

②施工单位对所承包的工程项目的施工质量负责。应当建立健全质量管理体系,落实质量责任制,确定工程项目的项目经理、技术负责人和施工管理负责人。实行总承包的工程,总施工单位应对全部建设工程质量负责。建设工程勘察、设计、施工、设备采购的一项或多项实行总承包的,总施工单位应对其承包的建设工程或采购的设备的质量负责;实行总分

包的工程,分包单位可按照分包合同约定对其分包工程的质量向总施工单位负责,总施工单位与分包单位对分包工程的质量承担连带责任。

③施工单位必须按照工程设计图纸和施工技术规范标准组织施工。未经设计单位同意,不得擅自修改工程设计。在施工中,必须按照工程设计要求、施工技术规范标准和合同约定,对建筑材料、构配件、设备和商品混凝土进行检验,不得偷工减料,不使用不符合设计和强制性技术标准要求的产品,不使用未经检验和试验或检验和试验不合格的产品。

(4)工程监理单位的质量责任

①工程监理单位可按其资质等级许可的范围承担工程监理业务,不许超越本单位资质等级许可的范围或以其他工程监理单位的名义承担工程监理业务,不得转让工程监理业务,不许其他单位或个人以本单位的名义承担工程监理业务。

②工程监理单位应依照法律、法规以及有关技术标准、设计文件和建设工程承包合同,与建设单位签订监理合同,代表建设单位对工程质量实施监理,并对工程质量承担监理责任。监理责任主要有违法责任和违约责任两个方面。工程监理单位故意弄虚作假,降低工程质量标准,造成质量事故的,要承担法律责任。若工程监理单位与施工单位串通,谋取非法利益,给建设单位造成损失的,应当与施工单位承担连带赔偿责任。如果监理单位在责任期内,不按照监理合同约定履行监理职责,给建设单位或其他单位造成损失的,属违约责任,应当向建设单位赔偿。

(5)建筑材料、构配件及设备生产或供应单位的质量责任

建筑材料、构配件及设备生产或供应单位对其生产或供应的产品的质量负责。生产厂或供应商必须具备相应的生产条件、技术装备和质量管理体系,所生产或供应的建筑材料、构配件及设备的质量应符合国家和行业现行的技术规定的合格标准和设计要求,并与说明书和包装上的质量标准相符,且应有相应的产品检验合格证,设备应有详细的使用说明等。

3.1.3 工程质量管理制度

1.施工图设计文件审查制度

施工图设计文件(以下简称施工图)审查是政府主管部门对工程勘察设计质量监督管理的重要环节。施工图审查,是指按照程序经省建设行政主管部门认定的施工图审查机构(以下简称审查机构)依据有关法律、法规,对施工图涉及公共利益、公共安全和工程建设强制性标准的内容进行的审查。

(1)施工图审查的范围

建筑工程设计等级分级标准中的各类新建、改建、扩建的建筑工程项目均属审查范围。例如:《河北省房屋建筑和市政基础设施工程施工图设计文件审查管理实施办法》规定,凡在本省行政区域内投资额在30万元及其以上或建筑面积在300 m^2 及其以上的各类新建、改

建及扩建的房屋建筑和市政基础设施工程项目(不含抢险救灾及其他临时性房屋建筑和农民自建低层住宅),其施工图应当接受审查。

建设单位应当将施工图报送建设行政主管部门,由建设行政主管部门委托有关审查机构进行结构安全和强制性标准、规范执行情况等内容的审查。建设单位将施工图报请审查时,应同时提供下列资料:批准的立项文件或初步设计批准文件、主要的初步设计文件、工程勘察结果报告、结构计算书及计算软件名称等。

(2)施工图审查的主要内容

①是否符合规划的批准要求;

②施工图编制单位是否超出其勘察、设计资质等级和业务许可的范围;

③是否符合工程建设强制性标准;

④地基基础和主体结构的安全性;

⑤施工图编制单位及其注册执业人员、相关人员是否按照规定在施工图上加盖相应的图章并签字;

⑥其他法律、法规、规章规定必须审查的内容。

(3)施工图审查管理

①审查合格的,审查机构应当向建设单位出具审查合格书和审查报告,并将经本机构盖章的全套施工图交还建设单位。审查合格书和审查报告应当有各专业的审查人员签字,经法定代表人签发,并加盖审查机构公章和审查专用印章。审查不合格的,审查机构应当将施工图退回建设单位,并出具审查不合格通知书,书面说明不合格的内容和原因。建设单位应当要求原编制单位进行修改,并将修改后的施工图送原审查机构进行复审。

②按规定应当进行施工图审查的工程项目,施工图未经审查或者审查不合格的,不得使用。工程质量监督、施工、监理和工程竣工验收必须依据经审查合格的施工图设计文件进行。

③任何单位或者个人不得擅自修改审查合格的施工图。如遇特殊情况,需要进行涉及审查主要内容的修改时,建设单位应当将修改后的施工图送原审查机构审查。

2. 工程质量监督制度

国家实行建设工程质量监督管理制度。工程质量监督管理的主体是各级政府建设行政主管部门和其他有关部门。工程质量监督管理由建设行政主管部门或其他有关部门委托的工程质量监督机构具体实施。工程质量监督机构是经省级以上建设行政主管部门或有关专业部门考核认定,具有独立法人资格的单位。它受县级以上地方人民政府建设行政主管部门或有关专业部门的委托,依法对工程质量进行强制性监督,并对委托部门负责。

工程质量监督机构的主要任务:

(1)根据政府主管部门的委托,受理建设工程项目的质量监督。

(2)制定质量监督工作方案,确定负责该项工程的质量监督工程师和助理质量监督师。根据有关法律、法规和工程建设强制性标准,针对工程特点,明确监督的具体内容、监督方式。在方案中,对地基基础、主体结构和其他涉及结构安全的重要部位和关键过程,做出实施监督的详细计划安排,并将质量监督工作方案通知建设、勘察、设计、施工、监理单位。

(3)检查施工现场工程建设各方主体的质量行为。检查施工现场工程建设各方主体及有关人员的资质或资格;检查勘察、设计、施工、监理单位的质量管理体系和质量责任制落实情况;检查有关质量文件、技术资料是否齐全并符合规定。

(4)检查建设工程实体质量。按照质量监督工作方案,对建设工程地基基础、主体结构和其他涉及安全的关键部位进行现场实地抽查,对用于工程的主要建筑材料、构配件的质量进行抽查。对地基基础分部、主体结构分部和其他涉及安全的分部工程的质量验收进行监督。

(5)监督工程质量验收。监督建设单位组织的工程竣工验收的组织形式、验收程序以及在验收过程中提供的有关资料和形成的质量评定文件是否符合有关规定,实体质量是否存在严重缺陷,工程质量验收是否符合国家标准。

(6)向委托部门报送工程质量监督报告。报告的内容应包括对地基基础和主体结构质量检查的结论,工程施工验收的程序、内容和质量检验评定是否符合有关规定,以及历次抽查该工程的质量问题和处理情况等。

(7)对预制建筑构件和商品混凝土的质量进行监督。

(8)受委托部门委托按规定收取工程质量监督费。

(9)政府主管部门委托的工程质量监督管理的其他工作。

3.工程质量检测制度

工程质量检测工作是对工程质量进行监督管理的重要手段之一。工程质量检测机构是对建设工程、建筑构件、制品及现场所用的有关建筑材料、设备质量进行检测的法定单位。在建设行政主管部门领导和标准化管理部门指导下开展检测工作,其出具的检测报告具有法定效力。

(1)国家级检测机构的主要任务

一是受国务院建设行政主管部门和专业部门委托,对指定的国家重点工程进行检测复核,提出检测复核报告和建议;二是受国家建设行政主管部门和国家标准部门委托,对建筑构件、制品和有关材料、设备及产品进行抽样检验。

(2)各省级、市(地区)级、县级检测机构的主要任务

一是对本地区正在施工的建设工程所用的材料、混凝土、砂浆和建筑构件等进行随机抽样检测,向本地建设工程质量主管部门和质量监督部门提出抽样报告和建议;二是受同级建设行政主管部门委托,对本省、市、县的建筑构件、制品进行抽样检测。对违反技术标准、失去质量控制的产品,检测单位有权提供主管部门停止其生产的证明,不合格产品不准出厂,已出厂的产品不得使用。

4.工程质量保修制度

建设工程质量保修制度是指建设工程在办理竣工验收手续后,在规定的保修期限内,因勘察、设计、施工、材料等原因造成的质量问题,要由施工单位负责维修、更换,由责任单位负

责赔偿损失。

施工单位在向建设单位提交工程竣工验收报告时,应向建设单位出具工程质量保修书,质量保修书中应明确建设工程保修范围、保修期限和保修责任等。《建设工程质量管理条例》第40条规定了建设工程的最低保修期限。

保修义务和经济责任的承担可按下列原则处理:

(1)施工单位未按国家有关标准、规范和设计要求施工,造成的质量问题由施工单位负责返修并承担经济责任。

(2)由于设计方面的原因造成的质量问题,先由施工单位负责维修,其经济责任按有关规定通过建设单位向设计单位索赔。

(3)因建筑材料、构配件和设备质量不合格引起的质量问题,先由施工单位负责维修,其经济责任属于施工单位的,由施工单位承担;属于建设单位的,由建设单位承担。

(4)因建设单位(含监理单位)错误管理造成的质量问题,先由施工单位负责维修,其经济责任由建设单位承担,如属监理单位责任,则由建设单位向监理单位索赔。

(5)因使用单位使用不当造成的损坏问题,先由施工单位负责维修,其经济责任由使用单位自行负责。

(6)因地震、洪水、台风等不可抗拒原因造成的损坏问题,先由施工单位负责维修,建设参与各方根据国家具体政策分担经济责任。

学习子情境3.2 在施工阶段对某项目工程质量进行控制

3.2.1 施工阶段质量控制

施工阶段的质量控制是一个由对投入的资源和条件的质量控制,进而对生产过程及各环节质量进行控制,直到对所完成的工程产品的质量检验与控制为止的全过程的系统控制过程。

1.施工阶段质量控制的分类

按工程实体质量形成过程的时间阶段划分,施工阶段的质量控制可以分为以下三个环节:

(1)施工准备控制

施工准备控制是指在各工程对象正式施工活动开始前,对各项准备工作及影响质量的各因素进行控制,这是确保施工质量的先决条件。

(2)施工过程控制

施工过程控制是指在施工过程中对实际投入的生产要素质量及作业技术活动的实施状态和结果所进行的控制,包括作业者发挥技术能力过程的自控行为和来自有关管理者的监控行为。

(3)竣工验收控制

竣工验收控制是指对于通过施工过程所完成的具有独立功能和使用价值的最终产品(单位工程或整个工程项目)及有关方面(例如质量文档)的质量进行控制。

上述三个环节的质量控制涉及的主要方面如图3-1所示。

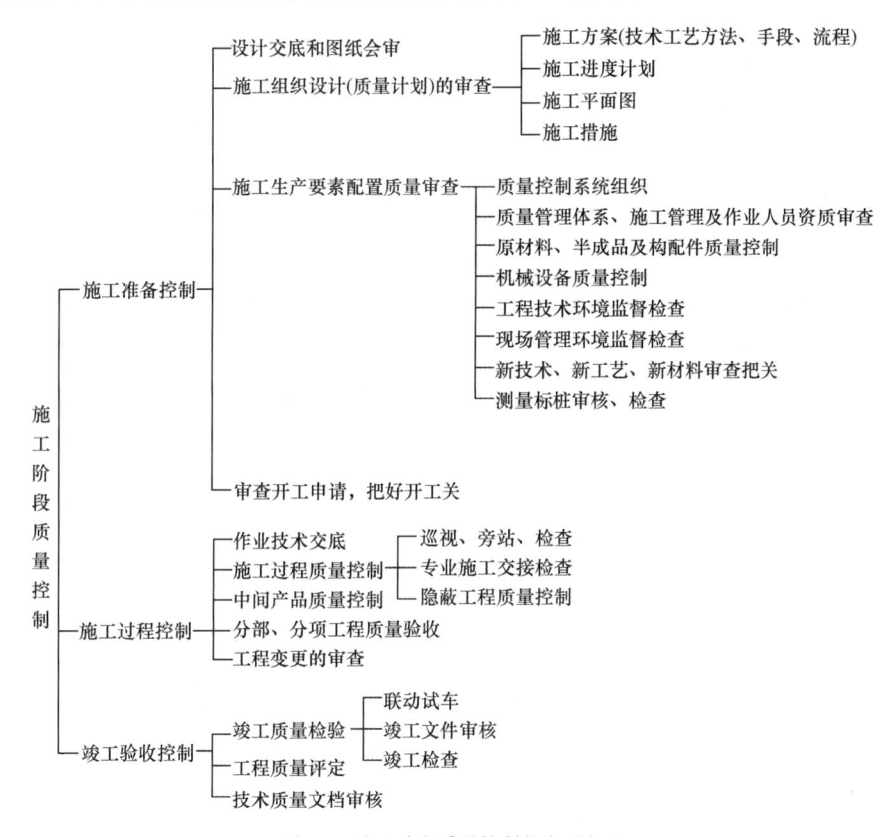

图3-1 施工阶段质量控制的主要方面

施工阶段质量控制：
- 施工准备控制
  - 设计交底和图纸会审
  - 施工组织设计(质量计划)的审查
    - 施工方案(技术工艺方法、手段、流程)
    - 施工进度计划
    - 施工平面图
    - 施工措施
  - 施工生产要素配置质量审查
    - 质量控制系统组织
    - 质量管理体系、施工管理及作业人员资质审查
    - 原材料、半成品及构配件质量控制
    - 机械设备质量控制
    - 工程技术环境监督检查
    - 现场管理环境监督检查
    - 新技术、新工艺、新材料审查把关
    - 测量标桩审核、检查
  - 审查开工申请，把好开工关
- 施工过程控制
  - 作业技术交底
  - 施工过程质量控制
    - 巡视、旁站、检查
    - 专业施工交接检查
    - 隐蔽工程质量控制
  - 中间产品质量控制
  - 分部、分项工程质量验收
  - 工程变更的审查
- 竣工验收控制
  - 竣工质量检验
    - 联动试车
    - 竣工文件审核
    - 竣工检查
  - 工程质量评定
  - 技术质量文档审核

2.施工阶段质量控制的依据

施工阶段项目监理机构进行质量控制的依据，大体上有以下四类：

(1)工程合同文件(包括建设工程施工合同文件、建设工程监理合同文件等)。

(2)"按图施工"是施工阶段质量控制的一项重要原则。因此，经过批准的设计图纸和技术说明书等设计文件，无疑是质量控制的重要依据。

(3)国家及政府有关部门颁布的有关质量管理方面的法律、法规性文件。

(4)有关质量检验与控制的专门技术法规性文件。概括说来，属于这类专门的技术法规性的依据主要有以下四类：

①工程项目施工质量验收标准。包括《建筑工程施工质量验收统一标准》(GB 50300—2013)以及其他行业工程项目的质量验收标准。

②有关工程材料、半成品和构配件质量控制方面的专门技术法规性依据。包括:有关工程材料及其制品质量的技术标准；有关材料或半成品等的取样、试验等方面的技术标准或规程等；有关材料验收、包装、标志及质量证明书的一般规定等。

③控制施工作业质量的技术规程。

④凡采用新工艺、新技术、新材料的工程,事先应进行试验,并应有权威性技术部门的技术鉴定书及有关的质量数据、指标,在此基础上制定有关的质量标准和施工工艺规程,以此作为判断与控制质量的依据。

3. 施工阶段工程质量控制的工作程序

施工阶段质量控制的工作程序体现在施工阶段全过程中,监理工程师要进行全过程、全方位的监督、检查与控制,不仅涉及最终产品的检查、验收,而且涉及施工过程的各环节及中间产品的监督、检查与验收。这种全过程、全方位的质量监理一般工作流程如图3-2~图3-4所示。

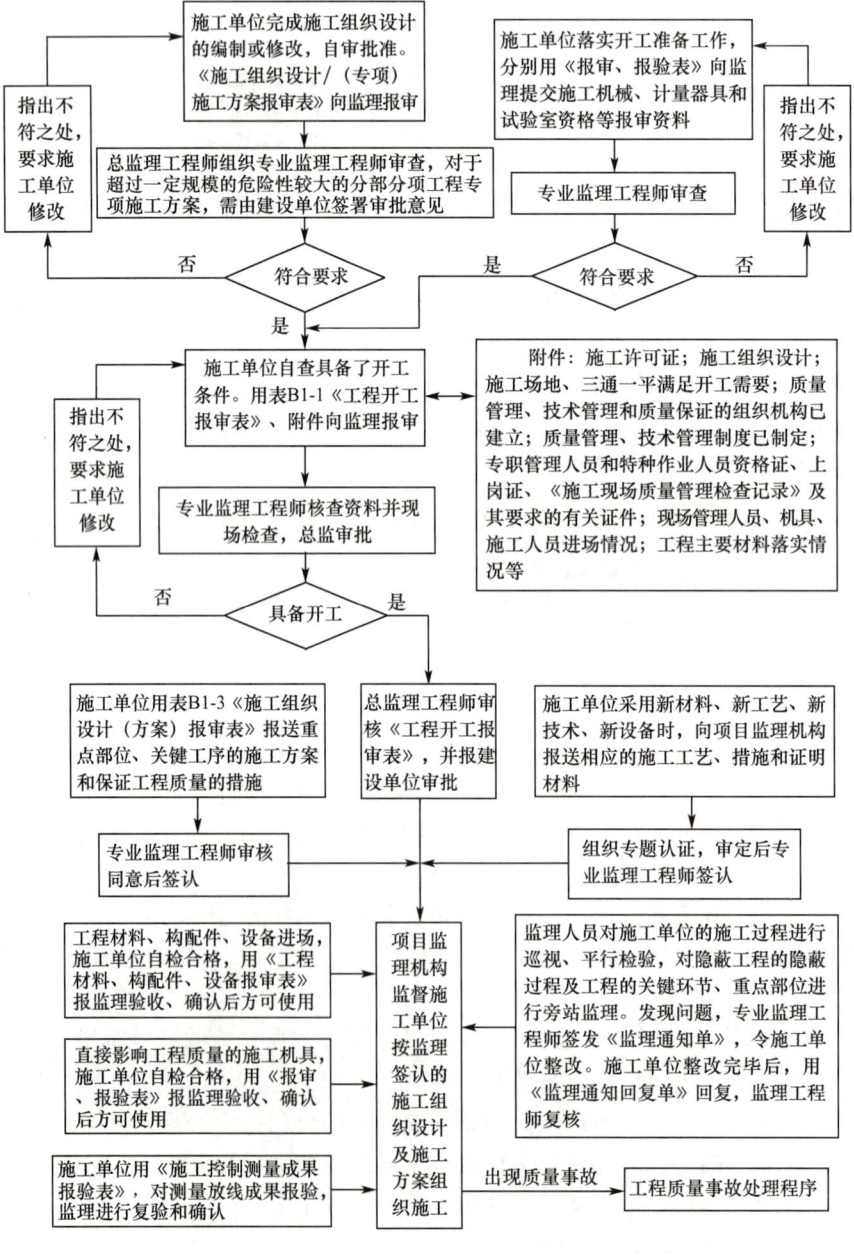

图3-2 施工阶段工程质量监理工作流程(一)

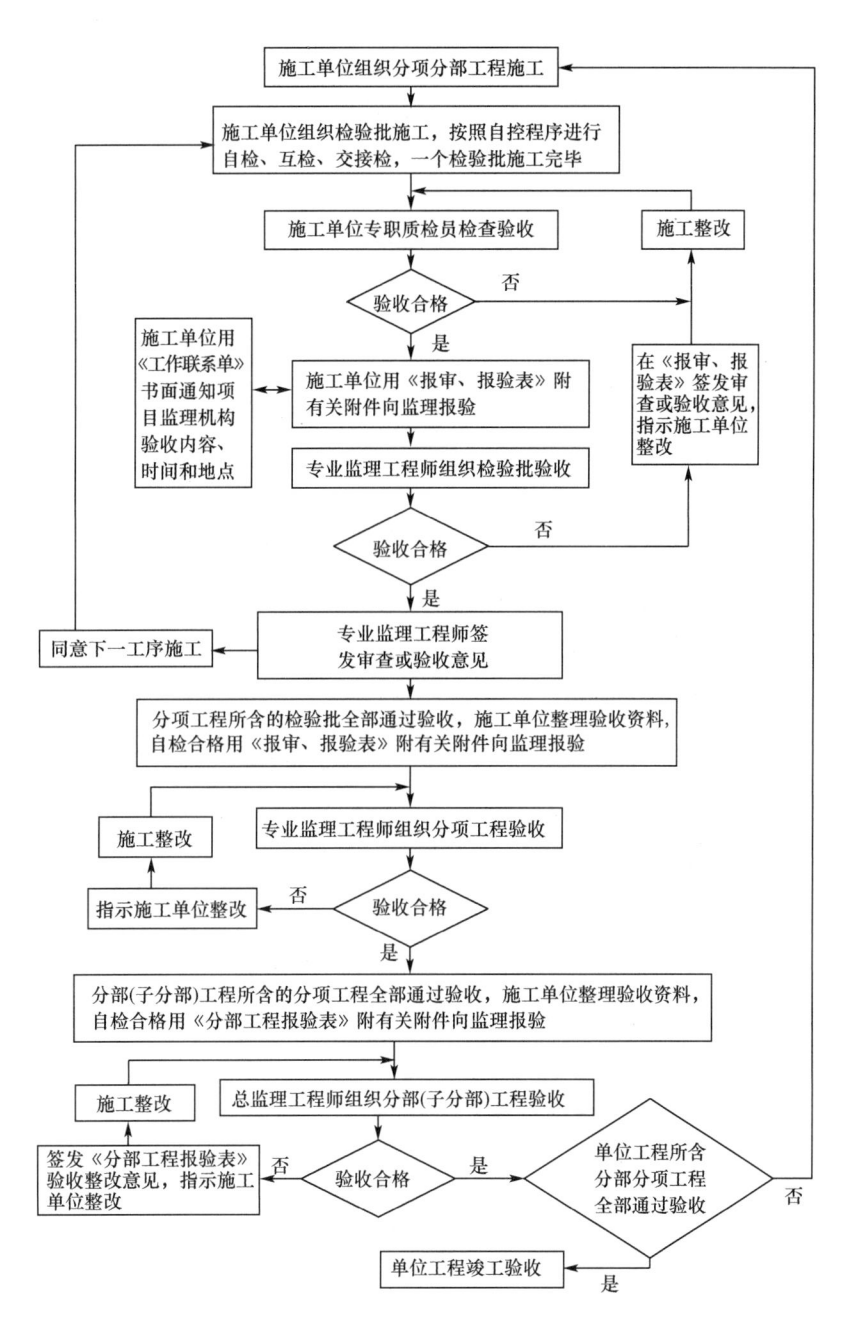

图 3-3 施工阶段工程质量监理工作流程(二)

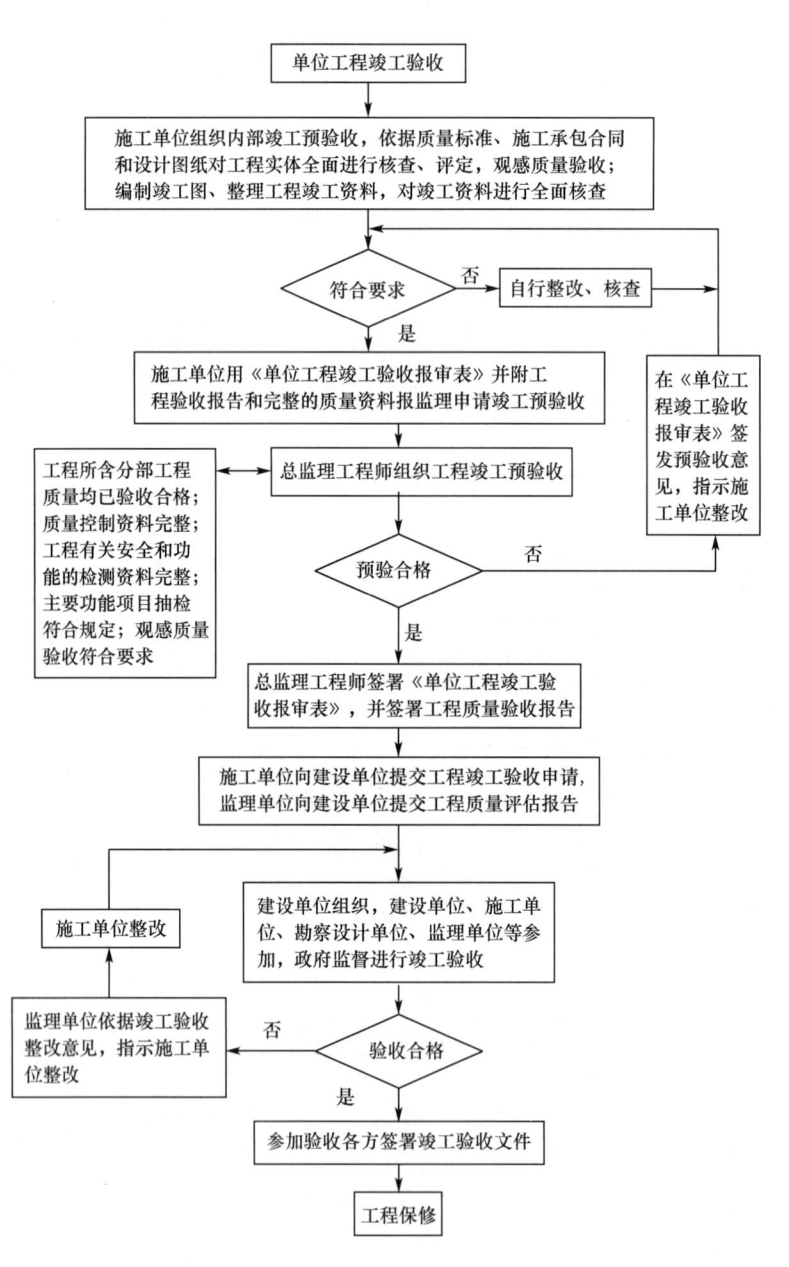

图 3-4　施工阶段工程质量监理工作流程(三)

在每项工程开始前,施工单位须做好施工准备工作,然后填报《工程开工报审表》,附上该项工程的开工报告、施工方案以及施工进度计划、人员及机械设备配置、材料准备情况等,报送监理审查。若审查合格,则由总监理工程师批复准予施工;否则,施工单位应进一步做好施工准备,待条件具备时再次填报开工申请。

在施工过程中,监理应督促施工单位加强内部质量管理,严格质量控制。施工作业过程均可按规定工艺和技术要求进行。在每道工序完成后,施工单位应进行自检,确保工序质量合格,对需要隐蔽的工序,施工单位自检合格后填报《报审、报验表》交监理检验。监理收到检查申请后,应在合同规定的时间内到现场检验,检验合格后予以确认,方可进行下一道工序。

只有上一道工序被确认质量合格后,方能准许下一道工序施工,按上述程序完成逐道工序。当一个检验批、分项、分部工程完成后,施工单位首先对检验批、分项、分部工程进行自检,填写相应质量验收记录,确认工程质量符合要求,向监理提交《报审、报验表》附上自检的相关资料,监理对相关资料审核及现场检查,符合要求予以签认验收,否则在《报审、报验表》中签署审查或验收意见,要求施工单位进行整改或返工处理。

在施工质量验收过程中,涉及结构安全的试块、试件以及有关材料,可按规定进行见证取样检测;对涉及结构安全和使用功能的重要分部工程,应进行抽样检测,承担见证取样检测及有关结构安全检测的单位应具有相应资质。

通过返修或加固仍不能满足安全使用要求的分部工程、单位工程严禁验收。

3.2.2 施工准备阶段质量控制的重点内容

1.工程定位及标高基准控制

(1)监理工程师应要求施工单位对建设单位(或其委托的单位)给定的原始基准点、基准线和标高等测量控制点进行复测,并将复测结果报监理工程师审核,经批准后施工单位才能据此进行准确的测量放线,建立施工测量控制网,并应对其正确性负责,同时做好基桩的保护。

(2)复测施工测量控制网。复测施工测量控制网时,应抽检建筑方格网、控制高程的水准网点以及标桩埋设位置等。

(3)施工过程中的施工测量放线审查程序

①施工单位测量放线完毕后,应进行自检,合格后填写《施工控制测量成果报验表》,并附上放线的依据材料及《基槽及各层放线测量及复测记录》,报送项目监理机构。

②专业监理工程师对《施工控制测量成果报验表》及附件进行审核,核查施工单位测量人员及测量设备,核对测量结果,并实地查验放线精度是否符合规范及标准要求,经审核查验,签认《施工测量放线报验单》,并在《基槽及各层放线测量及复测记录》上签字盖章。

③对存在问题的,在《施工控制测量成果报验表》签署意见,要求施工单位重新放线,施工单位整改后重新报验。

④施工过程中的测量放线未经项目监理机构复验确认的,不得进行下一道工序。

2.施工平面布置的控制

监理工程师要检查施工现场总体布置是否合理,是否有利于保证施工的正常、顺利进行,是否有利于保证质量,特别是要对场区的道路、防洪排水、器材存放、给水及供电、混凝土供应及主要垂直运输机械设备布置等方面予以重视。

3.材料、构配件、设备采购订货的控制

(1)凡由施工单位负责采购的原材料、半成品或构配件,在采购订货前应向监理工程师申报;对于重要的材料,还应提交样品,供试验或鉴定;有些材料则要求供货单位提交理化试验单(如预应力钢筋的硫、磷含量试验单等),经监理工程师审查认可后,方可进行订货采购。

(2)对于半成品或构配件,可按经过审批认可的设计文件和图纸要求采购订货,质量应满足有关标准和设计的要求,交货期应满足施工及安装进度安排的需要。

(3)供货厂家是制造材料、半成品、构配件的主体,优选合格的供货厂家,是保证采购、订货质量的前提。为此,大宗的器材或材料的采购应当采用招标的方式。

(4)对于半成品和构配件的采购、订货,监理工程师应提出明确的质量要求、质量检测项目及标准、出厂合格证或产品说明书等质量文件的要求,以及是否需要权威性的质量认证等。

(5)某些材料,诸如瓷砖等装饰材料,订货时最好一次订齐和备足货源,以免由于分批而出现色泽不一的质量问题。

(6)供货厂方应向需方(订货方)提供质量文件,用以表明其提供的货物能够完全达到需方提出的质量要求。

(7)工程材料、构配件进场控制程序:

①施工单位在工程材料、构配件、设备到场且自检合格后,应及时报送拟进场《工程材料、构配件、设备报审表》并附材料清单和质量证明资料、自查结果。

②项目监理机构接到报审表后,由专业监理工程师在24小时内对施工单位报送的拟进场《工程材料、构配件、设备报审表》及其质量证明资料进行审核,并对实物进行核对及观感质量验收,查验是否与清单、质量证明资料(合格证)及自检结果相符,是否与"封样"相符,有无质量缺陷等情况,并将检查情况记录在监理日志中,有见证取样要求的,见证人根据有关工程质量管理文件进行见证。

③工程材料、构配件、设备进场验收合格,经专业监理工程师签认后,方可在工程上使用。

④对未经监理人员验收或验收不合格的工程材料、构配件、设备,监理人员应拒绝签认,并签署要求施工单位限期将不合格材料、构配件、设备撤出现场的意见。

⑤若发现未经签认的工程材料、构配件、设备已用于工程上,由总监理工程师签发《工程暂停令》,要求施工单位从工程中拆除。

4.施工机械配置的控制

(1)施工机械设备的选择,除应考虑施工机械的技术性能、工作效率、工作质量、可靠性及维修难易、能源消耗,以及安全、灵活等方面对施工质量的影响与保证外,还应考虑其数量配置对施工质量的影响与保证条件。此外,要注意设备形式应与施工对象的特点及施工质量要求相适应。在选择机械性能参数方面,也要与施工对象特点及质量要求相适应。例如,选择起重机械进行吊装施工时,其起重量、起重高度及起重半径均应满足吊装要求。

(2)审查施工机械设备的数量是否足够。

(3)审查所需的施工机械设备是否按已批准的计划备妥;所准备的施工机械设备是否与监理工程师审查认可的施工组织设计或施工计划中所列的一致;所准备的施工机械设备是否都处于完好的可用状态;等等。

(4)进场施工机械设备性能及工作状态的控制:

①施工机械设备的进场检查。

②机械设备工作状态的检查。

③特殊设备安全运行的审核。对于现场使用的塔式起重机及有关特殊安全要求的设备,进入现场后在使用前,必须经当地劳动安全部门鉴定,符合要求并办好相关手续后,方允许施工单位投入使用。

④大型临时设备的检查。

⑤主要施工机械进场后,应使用《工程材料、构配件、设备报审表》进行报审。

5.分包单位资格的审核确认

(1)施工单位应在工程项目开工前或拟分包的分部、分项工程开工前,填写《分包单位资格报审表》,附上经其自审认可的分包单位的有关资料(包括:施工单位对分包单位的管理制度、营业执照、企业资质等级证书、安全生产许可文件、类似工程业绩、专职管理人员和特种作业人员的资格等),报项目监理机构审核。

(2)监理工程师审查施工单位提交的《分包单位资格报审表》。审查时,主要是审查施工承包合同是否允许分包,分包的范围和工程部位是否可进行分包,分包单位是否具有按工程承包合同规定的条件完成分包工程任务的能力(审查、控制的重点一般是分包单位资质证书,分包单位施工组织者、管理者的资格与质量管理水平,特殊专业工种、关键施工工艺或新技术、新工艺、新材料等应用方面操作者的素质与能力)。

(3)项目监理机构和建设单位认为必要时,可会同施工单位对分包单位进行实地考察,以验证分包单位有关资料的真实性。

(4)分包单位的资格符合有关规定并满足工程需要,由总监理工程师签发《分包单位资格报审表》予以确认。

(5)分包合同签订后,施工单位将分包合同报项目监理机构备案。

6.严把开工关

(1)工程具备开工条件,施工单位应向项目监理机构报送《工程开工报审表》及《施工现场质量管理检查记录》、开工报告、项目经理、质检员、安全员岗位证书、特殊工种上岗证书、施工方案、有关标准和制度等。

(2)总监理工程师应指定监理人员对与拟开工工程有关的现场各项施工准备工作(包括:施工组织设计,道路、水、电、通信,施工单位现场管理人员,施工机具、人员,主要工程材料,现场质量管理制度、质量责任制度,有关施工技术标准和质量检验制度,施工图,施工现场临时设施,地下障碍物,实验室等)进行总监理工程师签署审核意见后报建设单位审批,符合开工条件后,由项目监理机构发布书面的开工指令。

(3)在总监理工程师向施工单位发出开工通知书时,建设单位应及时按计划、保质保量地提供施工单位所需的场地和施工通道以及水、电供应等条件,以保证及时开工,防止承担补偿工期和费用损失的责任。

(4)对于已停工程,则需总监理工程师的复工指令才能复工。开工前施工单位必须提交《工程复工报审表》,经监理工程师审查证明文件资料及复工条件的具备情况,由总监理工程师签署审核意见后报建设单位审批,符合复工条件后,施工单位才能正式施工。

7. 监督组织内部的监控准备工作

建立并完善项目监理机构的质量监控体系,做好监控准备工作,使之能适应工程项目质量监控的需要,这是监理工程师做好质量控制的基础工作之一。例如,针对分部、分项工程的施工特点拟定监理实施细则,配备相应人员,明确分工及职责,配备所需的检测仪器设备并使之处于良好的可用状态,熟悉有关的检测方法和规程等。

3.2.3 施工过程质量控制的重点内容

1. 工序质量控制

工程项目的施工过程是由一系列相互关联、相互制约的工序构成的。工序质量是基础,直接影响工程项目的整体质量。要控制工程项目施工过程的质量,首先必须控制工序的质量。

工序质量包含工序活动条件的质量和工序活动效果的质量。从质量控制的角度来看,这两者互为关联:一方面要控制工序活动条件的质量,即每道工序投入品的质量(即人、机械、材料、方法和环境的质量)是否符合要求;另一方面又要控制工序活动效果的质量,即每道工序施工完成的工程产品是否达到有关质量标准。

工序质量的控制,就是对工序活动条件的质量控制和工序活动效果的质量控制,据此来达到整个施工过程的质量控制。而施工过程体现在一系列的作业活动中,作业活动的效果将直接影响施工过程的施工质量。因此,项目监理机构质量控制工作应体现在对作业活动的控制上。就某一具体作业活动而言,项目监理机构的质量控制主要围绕影响其施工质量的因素进行。例如,某工程混凝土工程质量工序控制如图3-5所示。

(1)工序质量控制的内容

①严格遵守工艺规程:施工工艺和操作规程,是进行施工操作的依据和法规,是确保工序质量的前提,任何人都必须严格执行,不得违反。

②主动控制工序活动条件的质量:工序活动条件包括的内容较多,主要是指影响质量的五大因素。即施工操作者、材料、施工机械设备、施工方法和施工环境。只有将这些因素切实有效地协调起来,使它们处于被控制状态,确保工序投入品的质量,避免系统性因素变异发生,才能保证每道工序的质量正常、稳定。

③及时检验工序活动效果的质量:工序活动效果是评价工序质量是否符合标准的尺度。为此,必须加强质量检验工作,对质量状况进行综合统计与分析,及时掌握质量动态。一旦发现质量问题,随即进行研究处理,自始至终使工序活动效果、质量满足规范和标准的要求。

④设置工序质量控制点:控制点是指为了保证工序质量而需要进行控制的重点,关键部

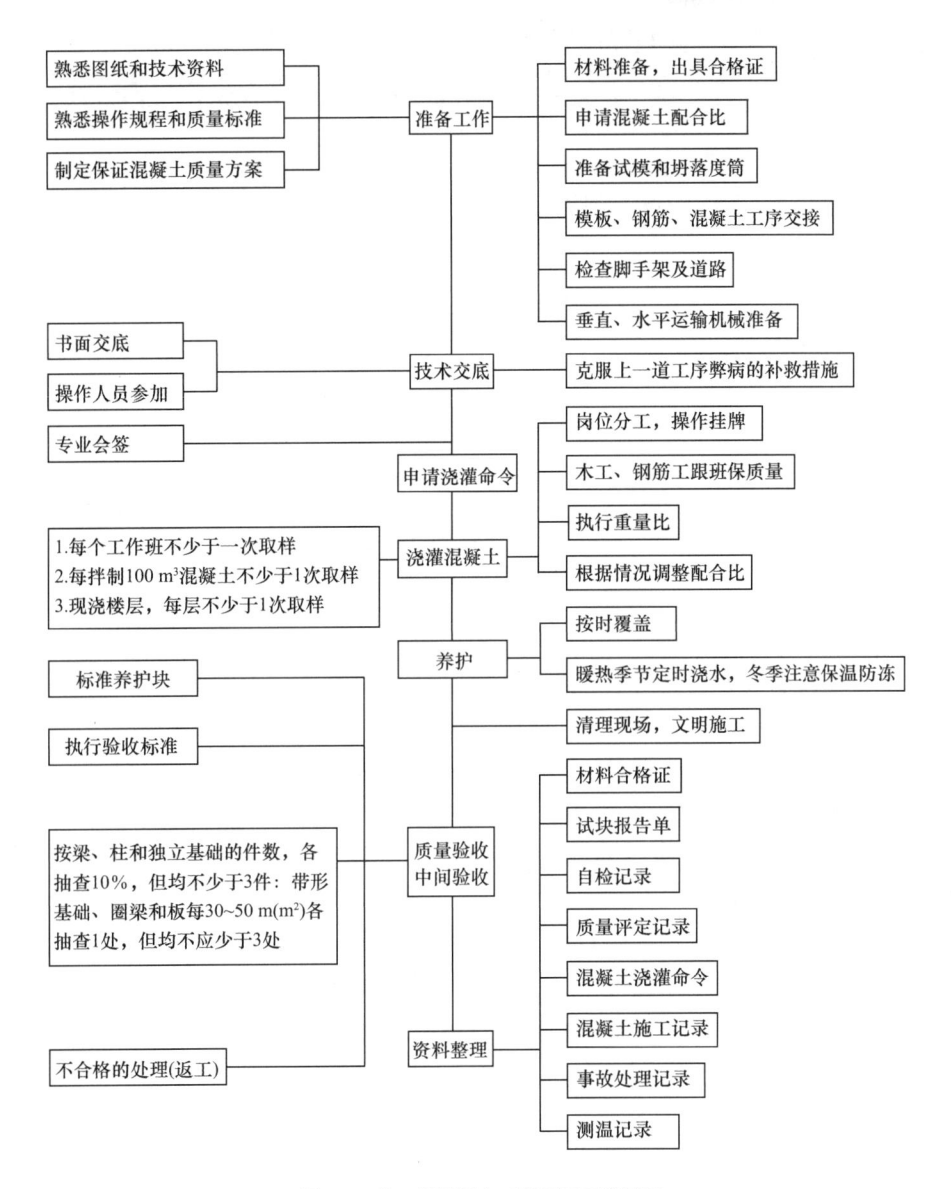

图 3-5 某工程混凝土工程质量工序控制

位,或薄弱环节,以便在一定时期内、一定条件下进行强化管理,使工序处于良好的控制状态。

(2)质量控制点的设置

①质量控制点是指为了保证作业过程质量而确定的重点控制对象、关键部位或薄弱环节。设置质量控制点是保证达到施工质量要求的必要前提,监理在拟定质量控制工作计划时,应予以详细的考虑,并以制度来保证落实。对于质量控制点,一般要事先分析可能造成质量问题的原因,再针对原因制定对策和措施进行预控。施工单位在工程施工前,应根据施工过程质量控制的要求,列出质量控制点明细表,提交项目监理机构审查批准后,在此基础上实施质量预控。建筑工程质量控制点设置的一般位置示例见表 3-1。

表 3-1　　　　　　　　　建筑工程质量控制点设置的一般位置示例

分项工程	质量控制点
工程测量定位	标准轴线桩、水平桩、龙门板、定位轴线、标高
地基、基础（含设备基础）	基坑（槽）尺寸、标高、土质、地基承载力、基础垫层标高、基础位置、尺寸、标高、预留洞孔、预埋件位置、规格、数量，基础标高、杯底弹线
砌体	砌体轴线、皮数杆、砂浆配合比、预留洞孔、预埋件位置、数量、砌块排列
模板	位置、尺寸、标高、预埋件位置、预留洞孔尺寸、位置、模板强度及稳定性、模板内部清理及润湿情况
钢筋混凝土	水泥品种、强度等级、砂石质量、混凝土配合比、外加剂比例、混凝土振捣、钢筋品种、规格、尺寸、搭接长度、钢筋焊接、预留洞、孔及预埋件规格、数量、尺寸、位置、预制构件吊装或出场（脱模）强度，吊装位置、标高、支承长度、焊缝长度
吊装	吊装设备起重能力、吊具、索具、地锚
钢结构	翻样图、放大样
焊接	焊接条件、焊接工艺
装修	视具体情况而定

②选择质量控制点的一般原则

◎ 施工过程中的关键工序或环节以及隐蔽工程；

◎ 施工中的薄弱环节或质量不稳定的工序、部位或对象；

◎ 对后续工程施工或对后续工序质量或安全有重大影响的工序、部位或对象；

◎ 采用新技术、新工艺、新材料的部位或环节；

◎ 施工上无足够把握、施工条件困难或技术难度大的工序或环节。

是否设置为质量控制点，主要视其对质量特性影响的大小、危害程度高低以及其质量保证的难度大小而定。

③作为质量控制点重点控制的对象

◎ 人的行为。对某些作业或操作，应以人为重点进行控制。

◎ 物的质量与性能。施工设备和材料是直接影响工程质量和安全的主要因素，对某些工程尤为重要，常作为控制的重点。

◎ 关键的操作。

◎ 施工技术参数。

◎ 施工顺序。

◎ 技术间歇。

◎ 新工艺、新技术、新材料的应用。

◎ 产品质量不稳定、不合格率较高及易发生质量通病的工序应列为重点，仔细分析、严格控制。

◎ 易对工程质量产生重大影响的施工方法。

◎ 特殊地基或特种结构。

总之，选择质量控制点时，要根据对重要的质量特性进行重点控制的要求，选择质量控制的重点部位、重点工序和重点的质量因素作为质量控制点，进行重点控制和预控，这是进行质量控制的有效方法。

(3)见证点

①见证点的概念:见证点监督,也称为 W 点监督。凡是列为见证点的质量控制对象,在规定的关键工序施工前,施工单位应提前通知监理人员在约定的时间内到现场进行见证和对其施工实施监督。如果监理人员未能在约定的时间内到现场见证和监督,则施工单位有权进行该 W 点相应的工序操作和施工。

②见证点的监理实施程序:

◎ 施工单位应在某见证点施工前一定时间,用《监理工作联系单》书面通知项目监理机构,说明该见证点准备施工的日期与时间,请监理人员届时到达现场进行见证和监督。

◎ 项目监理机构收到《监理工作联系单》后,应注明收到该通知的日期并签字。

◎ 监理工程师可按规定的时间到现场见证。

◎ 如果监理人员在规定的时间不能到场见证,施工单位可以认为已获监理默认,可有权进行该项施工。

(4)见证取样

见证取样是指项目监理机构对施工单位进行的涉及结构安全的试块、试件及工程材料现场取样、封样、送检工作的监督活动。

①见证取样和送检范围

涉及结构安全的试块、试件和材料见证取样和送检的比例不得低于有关技术标准中规定应取样数量的 30%。取整数时应就高不就低。下列试块、试件和材料必须实施见证取样和送检:

◎ 用于承重结构的混凝土试块;

◎ 用于承重墙体的砌筑砂浆试块;

◎ 用于承重结构的钢筋及连接接头试件;

◎ 用于承重墙的砖和混凝土小型砌块;

◎ 用于拌制混凝土和砌筑砂浆的水泥;

◎ 用于承重结构的混凝土中使用的掺加剂;

◎ 地下、屋面、厕浴间使用的防水材料;

◎ 国家规定必须实行见证取样和送检的其他试块、试件和材料。

另外,承担工程质量见证取样的检测单位有如下规定:未取得建设工程质量检测单位资质的单位不得承担见证取样检验检测业务。承担工程质量见证取样的检测单位,不得与该工程的施工单位、建设单位有经济关系或隶属关系。

②见证取样的工作程序

◎ 工程项目施工开始前,项目监理机构要督促施工单位尽快落实见证取样的送检试验室。初步确定后,施工单位应填写《试验室资格报审表》及其附件(包括:试验范围、法定计量部门对试验室出具的计量检定证明或法定计量部门对用于本工程的试验项目的试验设备出具的定期检定证明资料、试验室管理制度、试验人员的资格证书、本工程的试验项目及其要求),报请项目监理机构进行考核。

◎ 项目监理机构应及时审核施工单位报送的试验室报审资料,必要时可对拟委托的试验室进行考察,并记录。试验室的资质范围,经国家或地方计量、试验主管部门认证的试验项目于本工程的试验项目及其要求的满足程度;试验室出具的报告对外具有法定效果;试验室是否与该工程的施工单位、建设单位有经济关系或隶属关系。对存在的问题用《监理通知》通知施工单位,如认定试验室不具备与本工程相适应的试验资质和能力,专业监理工程师应简要指出不具备之处,并签署不同意委托该试验室进行试验的项目。

◎ 施工单位在对进场材料、试块、试件、钢筋接头等实施见证取样前,要通知负责见证取样的监理人员,在该见证取样员的现场监督下,施工单位按相关规范的要求,完成材料、试块、试件等的取样过程。

◎ 完成取样后,施工单位将送检样品装入见证取样箱,由见证取样员加封,不能装入箱中的试件,如钢筋样品、钢筋接头,则贴上专用加封标志,然后送往试验室。

2.环境状态的控制

(1)施工作业环境的控制

指诸如水、电或动力供应、施工照明、安全防护设备、施工场地空间条件和通道以及交通运输和道路条件等。

(2)施工质量管理环境的控制

指施工单位的质量管理体系和质量控制自检系统是否处于良好的状态;系统的组织结构、管理制度、检测制度、检测标准、人员配备等方面是否完善和明确;质量责任制是否落实。监理人员做好施工单位施工质量管理环境的检查,并督促其落实,是保证作业效果的重要前提。

(3)现场自然环境条件的控制

监理工程师应检查施工单位,对于未来的施工期间,自然环境条件可能出现对施工作业质量的不利影响时,是否事先已有充分的认识并已做好充足的准备和采取了有效措施与对策,以保证工程质量。

3.施工测量及计量器具性能、精度的控制

(1)对工地试验室的检查

工程作业开始前,施工单位应向项目监理机构报送工地试验室(或外委试验室)的资质证明文件,列出本试验室所开展的试验、检测项目、主要仪器、设备;法定计量部门对计量器具的检定证明文件;试验检测人员上岗资质证明;试验室管理制度等。监理工程师应检查工地试验室资质证明文件、试验设备、检测仪器能否满足工程质量检查要求,是否处于良好的可用状态;精度是否符合需要;法定计量部门标定资料、合格证、鉴定表,是否在标定的有效期内;试验室管理制度是否齐全,符合实际;试验、检测人员的上岗资质等。经检查,确认能满足工程质量检验要求,则予以确认,同意使用。否则,施工单位应进一步完善、补充,在没得到监理同意前,工地试验室不得使用。

(2)工地计量器具的检查

施工测量(计量)开始前,施工单位应向项目监理机构提交所需各种计量器具的型号、技术指标、精度等级、法定计量部门的鉴定证明,测量工的上岗证明。监理审核确认后,方可进行正式测量(计量)作业。在作业过程中,监理人员也应经常检查了解计量仪器、测量设备的性能、精度状况,使其处于良好的可用状态。

4.施工现场劳动组织及作业人员上岗资格的控制

(1)现场劳动组织的控制

劳动组织涉及从事作业活动的操作者及管理者以及相应的各种管理制度。操作人的工种配置、人员数量应满足作业活动的需要,保证作业活动有序、持续的进行;作业活动的直接负责人(包括技术负责人)、专职质检人员、安全员、与作业活动有关的测量(计量)人员、材料员、试验员必须在岗;相关制度应健全。

(2)作业人员上岗资格

从事特殊作业的人员(如电焊工、电工、起重工、架子工、爆破工),必须持证上岗。对此,监理要进行检查与核实。

3.2.4 施工阶段质量控制手段

1.审核技术文件、报告和报表

审核技术文件、报告和报表是对工程质量进行全面监督、检查与控制的重要手段。审核的具体内容包括:

(1)审查进入施工现场的分包单位的资质证明文件,控制分包单位的质量。

(2)审批施工单位的工程开工报审,检查、核实与控制其施工准备工作质量。

(3)审批施工单位提交的施工方案、质量计划、施工组织设计或施工计划,控制工程施工质量有可靠的技术措施保障。

(4)审批施工单位提交的有关材料、半成品和构配件质量证明文件(出厂合格证、质量检验或试验报告等),确保工程质量有可靠的物质基础。

(5)审核施工单位提交的反映工序施工质量的动态统计资料或管理图表。

(6)审核施工单位提交的有关工序产品质量的证明文件(检验记录及试验报告)、工序交接检查(自检)、隐蔽工程检查、检验批、分部分项工程质量检查报告等文件、资料,以确保和控制施工过程的质量。

(7)审批有关工程变更、修改设计图纸等,确保设计及施工图纸的质量。

(8)审核有关应用新技术、新工艺、新材料、新结构等的技术鉴定书,审批其应用申请报告,确保新技术应用的质量。

(9)审批有关工程质量问题或质量问题的处理报告,确保质量问题得到解决,满足工程质量要求。

(10)审核与签署现场有关质量技术签证、文件等。

2.指令文件与一般管理文件

指令文件是项目监理机构运用指令控制权的具体形式。所谓指令文件,是表达监理工程师对施工单位提出指示或命令的书面文件,属要求强制性执行的文件。指令文件是一种非常慎用而严肃的管理手段,项目监理机构的各项指令(工程暂停令、监理通知、工程质量整改通知)都应是书面或有文件记载方为有效,并作为技术文件资料存档。一般管理文书,如工作联系单、备忘录、会议纪要、发布有关信息、通报等,主要是对承包单位工作状态和行为,提出建议、希望和劝阻等,不属强制性要求执行,仅供承包单位自主决策参考。

3. 现场监督检查

(1)现场监督检查内容

①开工前的检查。主要是检查开工前准备工作的质量,能否保证正常施工及工程施工质量。

②工序施工中的跟踪监督、检查与控制。主要是监督、检查在工序施工过程中,人员、施工机械设备、材料、施工方法及工艺或操作以及施工环境条件等是否均处于良好的状态,是否符合保证工程质量的要求;若发现有问题,及时纠偏和加以控制。

③对于重要的和对工程质量有重大影响的工序和工程部位,还应在现场进行施工过程的旁站监督与控制,确保使用材料及工艺过程质量。

(2)现场监督检查方式

①旁站监理。房屋建筑工程施工旁站监理(以下简称旁站监理),是指监理人员在房屋建筑工程施工阶段监理中,对关键部位、关键工序的施工质量实施全过程现场跟班的监督活动。

◎旁站监理范围:在基础工程方面包括:土方回填,混凝土灌注桩浇筑,地下连续墙、土钉墙、后浇带及其他结构混凝土、防水混凝土浇筑,卷材防水层细部构造处理,钢结构安装;在主体结构工程方面包括:梁柱节点钢筋隐蔽过程,混凝土浇筑,预应力张拉,装配式结构安装,钢结构安装,网架结构安装,索膜安装。

对于按上述范围实施旁站监理的,建设单位应当严格按照国家规定的监理取费标准执行;对于超出规定的范围,建设单位要求监理企业实施旁站监理的,建设单位应当另行支付监理费用。

◎旁站监理程序:施工企业根据监理企业制定的旁站监理方案,在需要实施旁站监理的关键部位、关键工序施工前24小时,应当书面通知监理企业派驻工地的项目监理机构。项目监理机构应当安排旁站监理人员按照旁站监理方案实施旁站监理,认真履行旁站监理职责,及时发现和处理旁站监理过程中出现的质量问题,如实、准确地做好《旁站记录》。完成旁站工作后,监理人员应及时、详细填写《旁站记录》并确认签字。

②巡视。巡视是指监理人员对正在施工的部位或工序现场进行的定期或不定期的监督活动。巡视是一种"面"上的活动,它不限于某一部位或过程,而旁站则是"点"的活动,它是针对某一部位或工序。

③平行检验。平行检验是指项目监理机构在施工单位自检的同时,按有关规定、建设工程监理合同约定对同一检验项目进行的检测试验活动。

4. 规定质量监控工作程序

规定双方必须遵守的质量监控工作程序,按规定的程序进行工作,这也是进行质量监控的必要手段。

5.利用支付手段

这是国际上较通用的一种重要的控制手段,也是建设单位或合同中赋予监理的支付控制权。所谓支付控制权是指对施工单位支付任何工程款项,均需由总监理工程师审核签认支付证书。没有总监理工程师签署的支付证书,建设单位不得向施工单位支付工程款。

3.2.5 工程施工质量验收

1.建筑工程施工质量验收概述

(1)建筑工程施工质量验收统一标准、规范体系的构成

建筑工程施工质量验收统一标准、规范体系由《建筑工程施工质量验收统一标准》和各专业验收规范共同组成,在使用过程中它们必须配套使用验收规范。具体包括:《建筑地基基础工程施工质量验收规范》;《砌体结构工程施工质量验收规范》;《混凝土结构工程施工质量验收规范》;《钢结构工程施工质量验收规范》;《屋面工程质量验收规范》;《地下防水工程质量验收规范》;《建筑地面工程施工质量验收规范》;《建筑装饰装修工程施工质量验收规范》;《建筑给水排水及采暖工程施工质量验收规范》;《通风与空调工程施工质量验收规范》;《给水排水管道工程施工及验收规范》;《建筑电气工程施工质量验收规范》;《智能建筑工程施工质量验收规范》;《电梯工程施工质量验收规范》;《建筑节能工程施工质量验收规范》。

(2)施工质量验收的有关术语

《建筑工程施工质量验收统一标准》中的术语,对规范有关建筑工程施工质量验收活动中的用语,加深对标准条文的理解,特别是更好地贯彻执行标准是十分必要的。与质量验收相关的重要术语:

①检验 Inspection

对被检验项目的特征、性能进行量测、检查、试验等,并将结果与标准规定的要求进行比较,以确定项目的每项性能是否合格的活动。

②进场检验 Site Inspection

对进入施工现场的建筑材料、构配件、设备及器具,按相关标准的要求进行检验,并对其质量、规格及型号等是否符合要求做出确认的活动。

③见证检验 Evidential Testing

施工单位在工程监理单位或建设单位的见证下,按照有关规定从施工现场随机抽取试样,送至具备相应资质的检测机构进行检验的活动。

④复验 Repeat Test

建筑材料、设备等进入施工现场后,在外观质量检查和质量证明文件核查符合要求的基础上,按照有关规定从施工现场抽取试样送至试验室进行检验的活动。

⑤验收 Acccptance

建筑工程质量在施工单位自行检查合格的基础上,由工程质量验收责任方组织,工程建设相关单位参加,对检验批、分项、分部、单位工程及其隐蔽工程的质量进行抽样检验,对技术文件进行审核,并根据设计文件和相关标准以书面形式对工程质量是否合格做出确认。

⑥主控项目 Dominant Item

建筑工程中对安全、节能、环境保护和主要使用功能起决定性作用的检验项目。

⑦一般项目 General Item

除主控项目以外的检验项目。

⑧观感质量 Quality of Appearance

通过观察和必要的测试所反映的工程外在质量和功能状态。

⑨返工 Rework

对施工质量不符合标准规定的部位采取的更换、重新制作、重新施工等措施。

⑩返修 Repair

对施工质量不符合标准规定的部位采取的整修等措施。

(3)施工质量验收的基本规定

《建筑工程施工质量验收统一标准》中的基本规定,在建筑工程施工质量验收活动中应全面贯彻执行。其主要内容:

①建筑工程的施工质量控制应符合下列规定:

⊙建筑工程采用的主要材料、半成品、成品、建筑构配件、器具和设备应进行进场检验。凡涉及安全、节能、环境保护和主要使用功能的重要材料、产品,应按各专业工程施工规范、验收规范和设计文件等规定进行复验,并应经监理工程师检查认可;

⊙各施工工序应按施工技术标准进行质量控制,每道施工工序完成后,经施工单位自检符合规定后,才能进行下一道工序施工。各专业工种之间的相关工序应进行交接检验,并应记录;

⊙对于监理单位提出检查要求的重要工序,应经监理工程师检查认可,才能进行下一道工序施工。

②建筑工程施工质量应按下列要求进行验收:

⊙工程质量验收均应在施工单位自检合格的基础上进行;

⊙参加工程施工质量验收的各方人员应具备相应的资格;

⊙检验批的质量应按主控项目和一般项目验收;

⊙对涉及结构安全、节能、环境保护和主要使用功能的试块、试件及材料,应在进场时或施工中按规定进行见证检验;

⊙隐蔽工程在隐蔽前应由施工单位通知监理单位进行验收,并应形成验收文件,验收合格后方可继续施工;

⊙对涉及结构安全、节能、环境保护和使用功能的重要分部工程,应在验收前按规定进行抽样检验;

⊙工程的观感质量应由验收人员现场检查,并应共同确认。

2.建筑工程施工质量验收

(1)建筑工程施工质量验收层次的划分

为了便于工程质量监督检查,控制工序质量、部位质量,确保单位工程质量,将建筑安装工程划分为单位工程、分部工程、分项工程、检验批进行质量检验评定。单位工程里包括若干个分部工程,分部工程中又包括若干个分项工程。

①单位工程

单位工程是指具备独立施工条件并能形成独立使用功能的建筑物或构筑物。依据《建筑工程施工质量验收统一标准》,应按下列原则划分:

◦具备独立施工条件并能形成独立使用功能的建筑物或构筑物为一个单位工程。如一所大学中的一栋教学楼、办公楼、宿舍楼,一个小区的某栋高层住宅楼等。

◦对于规模较大的单位工程,可将其能形成独立使用功能的部分划分为一个子单位工程。单位或子单位工程的划分,施工前可由建设、监理、施工单位商议确定,并据此收集整理施工技术资料和进行质量验收。

②分部工程

分部工程是单位工程的组成部分,分部工程应按下列原则划分:

◦可按专业性质、工程部位确定。如建筑工程划分为地基与基础、主体结构、建筑装饰装修、屋面、建筑给水排水及供暖、通风与空调、建筑电气、智能建筑、建筑节能、电梯十个分部工程。

◦当分部工程较大或较复杂时,可按材料种类、施工特点、施工程序、专业系统及类别将分部工程划分为若干子分部工程。如建筑工程的地基与基础分部工程划分为地基、基础、基坑支护、地下水控制、土方、边坡、地下防水等子分部工程。建筑工程的主体结构分部工程划分为混凝土结构、砌体结构、钢结构、钢管混凝土结构、型钢混凝土结构、铝合金结构、木结构等子分部工程。建筑工程的建筑装饰装修分部工程划分为建筑地面、抹灰、外墙防水、门窗、吊顶、轻质隔墙、饰面板、饰面砖、幕墙、涂饰、裱糊与软包、细部等子分部工程。

③分项工程

分项工程是分部工程的组成部分。分项工程可按主要工种、材料、施工工艺、设备类型进行划分。如建筑工程主体结构分部工程中,混凝土结构分部工程划分为模板、钢筋、混凝土、预应力、现浇结构、装配式结构等分项工程。

建筑工程的分部工程、分项工程划分参见《建筑工程施工质量验收统一标准》(GB 50300—2013)附录B采用。

④检验批

检验批是分项工程的组成部分,是工程施工质量验收的最小单位。检验批是指按相同的生产条件或按规定的方式汇总起来供抽样检验用的,由一定数量样本组成的检验体。检验批可根据施工、质量控制和专业验收的需要,按工程量、楼层、施工段、变形缝进行划分。

对于规范未涵盖的分项工程和检验批,可由建设单位组织监理、施工等单位协商确定。通常,多层及高层建筑的分项工程可按楼层或施工段来划分检验批,单层建筑的分项工程可按变形缝划分检验批;地基与基础的分项工程一般划分为一个检验批,有地下层的基础工程可按不同地下层划分检验批;屋面工程的分项工程可按不同楼层屋面划分为不同的检验批;安装工程一般按一个设计系统或设备组别划分为一个检验批;室外工程一般划分为一个检验批;散水、台阶、明沟等含在地面检验批中。

(2)检验批工程质量验收

①验收程序和组织。检验批及分项工程应由监理工程师(建设单位项目技术负责人)组织施工单位项目专业质量(技术)负责人等进行验收。

⊙检验批施工完毕,施工单位自检合格,填写《_____报审、报验表》,附《_____检验批质量验收记录》和施工操作依据、质量检查记录向项目监理机构报验;

⊙施工单位应在检验批验收前48小时,以书面形式通知监理验收内容、验收时间和地点。

⊙专业监理工程师可按时组织施工单位项目专业质量检查员等进行验收。首先,对《_____检验批质量验收记录》和施工操作依据、质量检查记录等进行核查,审查确认施工单位检查评定记录、施工操作依据、质量检查记录是否规范、完整,施工单位检查评定结果是否准确,验收人员资格及责任人签字是否符合要求,以上符合要求后进行现场实物检查、检测。主控项目和一般项目的质量经抽样检查合格;施工操作依据、质量检查记录完整、符合要求,专业监理工程师应予以签认。否则,专业监理工程师应签发《监理通知单》,翔实指出不符合之处,要求施工单位整改。

⊙对未经监理人员验收或验收不合格、需旁站而未旁站或没有旁站记录或旁站记录签字不全的隐蔽工程、检验批,监理工程师不得签认,施工单位严禁进行下一道工序的施工。

②检验批质量合格应符合下列规定

⊙主控项目和一般项目的质量经抽样检验合格。

⊙具有完整的施工操作依据、质量检查记录。

检验批质量合格的条件包括资料检查、主控项目检验和一般项目检验。质量控制资料反映了检验批从原材料到最终验收的各施工工序的操作依据、检查情况以及保证质量所必需的管理制度等。对其完整性的检查,实际是对过程控制的确认,这是检验批合格的前提。所要检查的资料主要包括:图纸会审、设计变更、洽商记录;建筑材料、成品、半成品、建筑构配件、器具和设备的质量证明书及进场检验、试验报告;工程测量、放线记录;按专业质量验收规范规定的抽样检验报告;隐蔽工程检查记录;施工过程记录和施工过程检查记录;新材料、新工艺的施工记录;质量管理资料和施工单位操作依据等。

主控项目和一般项目的检验:检验批质量合格主要取决于对主控项目和一般项目的检验结果。主控项目是对检验批的基本质量起决定性影响的检验项目,必须全部符合有关专业工程验收规范的规定,不允许有不符合要求的检验结果,即这种项目的检查具有否决权。除有专门要求外,一般项目的合格点率达到80%(个别要求90%)及以上,而且最大偏差不得大于允许偏差的1.5倍(钢结构为1.2倍)。

质量控制资料反映了检验批从原材料到最终验收的各施工工序的操作依据、检查情况以及保证工程质量所必需的管理制度等。对其完整性的检查,实际是对过程控制的确认,这是检验批质量合格的前提。

通常,质量控制资料主要包括图纸会审记录、设计变更通知单、工程洽商记录;工程定位测量、放线记录;原材料出厂合格证书及进场检验、试验报告;施工试验报告及见证检测报告;隐蔽工程验收记录;施工记录;按有关专业工程质量验收规范规定的抽样检测资料、试验记录;分项、分部工程质量验收记录;工程质量事故调查处理资料;新技术论证、备案及施工记录。

③检验批质量验收记录

填写检验批质量验收记录时,应具有现场验收检查原始记录,该原始记录应由专业监理工程师和施工单位专业质量检查员、专业工长共同签署,并在单位工程竣工验收前存档备查,保证该记录的可追溯性。现场验收检查原始记录的格式可由施工、监理等单位确定,包括检查项目、检查位置、检查结果等内容。

(3)隐蔽工程质量验收

隐蔽工程是指在下一道工序施工后将被覆盖或掩盖,难以进行质量检查的工程。如钢筋混凝土工程中的钢筋工程,地基与基础工程中的混凝土基础和桩基础等。因此,隐蔽工程完成后,在被覆盖或掩盖前必须进行质量验收,验收合格后方可继续施工。

隐蔽工程验收前,施工单位应对施工完成的隐蔽工程质量进行自检,对存在的问题自行整改处理,合格后填写《_____报审、报验表》及《_____检验批质量验收记录》,并将相关隐蔽工程资料报送项目监理机构申请验收。

专业监理工程师对施工单位所报资料进行审查,并组织相关人员到现场进行实体检查、验收,同时宜留存检查、验收过程的照片、影像等资料。对验收不合格的隐蔽工程,专业监理工程师应要求施工单位进行整改,自检合格后予以复验,对验收合格的隐蔽工程,专业监理工程师应签认《隐蔽工程报审、报验表》及《隐蔽工程质量验收记录》,准许下一道工序施工。

如:对于钢筋分项工程浇筑混凝土之前,应进行钢筋隐蔽工程验收。钢筋隐蔽工程验收主要内容包括:纵向受力钢筋的品种、规格、数量和位置等;钢筋的连接方式、接头位置、接头数量、接头面积百分率等;箍筋、横向钢筋的品种、规格、数量、位置等;预埋件的规格、数量、位置等。

(4)分项工程质量验收

分项工程应由专业监理工程师组织施工单位项目专业技术负责人等进行验收。验收前,施工单位应对施工完成的分项工程进行自检,对存在的问题自行整改处理,合格后填写《_____报审、报验表》及《分项工程质量验收记录》,并将相关资料报送项目监理机构申请验收。专业监理工程师对施工单位所报资料逐项进行审查,符合要求后签认《报审、报验表》及《质量验收记录》。

分项工程质量验收合格应符合下列规定:

①所含检验批的质量均应验收合格。

②所含检验批的质量验收记录应完整。

分项工程的验收在检验批的基础上进行。一般情况下,两者具有相同或相近的性质,只是批量的大小不同而已。因此,将有关的检验批汇集构成分项工程。分项工程合格质量的条件比较简单，只要构成分项工程的各检验批的验收资料文件完整，并且均已验收合格，则分项工程验收合格。

(5) 分部工程质量验收

分部工程应由总监理工程师组织施工单位项目负责人和技术、质量负责人等进行验收；地基与基础、主体结构、节能分部工程的勘察、设计单位工程项目负责人和施工单位技术、质量部门负责人也应参加相关分部工程验收。

验收前，施工单位应对施工完成的分部工程进行自检，对存在的问题自行整改处理，合格后填写《分部工程报验表》及《分部工程质量验收记录》，并将相关资料报送项目监理机构申请验收。总监理工程师应组织相关人员进行检查、验收，对验收不合格的分部工程，应要求施工单位进行整改，自检合格后予以复验。对验收合格的分部工程，应签认《分部工程报验表》及《验收记录》。

分部工程质量验收合格应符合下列规定：
①所含分项工程的质量均应验收合格。
②质量控制资料应完整。
③有关安全、节能、环境保护和主要使用功能的抽样检验结果应符合相应规定。
④观感质量验收应符合要求。

分部工程的验收在其所含各分项工程验收的基础上进行。首先，分部工程的各分项工程必须已验收且相应的质量控制资料文件必须完整，这是验收的基本条件。由于各分项工程的性质不尽相同，因此分部工程不能简单地组合而加以验收，尚须增加两类检查：

一是涉及安全和使用功能的地基基础、主体结构、有关安全及重要使用功能的安装分部工程，应进行有关见证取样送样试验或抽样检测。如建筑物垂直度、标高、全高测量记录，建筑物沉降观测测量记录，给水管道通水试验记录，暖气管道、散热器压力试验记录，照明动力全负荷试验记录等。

二是观感质量验收。观感质量验收的检查往往难以定量，只能以观察、触摸或简单量测的方式进行，检查结果并不给出"合格"或"不合格"的结论，而是综合给出质量评价。评价的结论为"好""一般"和"差"三种。对于"差"的检点应通过返修处理等进行补救。

(6) 单位工程质量验收

①预验收

单位工程完工后，施工单位应依据验收规范、设计图纸等组织有关人员进行自检，对存在的问题自行整改处理，合格后填写《单位工程竣工验收报审表》，并将相关竣工资料报送项目监理机构申请预验收。

总监理工程师应组织各专业监理工程师审查施工单位报送的相关竣工资料，并对工程质量进行竣工预验收。存在施工质量问题时，应由施工单位及时整改。整改完毕且复验合格后，总监理工程师签认单位工程竣工验收的相关资料。项目监理机构应编写《工程质量评估报告》，并经总监理工程师和监理单位技术负责人审核签字后报送建设单位。

竣工预验收合格后，由施工单位向建设单位提交工程竣工报告和完整的质量控制资料，申请建设单位组织工程竣工验收。

工程竣工预验收由总监理工程师组织,各专业监理工程师参加,施工单位项目经理、项目技术负责人等参加,其他各单位人员可不参加。工程竣工预验收除参加人员与竣工验收不同外,其方法、程序、要求等均应与工程竣工验收相同。

单位工程中的分包工程完工后,分包单位应对所承包的工程项目进行自检,并应按验收标准规定的程序进行验收。验收时,总包单位应派人参加。验收合格后,分包单位应将所分包工程的质量控制资料整理完整,并移交给总包单位。建设单位组织单位工程质量验收时,分包单位负责人应参加验收。

②验收

建设单位收到工程竣工报告后,应由建设单位项目负责人组织监理、施工、设计、勘察等单位项目负责人进行单位工程验收。对验收中提出的整改问题,项目监理机构应督促施工单位及时整改。工程质量符合要求的,总监理工程师应在《工程竣工验收报告》中签署验收意见。这里需要注意的是,在单位工程质量验收时,由于勘察、设计、施工、监理等单位都是责任主体,因此各单位项目负责人应参加验收,考虑到施工单位对工程质量负有直接生产责任,而施工项目经理部不是法人单位,故施工单位的技术、质量负责人也应参加验收。

根据建设工程竣工验收应当具备的条件,对于不同性质的建设工程还应满足其他一些具体要求,如工业建设项目,还应满足必要的生活设施已按设计要求建成,生产准备工作和生产设施能适应投产的需要;环境保护设施、劳动、安全与卫生设施、消防设施以及必须的生产设施已按设计要求与主体工程同时建成,并经有关专业部门验收合格后交付使用。

③单位工程质量验收合格规定

单位工程质量验收合格应符合下列规定:

- 所含分部工程的质量均应验收合格。
- 质量控制资料应完整。
- 所含分部工程中有关安全、节能、环境保护和主要使用功能的检验资料应完整。
- 主要使用功能的抽查结果应符合相关专业质量验收规范的规定。
- 观感质量应符合要求。

单位工程质量验收也称质量竣工验收,是建筑工程投入使用前的最后一次验收,也是最重要的一次验收。验收合格的条件有五个:除构成单位工程的各分部工程应该合格,并且有关的资料文件应完整以外,还应进行以下三方面的检查。

一是涉及安全和使用功能的分部工程应进行检验资料的复查。不仅要全面检查其完整性(不得有漏检缺项),而且要复核分部工程验收时补充进行的见证抽样检验报告。这种强化验收的手段体现了对安全和主要使用功能的重视。

二是对主要使用功能还须进行抽查。使用功能的检查是对建筑工程和设备安装工程最终质量的综合检查,也是用户最为关心的内容。因此,在分项、分部工程验收合格的基础上,竣工验收时再做全面检查。抽查项目是在检查资料文件的基础上由参加验收的各方人员商定,并用计量、计数的抽样方法确定检查部位。检查要求按有关专业工程施工质量验收标准的要求进行。

三是由参加验收的各方人员共同进行观感质量检查。检查的方法、内容、结论等应在分部工程的相应部分中阐述,最后共同确定是否通过验收。

(7)建筑工程质量验收时不符合要求的处理

一般情况,不合格现象在检验批验收时就应发现并及时处理,但实际工程中不能完全避免不合格情况的出现,因此建筑工程施工质量验收时不符合要求的应按下列进行处理。

①经返工或返修的检验批,应重新进行验收。检验批验收时,对于主控项目不能满足验收规范规定或一般项目超过偏差限值的样本数量不符合验收规范规定时,应及时进行处理。其中,对于严重的质量问题应重新施工;一般的质量问题可通过返修、更换予以解决,允许施工单位在采取相应的措施后重新验收,如能够符合相应的专业验收规范要求,应认为该检验批合格。

②经有资质的检测机构检测鉴定能够达到设计要求的检验批,应予以验收。当个别检验批发现有问题,难以确定能否验收时,应请具有资质的法定检测机构进行检测鉴定。当鉴定结果认为能够达到设计要求时,该检验批可以通过验收。这种情况通常出现在某检验批的材料试块强度不满足设计要求时。

③经有资质的检测机构检测鉴定达不到设计要求,但经原设计单位核算认可能够满足安全和使用功能的检验批,可予以验收。这主要是因为一般情况下,标准、规范的规定是满足安全和功能的最低要求,而设计往往在此基础上留有一些余量。在一定范围内,会出现不满足设计要求而符合相应规戒要求的情况,两者并不矛盾。

④经返修或加固处理的分项、分部工程,满足安全及使用功能要求时,可按技术处理方案和协商文件的要求予以验收。经法定检测机构检测鉴定后认为达不到规范的相应要求,即不能满足最低限度的安全储备和使用功能时,则必须进行加固或处理,使之能满足安全使用的基本要求。这样可能会造成一些永久性的影响,如增大结构外形尺寸,影响一些次要的使用功能。但为了避免建筑物的整体或局部拆除,避免社会财富更大的损失,在不影响安全和主要使用功能的条件下,可按技术处理方案和协商文件进行验收,责任方应按法律、法规承担相应的经济责任和接受处罚。需要特别注意的是,这种方法不能作为降低质量要求、变相通过验收的一种出路。

⑤经返修或加固处理仍不能满足安全或重要使用要求的分部工程及单位工程,严禁验收。分部工程及单位工程经返修或加固处理后仍不能满足安全或重要使用功能时,表明工程质量存在严重的缺陷。重要的使用功能不满足要求时,将导致建筑物无法正常使用,安全不满足要求时,将危及人身健康或财产安全,严重时会给社会带来巨大的安全隐患,因此对这类工程严禁通过验收,更不得擅自投入使用,需要专门研究处置方案。

⑥工程质量控制资料应齐全完整。当部分资料缺失时,应委托有资质的检测机构按有关标准进行相应的实体检验或抽样试验。实际工程中,偶尔会遇到因遗漏检验或资料丢失而导致部分施工验收资料不全的情况,使工程无法正常验收。对此,可有针对性地进行工程质量检验,采取实体检验或抽样试验的方法确定工程质量状况。上述工作应由有资质的检测机构完成,出具的检验报告可用于工程施工质量验收。

学习子情境 3.3　处理施工中的工程质量问题和质量事故

3.3.1　工程质量问题

1.概念

根据国际标准化组织(ISO)和我国有关质量、质量管理和质量保证标准的定义,凡工程产品质量没有满足某个规定的要求,就称之为质量不合格。

凡是工程质量不合格,必须进行返修、加固或报废处理,由此造成直接经济损失低于5 000元的,称为质量问题;直接经济损失在5 000元(含5 000元)以上的,称为工程质量事故。

2.工程质量问题的成因

常见工程质量问题的成因,归纳起来基本的因素主要有:

(1)违背建设程序:建设程序是工程项目建设过程及其客观规律的反映。不按建设程序办事,容易造成质量问题。

(2)违反法规行为。例如:无证设计;无证施工;越级设计;越级施工;工程招标、投标中的不公平竞争;超常的低价中标;非法分包;转包、挂靠;擅自修改设计等行为。

(3)地质勘察失真。

(4)设计差错。

(5)施工与管理不到位:不按图纸施工或未经设计单位同意擅自修改设计。施工组织管理紊乱,不熟悉图纸,盲目施工;施工方案考虑不周,施工顺序颠倒;图纸未经会审,仓促施工;技术交底不清,违章作业;疏于检查、验收等,均可能导致质量问题。

(6)使用不合格的原材料、制品及设备。

(7)自然环境因素。

(8)使用不当。竣工后对建筑物、构筑物或设施的装修、改造或使用不当等原因造成的质量问题。

3.工程质量问题的处理

在工程施工过程中,由于主观和客观原因,出现质量问题往往难以避免。对已发生的质量问题,项目监理机构应按下列程序进行处理。如图3-6所示。

(1)发生工程质量问题,总监理工程师安排监理人员进行检查和记录,并签发监理通知单,责成施工单位进行修复处理。

(2)施工单位进行质量问题调查,分析质量问题产生的原因,并提出经设计等相关单位认可的处理方案。

(3)项目监理机构审查施工单位报送的质量问题处理方案,并签署意见。

(4)施工单位按审查认可的处理方案实施修复处理,并对处理过程进行跟踪检查,对处

```
        ┌─────────────────────────┐
        │    发生工程质量问题      │
        └───────────┬─────────────┘
                    ↓
   ┌────────────────────────────────────┐
   │项目监理机构签发监理通知单要求施工单位予以修复│
   └────────────────┬───────────────────┘
                    ↓
   ┌────────────────────────────────────┐
   │ 施工单位进行质量问题调查，提出         │
   │ 经设计等相关单位认可的处理方案         │
   └────────────────┬───────────────────┘
                    ↓
   ┌────────────────────────────────────┐
   │项目监理机构审查施工单位报送的处理方案并签署意见│
   └────────────────┬───────────────────┘
                    ↓
   ┌────────────────────────────────────┐
   │ 施工单位实施处理，项目监理机构对处理过程│
   │ 进行跟踪检查，对处理结果进行验收       │
   └────────────────┬───────────────────┘
                    ↓
   ┌────────────────────────────────────┐
   │ 项目监理机构应对工程质量问题原因进     │
   │ 行调查分析并确定责任归属               │
   └────────────────┬───────────────────┘
                    ↓
   ┌────────────────────────────────────┐
   │ 对非施工单位原因造成的工程质量问题，项目监│
   │ 理机构核实施工单位申报的修复工程费用，签认│
   │ 工程款支付证书，并报送建设单位         │
   └────────────────┬───────────────────┘
                    ↓
   ┌────────────────────────────────────┐
   │      对处理记录进行整理归档           │
   └────────────────────────────────────┘
```

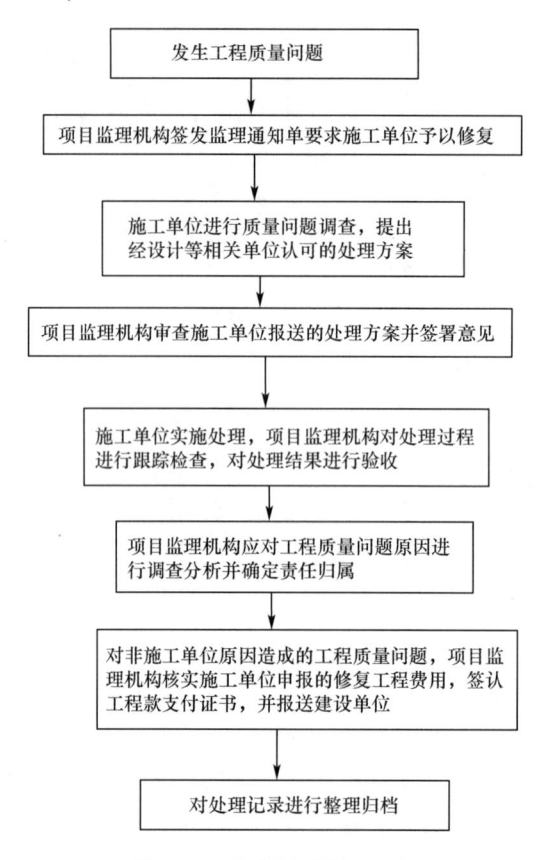

图 3-6　工程质量问题处理程序

理结果进行验收。

(5)对非施工单位原因造成的工程质量问题，项目监理机构核实施工单位申报的修复工程费用，签认工程款支付证书，并报送建设单位。

(6)对处理记录进行整理归档。

3.3.2　工程质量事故

1.工程质量事故等级划分

《关于做好房屋建筑和市政基础设施工程质量事故报告和调查处理工作的通知》(建质[2010]111号)，工程质量事故是指由于建设、勘察、设计、施工、监理等单位违反工程质量有关法律、法规和工程建设标准，使工程产生结构安全、重要使用功能等方面的质量缺陷，造成人身伤亡或者重大经济损失的事故。根据工程质量事故造成的人员伤亡或者直接经济损失，工程质量事故分为4个等级：

(1)特别重大事故，是指造成30人以上死亡，或者100人以上重伤，或者1亿元以上直接经济损失的事故；

(2)重大事故,是指造成 10 人以上 30 人以下死亡,或者 50 人以上 100 人以下重伤,或者 5 000 万元以上 1 亿元以下直接经济损失的事故;

(3)较大事故,是指造成 3 人以上 10 人以下死亡,或者 10 人以上 50 人以下重伤,或者 1 000 万元以上 5 000 万元以下直接经济损失的事故;

(4)一般事故,是指造成 3 人以下死亡,或者 10 人以下重伤,或者 100 万元以上 1 000 万元以下直接经济损失的事故。

该等级划分所称的"以上"包括本数,所称的"以下"不包括本数。

2.工程质量事故处理

建设工程一旦发生质量事故,除相关行业有特殊要求外,应按照《关于做好房屋建筑和市政基础设施工程质量事故报告和调查处理工作的通告》(建质[2010]111 号)的要求,由各级政府建设行政主管部门按事故等级划分开展相关的工程质量事故调查,明确相应责任单位,提出相应的处理意见。项目监理机构除积极配合做好上述工程质量事故调查外,还应做好由于事故对工程产生的结构安全及重要使用功能等方面的质量问题处理工作。

工程质量事故发生后,项目监理机构可按以下程序进行处理:

(1)工程质量事故发生后,总监理工程师应签发《工程暂停令》,要求暂停质量事故部位和与其有关联部位的施工,要求施工单位采取必要的措施,防止事故扩大并保护好现场。同时,要求质量事故发生单位迅速按类别和等级向相应的主管部门上报。

(2)项目监理机构要求施工单位进行质量事故调查,分析质量事故产生的原因,并提交质量事故调查报告。对于由质量事故调查组处理的,项目监理机构应积极配合,客观地提供相应证据。

(3)根据施工单位的质量调查报告或质量事故调查组提出的处理意见,项目监理机构要求相关单位完成技术处理方案。质量事故技术处理方案一般由施工单位提出,经原设计单位同意签认,并报送建设单位批准。对于涉及结构安全和加固处理等的重大技术处理方案,一般由原设计单位提出。必要时,应要求相关单位组织专家论证,以确保处理方案可靠、可行、保证结构安全和使用功能。

(4)技术处理方案经相关各方签认后,项目监理机构应要求施工单位制定详细的施工方案,对处理过程进行跟踪检查并对处理结果进行验收。必要时,应组织有关单位对处理结果进行鉴定。

(5)质量事故处理完毕后,具备工程复工条件时,施工单位提出复工申请,项目监理机构应审查施工单位报送的工程复工报审表及有关资料,符合要求后,总监理工程师签署审核意见,报建设单位批准后,签发《工程复工令》。

(6)项目监理机构应及时向建设单位提交《质量事故书面报告》,并应将完整的质量事故处理记录整理归档。《质量事故书面报告》应包括如下内容:

①工程及各参建单位名称;
②质量事故发生的时间、地点、工程部位;
③事故发生的简要经过、造成工程损伤状况、伤亡人数和直接经济损失的初步估计;
④事故发生原因的初步判断;
⑤事故发生后采取的措施及处理方案;
⑥事故处理的过程及结果。

学习子情境3.4 对某项目混凝土结构工程进行质量监理

3.4.1 工程概况

1.某综合楼工程概况

(1)本工程为某大学东校区学生综合楼工程,其中主楼为地上六层,局部地下一层,裙楼为地上二层,结构体系为框架结构。

(2)单层风雨操场为框架结构,屋顶采用网架结构。建筑抗震设防类别为丙类,安全等级为二级,抗震设防烈度为7度。设计基本地震加速度为0.1 g,设计地震分组为第一组,结构抗震等级为三级,结构设计使用年限为50年。场地类别:Ⅲ类。地基基础设计等级为乙级,岩土工程勘察等级为乙级,主楼为钢筋混凝土柱下独立基础,局部地下室采用钢筋混凝土筏板基础,地下室为6级二等人员掩蔽所。

(3)本工程所用钢筋为HPB235级和HRB335级热轧钢筋。施工单位应严格按照设计要求的钢筋级别来施工。若变换钢筋级别,必须事先征得设计单位同意并出具相应变更通知。预埋件采用Q235B钢,外露铁件应涂防锈底漆二道,面漆二道。焊条:HPB235级钢(Q235)为E43XX,HRB335级钢(Q345)为E50XX。

(4)混凝土:

①基础垫层采用C15,筏板及地下室外墙混凝土采用C35抗渗混凝土,抗渗等级为S6。地下室以外的条形基础及柱下独立基础混凝土采用C30。

②一二层墙柱采用C30,三层以上柱及地上各层梁板均采用C25,楼梯采用C25。

③地下室内墙、柱、梁、顶板:采用C35,其中上有覆土的梁和顶板混凝土采用抗渗混凝土,抗渗等级为S6。

(5)砌体、砂浆:±0.000以下采用Mu10烧结粉煤灰砖,M10水泥砂浆;±0.000以上采用Mu5蒸压加气混凝土砌块,M5混合砂浆。

(6)钢筋的混凝土保护层厚度、锚固及搭接长度(钢筋应优先使用对接焊及机械连接)等见22G101图集:

①基础最外侧受力钢筋的混凝土保护层厚度不小于40 mm。

②地下室顶梁外侧主筋的保护层厚度不小于35 mm,内侧主筋的保护层厚度不小于25 mm。

③地下室顶板及外墙外侧主筋的保护层厚度不小于35 mm,内侧主筋的保护层厚度不小于15 mm。

④梁、柱中箍筋和构造钢筋保护层厚度不小于15 mm。

⑤板分布钢筋的保护层厚度不应小于图集表中数值减10 mm,且不小于10 mm,

2.参考以下标准、规程、规范对本项目混凝土结构工程施工进行质量监理:

(1)《混凝土结构工程施工质量验收规范》GB 50204—2015;

(2)混凝土强度检验评定标准 GB/T 50107—2010;

(3)混凝土外加剂应用技术规范 GB 50119—2013;

(4)混凝土质量控制标准 GB 50164—2011;

(5)混凝土泵送施工技术规程 JGJ/T 10—2011;

(6)预拌混凝土 GB/T 14902—2012;

(7)钢筋焊接及验收规程 JGJ 18—2012;

(8)钢筋机械连接通用技术规程 JGJ 107—2016;

(9)组合钢模板技术规范 GB/T 50214—2013;

(10)钢框胶合板模板技术规程 JGJ 96—2011;

(11)竹胶合板模板 JG/T 156—2004。

3.4.2 工程分析

试对某大学东校区学生综合楼工程中混凝土结构工程质量进行监理。

混凝土结构工程质量监理基本内容:

(1)建筑工程混凝土结构施工质量的验收应满足《混凝土结构工程施工质量验收规范》(GB 50204—2015)的相关规定,不适用于特种混凝土结构施工质量的验收。

(2)混凝土结构分部、子分部、分项、检验批划分原则:

①混凝土结构子分部工程可划分为模板、钢筋、预应力、混凝土、现浇结构和装配式结构等分项工程。

②各分项工程可根据与施工方式相一致且便于控制施工质量的原则,按工作班、楼层、结构缝或施工段划分为若干检验批。

(3)混凝土结构分部、子分部、分项、检验批的验收要求:

①子分部工程的质量验收,应在钢筋、预应力、混凝土、现浇结构或装配式结构等相关分项工程验收合格的基础上,进行质量控制资料检查及观感质量验收,并应对涉及结构安全的材料、试件、施工工艺和结构的重要部位进行见证检测或结构实体检验。

②分项工程的质量验收应在所含检验批验收合格的基础上,进行质量验收记录检查。

③检验批的质量验收内容。

实物检查,按下列方式进行:

⊙对原材料、构配件和器具等产品的进场复验,应按进场的批次和产品的抽样检验方案执行;

⊙对混凝土强度、预制构件结构性能等,应按国家现行有关标准和本规范规定的抽样检验方案执行;

⊙对《混凝土结构工程施工质量验收规范》(GB 50204—2015)中采用计数检验的项目,应按抽查总点数的合格点率进行检查。

资料检查,包括对原材料、构配件和器具等的产品合格证(中文质量合格证明文件、规格、型号及性能检测报告等)及进场复验报告、施工过程中重要工序的自检和交接检记录、抽样检验报告、见证检测报告、隐蔽工程验收记录等进行检查。

④检验批合格的质量标准。

⊙主控项目的质量经抽样检验合格;

⊙一般项目的质量经抽样检验合格;当采用计数检验时,除有专门要求外,一般项目的合格点率应达到80%及以上,且不得有严重缺陷;

⊙具有完整的施工操作依据和质量验收记录。对验收合格的检验批,宜做出合格标志。

(4)混凝土结构施工现场应有相应的施工技术标准、健全的质量管理体系、施工质量控制和质量检验制度。混凝土结构施工项目应有施工组织设计和施工技术方案,并经审查批准。

3.4.3 完成混凝土结构工程质量监理任务实施要点

1.主要材料质量监理

(1)混凝土外加剂

①质量证明文件包括产品合格证、出厂检验报告和进场复验报告。

②复试项目应符合现行国家标准《混凝土外加剂》(GB 8076—2008)、《混凝土外加剂应用技术规范》(GB 50119—2013)等和有关环境保护的规定,按进场批次和产品的抽样检验方案确定检查数量。

(2)粗、细骨料

①质量证明文件包括进场试验报告。

②外观检查:

⊙混凝土用的粗骨料,其最大颗粒粒径不得超过构件截面最小尺寸的1/4,且不得超过钢筋最小净间距的3/4。

⊙对混凝土实心板,骨料的最大粒径不宜超过板厚的1/3,且不得超过40 mm。

③复试项目及要求:

⊙应符合国家现行标准《普通混凝土用砂、石质量及检验方法标准》(JGJ 52—2006)的规定。按进场批次和产品的抽样检验方案确定检查数量。

⊙复试项目包括:砂含泥量、细度模数,石子颗粒粒径、碱含量及含泥量。

(3)商品混凝土

①质量证明文件包括商品混凝土的产品合格证、试块试验报告;商品混凝土使用的原材料的出厂检验报告、配合比试验报告。

②外观检查。

③复试项目及要求：

《混凝土结构工程施工质量验收规范》7.2.3条："混凝土中氯化物和碱的总含量应符合《混凝土结构设计规范》(GB 50010—2010)和设计的要求。"

《混凝土结构工程施工质量验收规范》(GB 50204—2015)7.2.4条："混凝土中掺用矿物掺和料的质量应符合现行国家标准《用于水泥和混凝土中的粉煤灰》(GB/T 1596—2017)等的规定。矿物掺和料的掺量应通过试验确定。"

检查数量：按进场的批次和产品的抽样检验方案确定。

检验方法：检查出厂合格证和进场复验报告。

检验方法：检查原材料试验报告和氯化物、碱的总含量计算书。

(4)预制构件

①质量证明文件包括构件合格证。

②外观检查：进入现场的预制构件，应按批检查其外观质量、尺寸偏差及结构性能，均应符合标准图或设计的要求。预制构件的外观质量不应有严重缺陷。对已经出现的严重缺陷，应按技术处理方案进行处理，并重新检查验收。

2.模板分项工程质量监理与验收

(1)模板分项工程质量监理

①安装现浇结构的上层模板及其支架时，下层楼板应具有承受上层荷载的承载能力，或加设支架，上、下层支架的立柱应对准，并铺设垫板。

②在涂刷模板隔离剂时，不得粘污钢筋和混凝土接槎处。

③模板安装应满足下列要求：

◎模板的接缝不应漏浆。在浇筑混凝土前，模板应浇水湿润，但模板内不应有积水；

◎模板与混凝土的接触面应清理干净并涂刷隔离剂，但不得采用影响结构性能或妨碍装饰工程施工的隔离剂；

◎浇筑混凝土前，模板内的杂物应清理干净；

◎对清水混凝土工程及装饰混凝土工程，应使用能达到设计效果的模板。

④用作模板的地坪、胎模等应平整、光洁，不得有影响构件质量的下沉、裂缝、起砂或起鼓等问题。

⑤对跨度不小于4 m的现浇钢筋混凝土梁、板，其模板应按设计要求起拱。当设计无具体要求时，起拱高度宜为跨度的1/1 000～3/1 000。

⑥固定在模板上的预埋件、预留孔和预留洞均不得遗漏，且应安装牢固，其偏差应符合《混凝土结构工程施工质量验收规范》(GB 50204—2015)相关规定。

(2)模板分项工程监理验收标准

模板分项工程监理的验收标准见表3-2。

表 3-2　　　　　　　　　　　模板分项工程监理的验收标准

主控项目：

序号	项目	合格质量标准	检验方法	检查数量
1	模板支撑、立柱位置和垫板	安装现浇结构的上层模板及其支架时,下层楼板应具有承受上层荷载的承载能力,或加设支架;上、下层支架的立柱应对准,并铺设垫板	对照模板设计文件和施工技术方案	全数检查
2	避免隔离剂粘污	在涂刷模板隔离剂时,不得粘污钢筋和混凝土接槎处	观察	全数检查

一般项目：

序号	项目	合格质量标准	检验方法	检查数量
1	模板安装要求	模板安装应满足下列要求： (1)模板的接缝不应漏浆。在浇筑混凝土前,模板应浇水湿润,但模板内不应有积水； (2)模板与混凝土的接触面应清理干净并涂刷隔离剂,但不得采用影响结构性能或妨碍装饰工程施工的隔离剂； (3)浇筑混凝土前,模板内的杂物应清理干净； (4)对清水混凝土工程及装饰混凝土工程,应使用能达到设计效果的模板	观察	全数检查
2	用作模板的地坪、胎模质量	用作模板的地坪、胎模等应平整光洁,不得有影响构件质量的下沉、裂缝、起砂或起鼓等问题	观察	全数检查
3	模板起拱高度	对跨度不小于 4 m 的现浇钢筋混凝土梁、板,其模板应按设计要求起拱。当设计无具体要求时,起拱高度宜为跨度的 1/1 000～3/1 000	水准仪或拉线、钢尺检查	在同一检验批内,对梁、柱和独立基础,应抽查构件数量的 10 %,且不少于 3 件;对墙和板,应按有代表性的自然间抽查 10 %,且不少于 3 间;对大空间结构,墙可按相邻轴线间高度为 5 m 左右划分检查面,板可按纵、横轴线划分检查面,抽查 10 %,且均不少于 3 面
4	预埋件、预留孔和预留洞允许偏差	固定在模板上的预埋件、预留孔和预留洞均不得遗漏,且应安装牢固,其偏差应符合《混凝土结构工程施工质量验收规范》相关规定	钢尺检查	
5	模板安装允许偏差	现浇结构模板安装的偏差应符合《混凝土结构工程施工质量验收规范》相关规定		

3.钢筋工程质量监理与验收

(1)钢筋工程质量监理

①纵向受力钢筋的连接方式应符合设计要求。

②在施工现场,应按国家现行标准《钢筋机械连接技术规程》(JGJ 107—2016)、《钢筋焊接及验收规程》(JGJ 18—2012)的规定抽取钢筋机械连接接头、焊接接头试件做力学性能检验,其质量应符合有关规定。

③钢筋的接头宜设置在受力较小处。同一纵向受力钢筋不宜设置两个或两个以上接

头。接头末端至钢筋弯起点的距离不应小于钢筋直径的10倍。

④在施工现场,应按国家现行标准《钢筋机械连接技术规程》(JGJ 107—2016)、《钢筋焊接及验收规程》(JGJ 18—2012)的规定对钢筋机械连接接头、焊接接头的外观进行检查,其质量应符合有关规定。

⑤当受力钢筋采用机械连接接头或焊接接头时,设置在同一构件内的接头宜相互错开。

⑥同一构件中相邻纵向受力钢筋的绑扎搭接接头宜相互错开。绑扎搭接接头中钢筋的横向净距不应小于钢筋直径,且不应小于25 mm。

⑦在梁、柱类构件的纵向受力钢筋搭接长度范围内,应按设计要求配置箍筋。当设计无具体要求时,应符合下列规定:

◎ 箍筋直径不应小于搭接钢筋较大直径的25%;
◎ 受拉搭接区段的箍筋间距不应大于搭接钢筋较小直径的5倍,且不应大于100 mm;
◎ 受压搭接区段的箍筋间距不应大于搭接钢筋较小直径的10倍,且不应大于200 mm;
◎ 当柱中纵向受力钢筋直径大于25 mm时,应在搭接接头两个端面外100 mm内各设置两个箍筋,其间距宜为50 mm。

(2)钢筋工程监理验收标准

钢筋工程监理验收标准见表3-3。

表3-3 钢筋工程监理验收标准

主控项目:

序号	项目	合格质量标准	检验方法	检查数量
1	纵向受力钢筋的连接方式	纵向受力钢筋的连接方式应符合设计要求	观察	全数检查
2	钢筋机械连接和焊接接头的力学性能	在施工现场,应按国家现行标准《钢筋机械连接技术规程》(JGJ 107—2016)、《钢筋焊接及验收规程》(JGJ 18—2012)的规定抽取钢筋机械连接接头、焊接接头试件做力学性能检验	检查产品合格证、接头力学性能试验报告	参见本检验批相关规定
3	受力钢筋的品种、级别、规格和数量	钢筋安装时,受力钢筋的品种、级别、规格和数量必须符合设计要求	观察、钢尺检查	全数检查

一般项目:

序号	项目	合格质量标准	检验方法	检查数量
1	接头位置和数量	钢筋的接头宜设置在受力较小处。同一纵向受力钢筋不宜设置两个或两个以上接头。接头末端至钢筋弯起点的距离应不小于钢筋直径的10倍	观察、钢尺检查	全数检查
2	钢筋机械连接焊接的外观质量	在施工现场,应按国家现行标准《钢筋机械连接技术规程》(JGJ 107—2016)、《钢筋焊接及验收规程》(JGJ 18—2012)的规定对钢筋机械连接接头、焊接接头的外观进行检查,其质量应符合有关规定	观察	全数检查

(续表)

序号	项目	合格质量标准	检验方法	检查数量
3	纵向受力钢筋机械连接、焊接的接头面积百分率	纵向受力钢筋机械连接接头及焊接接头连接区段的长度为 $35d$（d 为纵向受力钢筋的较大直径）且不小于 500 mm,凡接头中点位于该连接区段长度内的接头均属于同一连接区段。同一连接区段内,纵向受力钢筋机械连接及焊接的接头面积百分率为该区段内有接头的纵向受力钢筋截面面积与全部纵向受力钢筋截面面积的比值。 同一连接区段内,纵向受力钢筋的接头面积百分率应符合设计要求;当设计无具体要求时,应符合下列规定: (1)在受拉区不宜大于 50%; (2)接头不宜设置在有抗震设防要求的框架梁端、柱端的箍筋加密区;当无法避开时,对等强度高质量机械连接接头,应不大于 50%; (3)直接承受动力荷载的结构构件中,不宜采用焊接接头;当采用机械连接接头时,应不大于 50%		在同一检验批内,对梁、柱和独立基础,应抽查构件数量的 10%,且不少于 3 件
4	纵向受拉钢筋搭接接头面积百分率和最小搭接长度	同一构件中相邻纵向受力钢筋的绑扎搭接接头宜相互错开。绑扎搭接接头中钢筋的横向净距应不小于钢筋直径,且应不小于 25 mm。 钢筋绑扎搭接接头连接区段的长度为 $1.3l_l$（l_l 为搭接长度）,凡搭接接头中点位于该连接区段长度内的搭接接头均属于同一连接区段。同一连接区段内,纵向受力钢筋搭接接头面积百分率为该区段内有搭接接头的纵向受力钢筋截面面积与全部纵向受力钢筋截面面积的比值。 同一连接区段内,纵向受拉钢筋搭接接头面积百分率应符合设计要求;当设计无具体要求时,应符合下列规定: (1)对梁、板及墙类构件,不宜大于 25%; (2)对柱类构件,不宜大于 50%; (3)当工程中确有必要增大接头面积百分率时;对梁类构件,应不大于 50%;对其他构件,可根据实际情况放宽。 纵向受力钢筋绑扎搭接接头的最小搭接长度应符合规定	观察、钢尺检查	对墙和板,应按有代表性的自然间抽查 10%,且不少于 3 间;对大空间结构,墙可按相邻轴线间高度 5 m 左右划分检查面,板可按纵、横轴线划分检查面,抽查 10%,且均不少于 3 面

4. 混凝土工程质量监理与验收

(1)混凝土工程质量监理

①结构混凝土的强度等级必须符合设计要求。用于检查结构构件混凝土强度的试件,应在混凝土的浇筑地点随机抽取。取样与试件留置应符合下列规定:

◎每拌制 100 盘且不超过 100 m³ 的同配合比的混凝土,取样不得少于一次;

◎每工作班拌制的同一配合比的混凝土不足 100 盘时,取样不得少于一次;

◎当一次连续浇筑超过 1 000 m³ 时,同一配合比的混凝土每 200 m³ 取样不得少于一次;

◎每一楼层、同一配合比的混凝土,取样不得少于一次;

◎每次取样应至少留置一组标准养护试件,同条件养护试件的留置组数应根据实际需要确定。

②对有抗渗要求的混凝土结构,其混凝土试件应在浇筑地点随机取样。同一工程、同一配合比的混凝土,取样不应少于一次,留置组数可根据实际需要确定。

③混凝土运输、浇筑及间歇的全部时间不应超过混凝土的初凝时间。同一施工段的混凝土应连续浇筑,并应在底层混凝土初凝前,将上一层混凝土浇筑完毕。当底层混凝土初凝后,浇筑上一层混凝土时,应按施工技术方案中对施工缝的要求进行处理。

④施工缝的位置应在混凝土浇筑前按设计要求和施工技术方案确定。施工缝的处理应按施工技术方案执行。

⑤后浇带的留置位置应按设计要求和施工技术方案确定。后浇带混凝土浇筑应按施工技术方案进行。

⑥混凝土浇筑完毕后,应按施工技术方案及时采取有效的养护措施,并应符合下列规定:

◎ 应在浇筑完毕后的 12 h 以内,对混凝土加以覆盖并保湿养护;

◎ 混凝土浇水养护的时间:对采用硅酸盐水泥、普通硅酸盐水泥或矿渣硅酸盐水泥拌制的混凝土,不得少于 7 天;对掺用缓凝型外加剂或有抗渗要求的混凝土,不得少于 14 天;

◎ 浇水次数应能保持混凝土处于湿润状态,混凝土养护用水应与拌制用水相同;

◎ 采用塑料布覆盖养护的混凝土,其敞露的全部表面应覆盖严密,并应保持塑料布内有凝结水;

◎ 混凝土强度达到 1.2 N/mm^2 前,不得在其上踩踏或安装模板及支架;

◎ 混凝土养护注意事项:一是当日平均气温低于 5 ℃时,不得浇水;二是当采用其他品种水泥时,混凝土的养护时间应根据所采用水泥的技术性能确定;三是混凝土表面不便浇水或使用塑料布时,宜涂刷养护剂;四是对大体积混凝土的养护,应根据气候条件按施工技术方案采取控温措施。

(2)混凝土工程监理验收标准

混凝土工程监理验收标准见表 3-4。

表 3-4　　　　　　　　　　　混凝土工程监理验收标准

主控项目:

序号	项目	合格质量标准	检验方法	检查数量
1	混凝土强度等级、试件的取样和留置	结构混凝土的强度等级必须符合设计要求。用于检查结构构件混凝土强度的试件,应在混凝土的浇筑地点随机抽取。取样与试件留置应符合下列规定: (1)每拌制 100 盘且不超过 100 m^3 的同配合比的混凝土,取样不得少于一次; (2)每工作班拌制的同一配合比的混凝土不足 100 盘时,取样不得少于一次; (3)当一次连续浇筑超过 1 000 m^3 时,同一配合比的混凝土每 200 m^3 取样不得少于一次; (4)每一楼层、同一配合比的混凝土,取样不得少于一次; (5)每次取样应至少留置一组标准养护试件,同条件养护试件的留置组数应根据实际需要确定	检查施工记录及试件强度试验报告	全数检查

(续表)

序号	项目	合格质量标准	检验方法	检查数量
2	混凝土抗渗、试件取样和留置	对有抗渗要求的混凝土结构，其混凝土试件应在浇筑地点随机取样。同一工程、同一配合比的混凝土，取样应不少于一次，留置组数可根据实际需要确定	检查试件抗渗试验报告	全数检查
3	原材料每盘称量的允许偏差	混凝土原材料每盘称量的偏差应符合相关规定	复称	每工作班抽查应不少于一次
4	混凝土初凝时间控制	混凝土运输、浇筑及间歇的全部时间不应超过混凝土的初凝时间。同一施工段的混凝土应连续浇筑，并应在底层混凝土初凝前将上一层混凝土浇筑完毕；当底层混凝土初凝后浇筑上一层混凝土时，应按施工技术方案中对施工缝的要求进行处理	观察，检查施工记录	全数检查

一般项目：

序号	项目	合格质量标准	检验方法	检查数量
1	施工缝的位置及处理	施工缝的位置应在混凝土浇筑前按设计要求和施工技术方案确定。施工缝的处理应按施工技术方案执行		
2	后浇带的位置及处理	后浇带的留置位置应按设计要求和施工技术方案确定。后浇带混凝土浇筑应按施工技术方案进行		
3	混凝土养护	混凝土浇筑完毕后，应按施工技术方案及时采取有效的养护措施，并应符合下列规定： (1)应在浇筑完毕后的 12 h 以内，对混凝土加以覆盖并保湿养护； (2)混凝土浇水养护的时间：对采用硅酸盐水泥、普通硅酸盐水泥或矿渣硅酸盐水泥拌制的混凝土，不得少于 7 天；对掺用缓凝型外加剂或有抗渗要求的混凝土，不得少于 14 天； (3)浇水次数应能保持混凝土处于湿润状态，混凝土养护用水应与拌制用水相同； (4)采用塑料布覆盖养护的混凝土，其敞露的全部表面应覆盖严密，并应保持塑料布内有凝结水； (5)混凝土强度达到 1.2 N/mm^2 前，不得在其上踩踏或安装模板及支架 注：1.当日平均气温低于 5 ℃时，不得浇水； 2.当采用其他品种水泥时，混凝土的养护时间应根据所采用水泥的技术性能确定； 3.混凝土表面不便浇水或使用塑料布时，宜涂刷养护剂； 4.对大体积混凝土的养护，应根据气候条件按施工技术方案采取控温措施	观察，检查施工记录	全数检查

为便于学生利用所学工程监理知识进行质量监理,本书已将地基基础工程质量监理、砌体工程质量监理、屋面工程质量监理、建筑地面工程质量监理、建筑装饰装修工程质量监理、建筑给排水及采暖工程质量监理、建筑电气工程质量监理的内容上传至大连理工大学出版社网站(网址:http://sve.dutpbook.com),读者可下载有关内容,结合工程实践进行自学。

工程案例

案例 1

某工程,建设单位与甲施工单位按照《建设工程施工合同(示范文本)》签订了施工合同。经建设单位同意,甲施工单位选择了乙施工单位作为分包单位。在合同履行中,发生了如下事件。

事件 1:在合同约定的工程开工日前,建设单位收到甲施工单位报送的《工程开工报审表》后,即予处理:考虑到施工许可证已获政府主管部门批准且甲施工单位的施工机具和施工人员已经进场,便审核签认了《工程开工报审表》并通知了项目监理机构。

事件 2:在施工过程中,甲施工单位的资金出现困难,无法按分包合同约定支付乙施工单位工程款。乙施工单位向项目监理机构提出了支付申请。项目监理机构受理并征得建设单位同意后,即向乙施工单位签发了付款凭证。

事件 3:专业监理工程师在巡视中发现,乙施工单位施工的某部位存在质量隐患,专业监理工程师随即向甲施工单位签发了整改通知。甲施工单位回函称,建设单位已直接向乙施工单位付款,因而本单位对乙施工单位施工的工程质量不承担责任。

事件 4:甲施工单位向建设单位提交了工程竣工验收报告后,建设单位于 2013 年 9 月 20 日组织勘察、设计、施工、监理等单位竣工验收,工程竣工验收通过,各单位分别签署了质量合格文件。建设单位于 2014 年 3 月办理了工程竣工备案。因使用需要,建设单位于 2013 年 10 月初要求乙施工单位按其示意图在已验收合格的承重墙上开车库门洞,并于 2013 年 10 月底正式将该工程投入使用。2015 年 2 月该工程给排水管道大量漏水,经监理单位组织检查,确认是因开车库门洞施工时破坏了承重结构所致。建设单位认为工程还在保修期,要求甲施工单位无偿修理。建设行政主管部门对责任单位进行了处罚。

问题:

1.指出事件 1 中建设单位做法的不妥之处,说明理由。
2.指出事件 2 中项目监理机构做法的不妥之处,说明理由。
3.在事件 3 中甲施工单位的说法是否正确?为什么?
4.根据《建设工程质量管理条例》,指出事件 4 中建设单位做法的不妥之处,说明理由。
5.根据《建设工程质量管理条例》,建设行政主管部门是否应该对建设单位、监理单位、甲施工单位和乙施工单位进行处罚?并说明理由。

案例 2

某监理单位承担了一工业项目的施工监理工作。经过招标,建设单位选择了甲、乙施工单位分别承担 A、B 标段工程的施工,并按照《建设工程施工合同(示范文本)》分别和甲、乙施工单位签订了施工合同。建设单位与乙施工单位在合同中约定,B 标段所需的部分设备由建设单位负责采购。乙施工单位按照正常的程序将 B 标段的安装工程分包给丙施工单位。在施工过程中,发生了如下事件:

事件 1:建设单位在采购 B 标段的锅炉设备时,设备生产厂商提出由自己的施工队伍进行安装更能保证质量,建设单位便与设备生产厂商签订了供货和安装合同并通知了监理单位和乙施工单位。

事件 2:总监理工程师根据现场反馈信息及质量记录分析,对 A 标段某部位隐蔽工程的质量有怀疑,随即指令甲施工单位暂停施工,并要求剥离检验。甲施工单位称:该部位隐蔽工程已经专业监理工程师验收,若剥离检验,监理单位需赔偿由此造成的损失并相应延长工期。

事件 3:专业监理工程师对 B 标段进场的配电设备进行检验时,发现由建设单位采购的某设备不合格,建设单位对该设备进行了更换,从而导致丙施工单位停工。因此,丙施工单位致函监理单位,要求补偿其被迫停工所遭受的损失并延长工期。

问题:
1.在事件 1 中,建设单位将设备交由厂商安装的做法是否正确?为什么?
2.在事件 1 中,若乙施工单位同意由该设备生产厂商的施工队伍安装该设备,监理单位应该如何处理?
3.在事件 2 中,总监理工程师的做法是否正确?为什么?试分析剥离检验的可能结果及总监理工程师相应的处理方法。
4.在事件 3 中,丙施工单位的索赔要求是否应该向监理单位提出?为什么?对该索赔事件应如何处理?

案例 3

某实行监理的工程,建设单位通过招标选定了甲施工单位,施工合同中约定:施工现场的垃圾由甲施工单位负责清除,其费用包干并在清除后一次性支付;甲施工单位将混凝土钻孔灌注桩分包给乙施工单位,建设单位、监理单位和甲施工单位共同考察确定商品混凝土供应商后,甲施工单位与商品混凝土供应商签订了混凝土供应合同。

施工过程中发生下列事件:

事件 1:甲施工单位委托乙施工单位清除建筑垃圾,并通知项目监理机构对清除的建筑垃圾进行计量,因清除建筑垃圾的费用未包含在甲、乙施工单位签订的分包合同中,乙施工单位在清除完建筑垃圾后向甲施工单位提出费用补偿要求。随后,甲施工单位向项目监理机构提出付款申请,要求建设单位一次性支付建筑垃圾清除费用。

事件 2:在混凝土钻孔灌注桩施工过程中,遇到地下障碍物,使桩不能按设计的轴线施工。乙施工单位向项目监理机构提交了工程变更申请,要求绕开地下障碍物进行钻孔灌注桩施工。

事件 3:项目监理机构在钻孔灌注桩验收时发现,部分钻孔灌注桩的混凝土强度未达到设计要求,经查是商品混凝土质量存在问题。项目监理机构要求乙施工单位进行处理,乙施工单位处理后,向甲施工单位提出费用补偿要求。甲施工单位以混凝土供应商是建设单位参与考察确定的为由,要求建设单位承担相应的处理费用。

问题:
1. 事件1中,项目监理机构是否应对建筑垃圾清除进行计量?是否应对建筑垃圾清除费用签署支付凭证?说明理由。
2. 事件2中,乙施工单位向项目监理机构提交工程变更申请是否正确?说明理由。写出项目监理机构处理该工程变更的程序。
3. 事件3中,项目监理机构对乙施工单位提出要求是否妥当?说明理由。写出项目监理机构对钻孔灌注桩混凝土强度未达到设计要求问题的处理程序。
4. 事件3中,乙施工单位向甲施工单位提出费用补偿要求是否妥当?说明理由。甲施工单位要求建设单位承担相应的处理费用是否妥当?说明理由。

案例4

某工程,实施过程中发生如下事件:

事件1:为控制工程质量,项目监理机构确定的巡视内容包括:①施工单位是否按工程设计文件进行施工;②施工单位是否按批准的施工组织设计、(专项)施工方案进行施工;③施工现场管理人员、特别是施工质量管理人员是否到位。

事件2:专业监理工程师收到施工单位报送的《施工控制测量成果报验表》后,检查、复核了施工单位测量人员的资格证书及测量设备检定证书。

事件3:项目监理机构在巡视中发现,施工单位正在加工的一批钢筋未经报验,随即签发了《工程暂停令》,要求施工单位暂停钢筋加工、办理见证取样检测及完善报验手续。施工单位质检员对该批钢筋取样后将样品送至项目监理机构,项目监理机构确认样品后要求施工单位将试样送检测单位检验。

事件4:在质量验收时,专业监理工程师发现某设备基础的预埋件位置偏差过大,即向施工单位签发了《监理通知单》要求整改。施工单位整改完成后电话通知项目监理机构进行检查,监理员检查确认整改合格后,即同意施工单位进行下一道工序的施工。

问题:
1. 针对事件1,项目监理机构对工程质量的巡视还应包括哪些内容?
2. 针对事件2,专业监理工程师对施工控制测量成果及保护措施还应检查、复核哪些?
3. 分别指出事件3中施工单位和项目监理机构做法的不妥之处,写出正确做法。
4. 分别指出事件4中施工单位和监理员做法的不妥之处,写出正确做法。

自我测评

通过本学习情境的学习,你是否掌握了建设工程质量控制的相关知识?赶快拿出手机,扫描二维码测一测吧。

学习情境 4

建设工程投资控制

开篇案例

某市建设工程项目，建设单位与承包商签订了土石方工程施工合同，合同工期为 4 个月，按月结算，合同中结算工程量为 20 000 立方米，合同价为 100 元/立方米。

承包合同规定：

1. 开工前建设单位应向承包商支付合同价 20% 的预付款，预付款在合同期的最后两个月分别按 40% 和 60% 扣回。

2. 保留金为合同价的 5%，从第一个月起按结算工程款的 10% 扣除，扣完为止。

3. 当实际累计工程量超过计划累计工程量的 15% 时，应对单价进行调价，调整系数为 0.9。

月份	1	2	3	4
调价	100%	110%	120%	120%

4. 各月计划工程量与实际工程量如下表所示，承包商每月实际完成工程量已经监理工程师签证确认。

月份	1	2	3	4
计划工程量/立方米	4 000	5 000	6 000	5 000
实际工程量/立方米	3 000	5 000	8 000	8 000

需完成的工作任务

1. 熟悉项目监理机构对投资控制的内容。
2. 对本项目在施工阶段进行工程价款结算。
3. 协助建设单位对本项目合同价款进行结算。

学习子情境4.1　熟悉项目监理机构对投资控制的内容

4.1.1　建设工程项目投资

1. 建设工程项目总投资

建设工程项目总投资是指进行某项建设工程所花费的全部费用。生产性建设工程总投资包括建设工程投资加铺底流动资金；非生产性建设工程总投资等于建设工程投资。

建设投资由设备及工器具购置费用、建筑安装工程费用、工程建设其他费用、预备费（包括基本预备费和涨价预备费）、建设期利息、固定资产投资方向调节税（目前暂停征收）组成。

建设工程投资包括静态投资和动态投资。静态投资包括建筑安装工程费（直接费、间接费、利润、税金）、设备及工器具购置费、建设工程其他费、基本预备费；动态投资包括建设期利息、涨价预备费、固定资产投资方向调节税。

流动资产投资指生产经营性项目投产后，为正常生产运营，用于购买材料、支付工资及其他经营费用所需的周转资金。

2. 我国现行建设工程总投资构成

我国现行建设工程总投资构成如图4-1所示，建筑安装工程费用构成如图4-2所示。

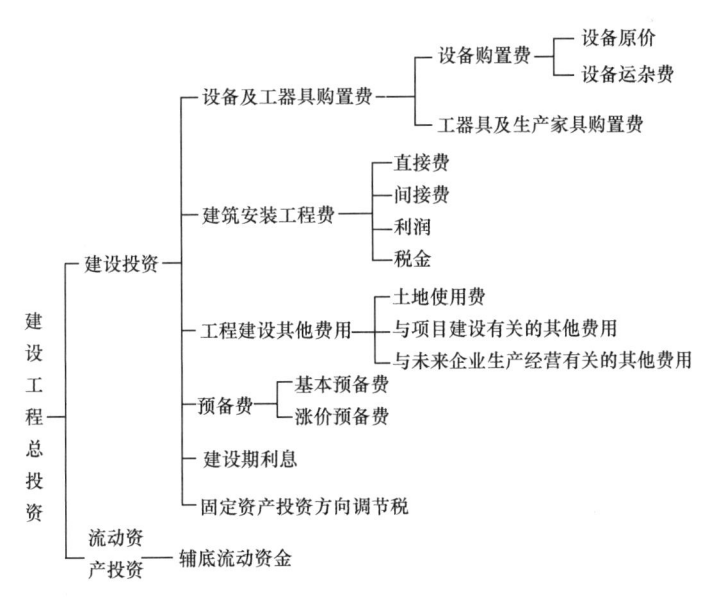

图4-1　建设工程总投资构成

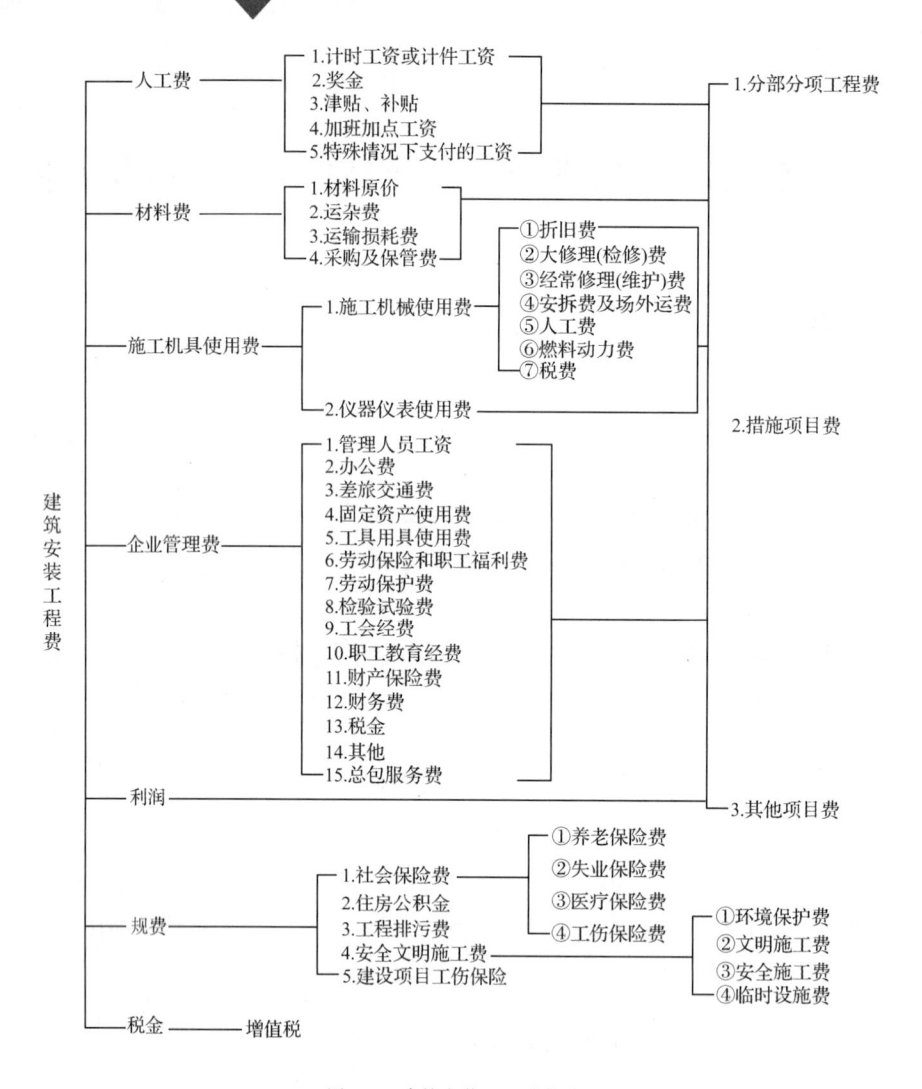

```
                          ┌─ 1.计时工资或计件工资
              ┌─ 人工费 ──┤  2.奖金
              │           │  3.津贴、补贴                    ┌─ 1.分部分项工程费
              │           │  4.加班加点工资
              │           └─ 5.特殊情况下支付的工资
              │
              │           ┌─ 1.材料原价
              ├─ 材料费 ──┤  2.运杂费          ┌─ ①折旧费
              │           │  3.运输损耗费       │  ②大修理(检修)费
              │           └─ 4.采购及保管费     │  ③经常修理(维护)费
              │                                 │  ④安拆费及场外运费
              ├─ 施工机具使用费 ┌─ 1.施工机械使用费 ⎨ ⑤人工费
              │                │                 │  ⑥燃料动力费
              │                │                 └─ ⑦税费
 建            │                └─ 2.仪器仪表使用费                       ├─ 2.措施项目费
 筑            │
 安            │           ┌─ 1.管理人员工资
 装            │           │  2.办公费
 工            │           │  3.差旅交通费
 程            │           │  4.固定资产使用费
 费 ──────────┤           │  5.工具用具使用费
              │           │  6.劳动保险和职工福利费
              ├─ 企业管理费 ┤ 7.劳动保护费
              │           │  8.检验试验费
              │           │  9.工会经费
              │           │  10.职工教育经费
              │           │  11.财产保险费
              │           │  12.财务费
              │           │  13.税金
              │           │  14.其他
              │           └─ 15.总包服务费
              │
              ├─ 利润                                                    └─ 3.其他项目费
              │                         ┌─ ①养老保险费
              │           ┌─ 1.社会保险费 ┤ ②失业保险费
              │           │              │  ③医疗保险费   ┌─ ①环境保护费
              ├─ 规费 ────┤  2.住房公积金 └─ ④工伤保险费   │  ②文明施工费
              │           │  3.工程排污费                  │  ③安全施工费
              │           │  4.安全文明施工费              └─ ④临时设施费
              │           └─ 5.建设项目工伤保险
              │
              └─ 税金 ──── 增值税
```

图 4-2 建筑安装工程费构成

4.1.2 建设工程投资控制

1. 概念

建设工程投资控制就是在投资决策、设计、发包、施工、竣工验收等阶段,把发生的建设投资控制在批准的投资限额以内,随时纠正可能的偏差,以保证投资控制目标的实现。进而,通过动态、全方位、全过程的主动控制,合理地使用人力、物力、财力,取得较好的投资效益和社会效益。投资控制原理如图 4-3 所示。

2. 建设工程投资控制的目标

工程项目建设是一个周期长、投入大的生产过程。在工程建设各个阶段应设置不同的

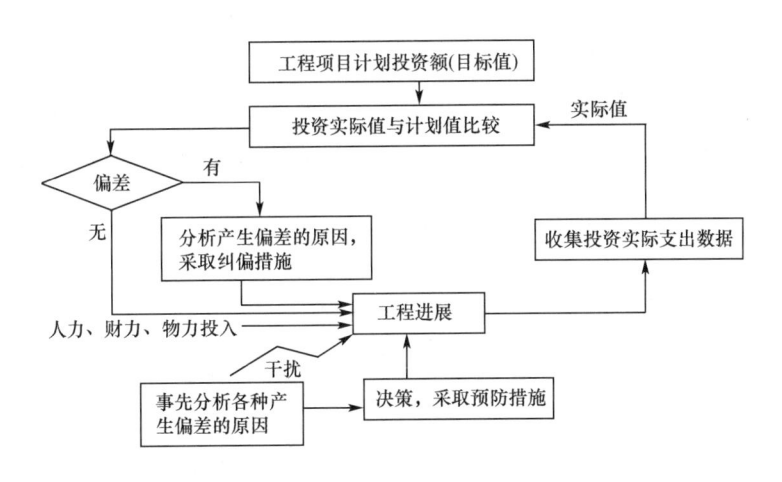

图 4-3 投资控制原理

投资控制目标。在工程建设开始,只能设置一个大致的投资控制目标,即投资估算。投资估算是建设工程设计方案选择和进行初步设计的投资控制目标;设计概算是进行技术设计和施工设计的投资控制目标;施工图预算或建筑安装工程承包合同价则是施工阶段控制的目标。有机联系的各个阶段目标是一个"渐进明细"的过程,相互制约、相互补充,前者控制后者、后者补充前者,共同组成建设工程投资控制的目标系统。建设工程投资确定示意图如图4-4 所示。

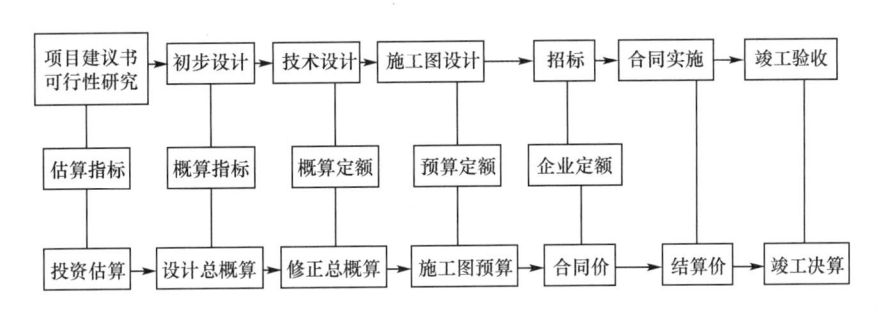

图 4-4 建设工程投资确定示意图

3.建设工程投资控制的重点

投资控制贯穿于项目建设的全过程,这一点是毫无疑义的,但是必须重点突出。如图4-5 所示是描述不同建设阶段影响投资程度的坐标图。从该图可以看出,影响项目投资最大的阶段,是约占工程项目建设周期 1/4 的技术设计结束前的工作阶段。在初步设计阶段,影响项目投资的可能性为 75%～95%;在技术设计阶段,影响项目投资的可能性为 35%～75%;在施工图设计阶段,影响项目投资的可能性则为 5%～35%。很显然,项目投资控制的重点在于施工以前的投资决策和设计阶段,而在项目做出投资决策后,控制项目投资的关键就在于设计。据西方一些国家分析,设计费一般只相当于建设工程全寿命费用的 1%以下,但正是这少于 1%的费用,却基本决定了几乎全部随后的费用。

119

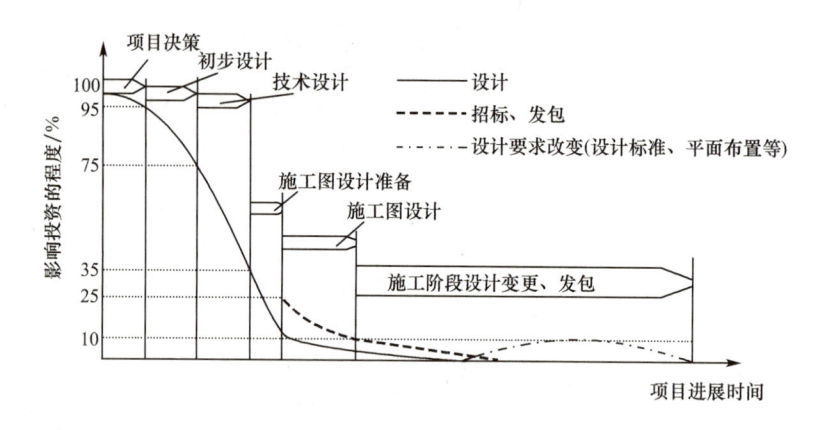

图 4-5 不同建设阶段影响投资程度的坐标图

4.建设工程投资控制的主要任务

在施工阶段,投资控制的主要任务是通过工程付款控制、工程变更费用控制、预防并处理好费用索赔、挖掘节约投资潜力来努力实现实际发生的投资费用不超过计划投资费用。这是我国建设工程监理的一项主要任务。投资控制贯穿于工程建设的各个阶段,也贯穿于监理工作的各个环节。

(1)在建设前期阶段进行工程项目的机会研究、初步可行性研究、编制项目建议书,进行可行性研究,对拟建项目进行市场调查和预测,编制投资估算,进行环境影响评价、财务评价、国民经济评价和社会评价。

(2)在设计阶段,协助业主提出设计要求,组织设计方案竞赛或设计招标,用技术经济方法组织评选设计方案。协助设计单位开展限额设计工作,编制本阶段资金使用计划,并进行付款控制。进行设计挖潜,用价值工程等方法对设计进行技术经济分析、比较、论证,在保证功能的前提下进一步寻找节约投资的可能性。审查设计概预算,尽量使概算不超估算,预算不超概算。

(3)在施工招标阶段,准备与发送招标文件,编制工程量清单和招标工程标底;协助评审投标书,提出评标建议;协助业主与承包单位签订承包合同。

(4)在施工阶段,依据施工合同有关条款、施工图,对工程项目造价目标进行风险分析,并制定防范性对策。从造价、项目的功能要求、质量和工期方面审查工程变更的方案,并在工程变更实施前,与建设单位、承包单位协商确定工程变更的价款。按施工合同约定的工程量计算规则和支付条款进行工程量计算和工程款支付。建立月完成工程量和工作量统计表,对实际完成量与计划完成量进行比较、分析,制定调整措施。收集、整理有关的施工和监理资料,为处理费用索赔提供证据。按施工合同的有关规定进行竣工结算,对竣工结算的价款总额与建设单位和承包单位进行协商。

学习子情境 4.2　协助建设单位管理承包合同价格

4.2.1　建设工程承包合同价格

1.建设工程承包合同价的分类

《建设工程施工发包与承包计价管理办法》规定,合同价可采用固定价、可调价和成本加酬金三种方式。建设工程承包合同的计价方式按国际通行做法,又可分为总价合同、单价合同和成本加酬金合同。

总价合同是指支付给承包方的工程款项在承包合同中是一个规定的金额,即总价。

单价合同是指承包方按发包方提供的工程量清单内的分部分项工程内容填报单价,并据此签订承包合同,而实际总价则是按实际完成的工程量与合同单价计算确定的。合同履行过程中若无特殊情况,一般不得变更单价。

固定价是指合同总价或者单价,在合同约定的风险范围内不可调整,即在合同的实施期间不因资源价格等因素的变化而调整的价格。

可调价,是指合同总价或者单价,在合同实施期内根据合同约定的办法调整,即在合同的实施过程中可以按照约定,随资源价格等因素的变化而调整的价格。

成本加酬金是将工程项目的实际投资划分成直接成本和承包方完成工作后应得酬金两部分。工程实施过程中发生的直接成本由发包方实报实销,再按合同约定的方式另外支付给承包方相应的报酬。

2.各合同价适用条件

(1)固定价

它分为固定总价和固定单价。适用条件一般为:

①招标时的设计深度已达到施工图设计要求,工程设计图纸完整齐全,项目范围及工程量计算依据确切,合同履行过程中不会出现较大的设计变更,承包方依据的报价工程量与实际完成的工程量不会有较大的差异。

②规模较小、技术不太复杂的中小型工程,承包方一般在报价时可以合理地预见实施过程中可能遇到的各种风险。

③合同工期较短,一般为 1 年期之内的工程。

固定单价又分为估算工程量单价和纯单价:

◎ 估算工程量单价:适用于工期长、技术复杂、实施过程中可能会发生各种不可预见因素较多的建设工程;或发包方为了缩短项目建设周期,在施工图不完整或当准备招标的工程项目内容、技术经济指标尚不能明确、具体予以规定时,往往要采用这种合同形式。

◎ 纯单价:采用这种形式的合同时,发包方在招标文件中仅给出工程的各个分部分项工程一览表、工程范围和必要的说明,而不必提供实物工程量。承包方在投标时只需要对这类给定范围的分部分项工程做出报价即可,合同实施过程中按实际完成的工程量进行结算。主要适用于没有施工图、工程量不明确却急需开工的紧迫工程。

(2)可调价

可调价又分为可调总价和可调单价。

①可调总价:适用于工程内容和技术经济指标规定很明确的项目,由于合同中列明调值条款,所以工期在一年以上的工程项目较适于采用这种合同形式。

②可调单价:在合同中签订的单价,根据合同约定的条款,如在工程实施过程中物价发生变化等,可做调值。适用于某些分部分项工程的单价不确定性因素较多的工程。

(3)成本加酬金

主要适用于工程内容及其技术经济指标尚未全面确定,投标报价的依据尚不充分的情况下,发包方因工期要求紧迫必须发包的工程;或者发包方与承包方之间有着高度的信任,承包方在某些方面具有独特的技术、特长和经验。

4.2.2 建设工程投标计价方法

《建筑工程施工发包与承包计价管理办法》(中华人民共和国建设部令第107号)第五条规定:施工图预算、招标标底和投标报价由成本、利润和税金构成,其编制可以采用工料单价法和综合单价法两种计价方法。

1.工料单价法

工料单价法采用的分部分项工程量的单价为直接费单价。直接费以人工、材料、机械的消耗量及其相应价格来确定。其他直接费、现场经费、间接费、利润、税金按照有关规定另行计算。

工料单价法根据其所含价格和费用标准的不同,又可分为以下两种计算方法:

(1)按现行定额的人工、材料、机械的消耗量及其预算价格确定直接费、其他直接费、现场经费、间接费、利润、税金等,即按现行定额费用标准计算。

(2)按工程量计算规则和基础定额确定直接成本中的人工、材料、机械消耗量,再按市场价格计算直接费,然后按市场行情计算其他直接费、现场经费、间接费、利润、税金。

2.综合单价法

工程量清单的单价,即分部分项工程量的单价为全费用单价,它综合了直接工程费、间接费、利润、税金等的一切费用。全费用单价综合计算完成单位分部分项工程所发生的所有费用,包括直接工程费、间接费、利润和税金等。工程量乘以综合单价就直接得到分部分项工程的造价费用,再将各个分部分项工程的造价费用加以汇总,就直接得到整个工程的总建造费用,即工程标底价格。

综合单价法按其所包含项目工作内容及工程计量方法的不同,又可分为以下三种表达形式:

(1)参照现行预算定额(或基础定额)对应子项目所约定的工作内容、计算规则进行报价。

(2)按招标文件约定的工程量计算规则,以及按技术规范规定的每一分部分项工程所包括的工作内容进行报价。

(3)由投标者依据招标图纸、技术规范,按其计价习惯自主报价,即工程量的计算方法、投标价的确定,均由投标者根据自身情况决定。

一般情况下,综合单价法比工料单价法能更好地控制工程价格,使工程价格接近市场行情,有利于竞争,同时也有利于降低建设工程投资。

4.2.3 施工图预算审查

施工图预算审查的重点是工程量计算是否准确,定额套用、各项取费标准是否符合现行规定或单价计算是否合理等方面。审查的具体内容如下:

1.审查工程量

是否按照规定的工程量计算规则来计算工程量,编制预算时是否考虑到施工方案对工程量的影响,定额中要求扣除项或合并项是否按规定执行,工程计量单位的设定是否与要求的计量单位一致。

2.审查单价

套用预算单价时,各分部分项工程的名称、规格、计量单位和所包括的工程内容是否与定额一致。在单价换算时,换算的分项工程是否符合定额规定及换算是否正确。

采用实物法编制预算时,资源单价是否反映了市场供需状况和市场趋势。

3.审查其他的有关费用

采用预算单价法计算造价时,审查的主要内容:是否按本项目的性质计取费用,有无高套取费标准;间接费的计取基础是否符合规定;利润和税金的计取基础和费率是否符合规定,有无多算或重算。

学习子情境4.3 在施工阶段对某项目投资进行控制

监理工程师在施工阶段进行投资控制的基本原理,是把计划投资额作为投资控制的目标值,在工程施工过程中定期地进行投资实际值与目标值的比较,通过比较发现并找出实际支出额与投资控制目标值之间的偏差,分析产生偏差的原因,并采取有效措施加以控制,以保证投资控制目标的实现。

4.3.1 施工阶段投资控制的措施

众所周知,建设工程的投资主要发生在施工阶段,在这一阶段需要投入大量的人力、物力、资金等,是工程项目建设费用消耗最多的时期,浪费投资的可能性比较大。因此,精心地组织施工,挖掘各方面潜力,节约资源消耗,能够收到节约投资的明显效果。对施工阶段的投资控制应给予足够的重视,仅仅靠控制工程款的支付是不够的,应从组织、经济、技术、合同等多方面采取措施来控制投资。

1.组织措施

(1)在项目管理班子中落实从投资控制角度进行施工跟踪的人员、任务分工和职能分工。

(2)编制本阶段投资控制工作计划和详细的工作流程图。

2.经济措施

(1)编制资金使用计划,确定、分解投资控制目标。对工程项目造价目标进行风险分析,并制定防范性对策。

(2)进行工程计量。

(3)复核工程付款账单,签发付款证书。

(4)在施工过程中进行投资跟踪控制,定期进行投资实际支出值与计划目标值的比较;发现偏差,分析产生偏差的原因,采取纠偏措施。

(5)协商确定工程变更的价款,审核竣工结算。

(6)对工程施工过程中的投资支出做好分析与预测,经常或定期向建设单位提交项目投资控制及其存在问题的报告。

3.技术措施

(1)对设计变更进行技术经济比较,严格控制设计变更。

(2)继续寻找通过设计,挖掘各方面潜力、节约投资的可能性。

(3)审核承包商编制的施工组织设计,对主要施工方案进行技术经济分析。

4.合同措施

(1)做好工程施工记录,保存各种文件图纸,特别是注有实际施工变更情况的图纸,注意积累素材,为正确处理可能发生的索赔提供依据,参与处理索赔事宜。

(2)参与合同修改、补充工作,着重考虑这些工作对投资控制的影响。

4.3.2 工程计量

工程量的正确计量是发包人向承包人支付合同价款的前提和依据。工程计量应按照合同约定的工程量计算规则、设计图纸及变更指示等进行计量,且仅计算报验资料齐全、项目监理机构签认合格的工程量、工作量。对于超出设计图纸范围和因施工原因造成返工的工程量不得计量;对于监理机构未认可的工程变更和未认可合格的工程也不得计量。

专业监理工程师应及时建立月完成工程量和工作量统计表,对实际完成量与计划完成量进行比较分析,制定调整措施,并在监理月报中向建设单位报告,以便建设单位建设资金的筹措和合理调度。

工程计量和工程款支付工作程序如下:

(1)承包单位应在施工合同专用条款中约定进度款支付期间(专用条款没有约定的,支付期间以月为单位)结束后的7天内向专业监理工程师发出《工程款支付申请表》,附由承包单位代表签署的已完工程款额报告、工程款计算书及有关资料,申请开具工程款支付证书。详细说明此支付期间自己认为有权获得的款额(含分包人已完工程的价款),内容包括:已完工程的价款,已实际支付的工程价款,本期间完成工程价款,零星工作项目价款,本期间应支付的安全防护、文明施工措施费,应支付的价款调整费用及各种应扣款项,本期间应支付的工程价款。并抄送建设单位和监理工程师各一份。

(2)专业监理工程师对《工程款支付申请表》及所附资料进行审核、现场计量;当进行现场计量时,应在计量前24小时通知承包单位,承包单位应为计量提供便利条件并派人参加。承包单位收到通知后不派人参加计量的,应视为认可计量结果。专业监理工程师不按约定时间通知承包单位,致使承包单位未能派人参加计量的,计量结果无效。

(3)专业监理工程师应在收到报告后的14天内核实工程量,并将核实结果通知承包单位、抄报建设单位,作为工程计价和工程款支付的依据。专业监理工程师在收到报告后的14天内,未进行计量或未向承包单位通知计量结果的,从第15天起,承包单位报告中开列的工程量即视为被确认,作为工程计价和工程款支付的依据。

(4)如果承包单位认为专业监理工程师的计量结果有误,应在收到计量结果通知后的7天内向专业监理工程师提出书面意见,并附上其认为正确的计量结果和详细的计算过程等资料。专业监理工程师收到书面意见后,应立即会同承包单位对计量结果进行复核,并在签发支付证书前确定计量结果,同时通知承包单位、抄报建设单位。承包单位对复核计量结果仍有异议或建设单位对计量结果有异议的,按照合同争议规定处理。

(5)总监理工程师(专业监理工程师)在收到报告后的28天内报建设单位确认后向建设单位发出期中支付证书,同时抄送承包单位。如果该支付期间应支付金额少于专用条款约定的期中支付证书的最低限额时,则不必按本款开具任何支付证书,但应通知建设单位和承包单位。上述款额转期结算,直到累计应支付的款额达到专用条款约定的期中支付证书的最低限额为止。如果总监(专业监理工程师)未在规定的期限内签发期中支付证书,也未按规定通知建设单位和承包单位未达到最低限额的,则应视为承包单位的支付申请已被认可,承包单位可向建设单位发出要求付款的通知。建设单位应在收到通知后的14天内,按承包单位申请支付的金额支付进度款。

(6)建设单位应在专业监理工程师签发期中支付证书后的14天内,按期中支付证书向承包单位支付进度款,并通知总监、专业监理工程师。

(7)专业监理工程师有权在期中支付证书中修正以前签发的任何支付证书。如果合同工程或其任何部分证明没有达到质量要求的,专业监理工程师有权在任何期中支付证书中扣除该项价款。

4.3.3 工程变更

1. 工程变更的概念

工程变更是指在项目施工过程中,由于种种原因发生了事先没有预料到的情况,使得工程施工的实际条件与规划条件出现较大差异,需要采取一定措施做相应处理。工程变更常常涉及额外费用损失的责任承担问题,因此在进行项目成本控制,必须能够识别各种各样的工程变更情况,并了解发生变更后的相应处理对策,最大限度地减少由于变更带来的损失。

工程变更主要有以下几种情况:施工条件变更、工程内容变更或停工、延长工期或者缩短工期、物价变动、天灾或其他不可抗拒因素。

当工程变更超过合同规定的限度时,常常会对项目的施工成本产生很大的影响。如不进行相应的处理,就会影响企业在该项目上的经济效益。工程变更处理就是要明确各方的责任和经济负担。

2. 项目监理机构处理工程变更的程序

《建设工程监理规范》(GB/T 50319—2013)规定,在正常情况下,在施工阶段设计单位不应主动提出工程变更。承包人提出工程变更的情形:一是图纸出现错、漏、碰、缺等缺陷导致无法施工;二是图纸不便施工,变更后更经济、方便;三是采用新材料、新产品、新工艺、新技术的需要;四是承包人考虑自身利益,为费用索赔提出工程变更。

项目监理机构可按下列程序处理承包人提出的工程变更:

(1)总监理工程师组织专业监理工程师审查承包人提出的工程变更申请,提出审查意见。对涉及工程设计文件修改的工程变更,应由发包人转交原设计单位修改工程设计文件。必要时,项目监理机构应建议发包人组织设计、施工等单位召开论证工程设计文件修改方案的专题会议;

(2)总监理工程师组织专业监理工程师对工程变更费用及工期影响做出评估;

(3)总监理工程师组织发包人、承包人等共同协商确定工程变更费用及工期变化,会签工程变更单;

(4)项目监理机构根据批准的工程变更文件督促承包人实施工程变更。

除承包人提出的工程变更外,发包人可能由于局部调整使用功能,也可能是方案阶段考虑不周而提出工程变更。项目监理机构应对发包人要求的工程变更而造成的设计修改、工程暂停、返工损失、增加工程造价等进行全面评估,为发包人正确决策提供依据,避免反复和不必要的浪费。

此外,《建设工程工程量清单计价规范》(GB/T 50319—2013)还规定了因非承包人原因删减合同工作的补偿要求;如果发包人提出的工程变更,因非承包人原因删减了合同中的某项原定工作或工程,致使承包人发生的费用或(和)得到的收益不能被包括在其他已支付或应支付的项目中,也未被包含在任何替代的工作或工程中,则承包人有权提出并得到合理的费用及利润补偿。

3. 工程变更价款的确定

《建设工程工程量清单计价规范》(GB 50500—2013)规定,工程变更引起已标价工程量

清单项目或其工程数量发生变化,应按照下列规定调整:

(1)已标价工程量清单中有适用于变更工程项目的,采用该项目的单价;但当工程变更导致该清单项目的工程量发生变化,且工程量偏差超过15%。此时,调整的原则为:当工程量增加15%以上时,其增加部分的工程量的综合单价应予调低;当工程量减少15%以上时,减少后剩余部分的工程量的综合单价应予调高。

(2)已标价工程量清单中没有适用,但有类似变更工程项目的,可在合理范围内参照类似项目的单价。

(3)已标价工程量清单中没有适用也没有类似变更工程项目的,由承包人根据变更工程资料、计量规则和计价办法、工程造价管理机构发布的信息价格和承包人报价浮动率提出变更工程项目的单价,报发包人确认后调整。

(4)已标价工程量清单中没有适用也没有类似变更工程项目,且工程造价管理机构 发布的信息价格缺价的,由原包人根据变更工程资料、计量规则、计价办法和通过市场调 查等取得有合法依据的市场价格提出变更工程项目的单价,报发包人确认后调整。

4.项目监理机构处理工程变更的要求

(1)项目监理机构在工程变更的质量、费用和工期方面取得建设单位授权后,总监理工程师应按施工合同规定与承包单位进行协商,经协商达成一致后,总监理工程师应将协商结果向建设单位通报,并由建设单位与承包单位在变更文件上签字。

(2)在项目监理机构未能就工程变更的质量、费用和工期方面取得建设单位授权时,总监理工程师应协助建设单位和承包单位进行协商,并达成一致。

(3)在建设单位和承包单位未能就工程变更的费用等方面达成协议时,项目监理机构应提出一个暂定的价格,作为临时支付工程进度款的依据。该项工程款最终结算时,应以建设单位和承包单位达成的协议为依据。

此外,在总监理工程师签发工程变更单之前,承包单位不得实施工程变更。未经总监理工程师审查同意而实施的工程变更,项目监理机构不得予以计量。

4.3.4 索赔控制

1.索赔概念

索赔是工程承包合同履行中,当事人一方因对方不履行或不完全履行既定的义务,或者由于对方的行为使权利人受到损失时,要求对方补偿损失的权利。索赔是工程承包中经常发生并随处可见的正常现象。由于施工现场条件、气候条件的变化,施工进度的变化,以及合同条款、规范、标准文件和施工图纸的变更、差异、延误等因素的影响,使得工程承包中不可避免地出现索赔,进而导致项目的投资发生变化。因此,索赔的控制将是建设工程施工阶段投资控制的重要手段。承包商可以向业主进行索赔,业主也可以向承包商进行索赔(一般称反索赔)。

2.索赔的处理

(1)项目监理机构审核费用索赔的依据

①国家有关的法律、法规和省、市有关地方法规；

②本工程的施工合同文本；

③国家、部门和地方有关的标准、规范和定额；

④施工合同履行过程中与索赔事件有关的凭证。

(2)由于建设单位未能按合同约定履行自己的各项义务或发生错误以及应由建设单位承担责任的其他情况,造成工期延误及施工单位经济损失的,施工单位可向建设单位提出索赔。施工单位未能按合同约定履行自己的各项义务或发生错误,给建设单位造成经济损失的,建设单位也可向施工单位提出索赔。

(3)项目监理机构收到《费用索赔报审表》及有关索赔证明材料后,应审查其索赔理由,同时满足下列条件时才予以受理：

①索赔事件给本单位造成了直接经济损失；

②索赔事件是由对方的责任发生或应由对方承担的责任；

③按施工合同规定的期限和程序提出费用索赔申请表,并附有索赔凭证材料(事件发生后28天内提交申请表及有关材料,若事件持续进行时,应阶段性向监理机构发出索赔意见,事件终了28天内提交索赔申请表及有关材料)。

(4)确定受理的索赔申请表,总监应指定专业监理工程师,根据申报凭证材料、监理机构掌握的事实情况对索赔事件的经济损失、工程延期进行计算,以核实申请表中的计算方法、结果是否有误。

(5)总监综合各种因素,初步确定一个额度,然后与施工单位、建设单位进行协商。

(6)从项目监理机构收到《费用索赔申请表》之日起,28天内总监要签发《费用索赔报审表》,送达施工单位和建设单位。

其他索赔管理的相关知识,详见本书6.2.5节内容。

4.3.5 工程价款的结算

1.工程价款的主要结算方式

按现行规定,工程价款结算可以根据不同情况采取多种方式。

(1)按月结算

即预付工程备料款,在施工过程中按月结算工程进度款,竣工后进行竣工结算。我国现行建筑安装工程价款结算中,相当一部分是实行这种按月结算方式。

(2)竣工后一次结算

建设项目或单项工程全部建筑安装工程建设期在12个月以内,或者工程承包合同价值在100万元以下的,可以实行工程价款每月月中预支,竣工后一次结算。

(3)分段结算

即当年开工,当年不能竣工的单项工程或单位工程按照工程形象进度,划分不同阶段进行结算。分段结算可以按月预支工程款。

实行竣工后一次结算和分段结算的工程,当年结算的工程款应与分年度的工作量一致,年终不另清算。

(4)结算双方约定的其他结算方式

2.工程预付款

工程预付款是建设工程施工合同订立后由发包人按照合同约定,在正式开工前预先支付给承包人的工程款。它是施工准备和所需材料、构件等流动资金的主要来源,国内习惯上又称为预付备料款。工程款预付的具体事宜由发、承包双方根据建设行政主管部门的规定,结合工程款、建设工期和包工包料情况在合同中约定。《建设工程施工合同(示范文本)》中,有关工程预付款做了如下约定:实行工程预付款的,双方应当在专用条款内约定发包人向承包人预付工程款的时间和数额,开工后按约定的时间和比例逐次扣回。预付时间应不迟于约定的开工日期前7天。发包人不按约定预付,承包人在约定预付时间7天后向发包人发出要求预付的通知,发包人收到通知后仍不能按要求预付的,承包人可在发出通知后7天停止施工,发包人应从约定应付之日起向承包人支付应付款的贷款利息,并承担违约责任。

工程预付款额度,各地区、各部门的规定不完全相同,主要是保证施工所需材料和构件的正常储备。《建设工程工程量清单计价规范》(GB 50500—2013)规定:包工包料工程的预付款的支付比例不得低于签约合同价(扣除暂列金额)的10%,不宜高于签约合同价(扣除暂列金额)的30%。工程预付款一般根据施工工期、建安工作量、主要材料和构件费用占建安工作量的比例以及材料储备周期等因素经测算来确定。

工程预付款的一般计算公式

$$工程预付款数额 = \frac{工程总价 \times 材料比重(\%)}{年度施工天数} \times 材料储备定额天数$$

$$工程预付款比率 = \frac{工程预付款数额}{工程总价} \times 100\%$$

其中,年度施工天数按365天计算;材料储备定额天数由当地材料供应的在途天数、加工天数、整理天数、供应间隔天数、保险天数等因素决定。

3.工程预付款的扣回

发包人支付给承包人的工程预付款其性质是预支。随着工程进度的推进,拨付的工程进度款数额不断增加,工程所需主要材料、构件的用量逐渐减少,原已支付的预付款应以抵扣的方式予以陆续扣回。扣款的方法:

(1)由发包人和承包人通过洽商用合同的形式予以确定,采用等比率或等额扣款的方式。也可针对工程实际情况具体处理,如有些工程工期较短、造价较低,就不需要分期扣回;有些工期较长,如跨年度工程,其备料款的占用时间很长,根据需要可以少扣或不扣。

(2)从未施工工程尚需的主要材料及构件的价值相当于工程预付款数额时扣起,从每次中间结算工程价款中,按材料及构件比重扣抵工程价款,至竣工前全部扣清。因此,确定起扣点是工程预付款起扣的关键。

确定工程预付款起扣点的依据:未完施工工程所需主要材料和构件的费用,等于工程预付款的数额。

工程预付款起扣点可按下式计算

$$T = P - M/N$$

式中　T——起扣点,即工程预付款开始扣回的累计完成工程金额;

　　　P——承包工程合同总额;

　　　M——工程预付款数额;

　　　N——主要材料、构件所占比重。

【例 4-1】某工程合同总额 200 万元,工程预付款为 24 万元,主要材料、构件所占比重为 60%,问:起扣点为多少万元?

【解】按起扣点计算公式

$T = P - M/N = 200 - 24/60\% = 160(万元)$

则当工程完成 160 万元时起扣。

4. 安全文明施工费

安全文明施工是每项工程顺利进行的前题,其费用必须在施工前予以保证。财政部、国家安全生产监督管理总局印发的《企业安全生产费用提取和使用管理办法》(财企[2012]16号)规定,发包人应在工程开工后的 28 天内预付不低于当年施工进度计划的安全文明施工费总额的 60%,其余部分按照提前安排的原则进行分解,与进度款同期支付。发包人没有按时支付安全文明施工费的,承包人可催告发包人支付;发包人在付款期满后的 7 天内仍未支付的,若发生安全事故,发包人应承担相应责任。

承包人对安全文明施工费应专款专用,在财务账目中单独列项备查,不得挪作他用,否则发包人有权要求其限期改正,逾期未改正的,造成的损失和延误的工期由承包人承担。

5. 工程进度款

(1) 工程进度款的计算

《建设工程施工合同(示范文本)》关于工程款的支付也做了相应的约定:在确认计量结果后 14 天内,发包人应向承包人支付工程款(进度款)。发包人超过约定的支付时间不支付工程款(进度款),承包人可向发包人发出要求付款的通知,发包人接到承包人通知后仍不能按要求付款的,可与承包人协商签订延期付款协议,经承包人同意后可延期支付。协议应明确延期支付的时间和从计量结果确认后第 15 天起计算应付款的贷款利息。发包人不按合同约定支付工程款(进度款),双方又未达成延期付款协议,导致施工无法进行的,承包人可停止施工,由发包人承担违约责任。

工程进度款的计算,主要涉及两个方面:一是工程量的计量;二是单价的计算方法。

(2) 工程进度款的支付

《建设工程工程量清单计价规范》(GB 50500—2013)规定已标价工程量清单中的单价项目,承包人应按工程计量确认的工程量与综合单价计算;如综合单价发生调整的,以发、承包双方确认调整的综合单价计算进度款。已标价工程量清单中的总价项目,承包人应按合同中约定的进度款支付分解,分别列入进度款支付申请中的安全文明施工费和本周期应支付的总价项目的金额中。发包人提供的甲供材料金额,应按照发包人签约提供的单价和数量从进度款支付中扣除,列入本周期应扣减的金额中。进度款的支付比例按照合同约定,按期中结算价款总额计,不低于60%,不高于90%。

6.竣工结算

《建设工程工程量清单计价规范》(GB 50500—2013)规定:合同工程完工后,承包方应在经发、承包双方确认的合同工程期中价款结算的基础上汇总编制完成竣工结算文件,并在合同约定的时间内,提交竣工验收申请的同时向发包人提交竣工结算文件。

承包人未在合同约定的时间内提交竣工结算文件的,经发包人催告后14天内仍未提交或没有明确答复,发包人有权根据已有资料编制竣工结算文件,作为办理竣工结算和支付结算款的依据,承包人应予以认可。

发包人应在收到承包人提交的竣工结算文件后的28天内进行核对。发包人经核实,认为承包人还应进一步补充资料和修改结算文件的,应在上述时限内向承包人提出核实意见,承包人在收到核实意见后的28天内按照发包人提出的合理要求补充资料,修改竣工结算文件,并应再次提交给发包人复核后批准。

发包人应在收到承包人再次提交的竣工结算文件后的28天内予以复核,并将复核结果通知承包人。若发、承包双方对复核结果无异议的,应于7天内在竣工结算文件上签字确认,竣工结算办理完毕;若发包人或承包人对复核结果认为有误的,无异议部分按照上述规定办理不完全竣工结算;有异议部分由发、承包双方协商解决,协商不成的,按照合同约定的争议解决方式处理。

发包人在收到承包人竣工结算文件后的28天内,不核对竣工结算或未提出核对意见的,应视为承包人提交的竣工结算文件已被发包人认可,竣工结算办理完毕。

承包人在收到发包人提出的核实意见后的28天内,不确认也未提出异议的,应视为发包人提出的核实意见已被承包人认可,竣工结算办理完毕。

7.质量保证金

经合同当事人协商一致扣留质量保证金的,应在专用合同条款中予以明确。在工程项目竣工前,承包人已经提供履约担保的,发包人不得同时预留工程质量保证金。

质量保证金的扣留有以下三种方式:

(1)在支付工程进度款时逐次扣留,在此情形下,质量保证金的计算基数不包括预付款的支付、扣回以及价格调整的金额;

(2)工程竣工结算时一次性扣留质量保证金;

(3)双方约定的其他扣留方式。

除专用合同条款另有约定外,质量保证金的扣留原则上采用上述第(1)种方式。

按照《建设工程质量保证金管理办法》(建质[2017]138号)规定,质量保证金预留总额不得高于工程价款结算总额的3%。

《建设工程施工合同(示范文本)》约定:如承包人在发包人签发竣工付款证书后28天内提交质量保证金保函,发包人应同时退还扣留的作为质量保证金的工程价款。发包人在退还质量保证金的同时按照中国人民银行发布的同期同类贷款基准利率支付利息。

发包人在接到承包人返还保证金申请后,应于14天内会同承包人按照合同约定的内容进行核实。如无异议,发包人应当按照约定将保证金返还给承包人。对返还期限没有约定或者约定不明确的,发包人应当在核实后14天内将保证金返还承包人,逾期未返还的,依法承担违约责任。发包人在接到承包人返还保证金申请后14天内不予答复,经催告后14天内仍不予答复的,视同认可承包人的返还保证金申请。

> **备注** 为进一步减轻建设类企业负担,2017年6月7日,国务院总理李克强主持召开国务院,决定自2017年7月1日起,将建筑领域工程质量保证金预备比例上限由5%降至3%。

【例4-2】背景:某施工单位承包某内资工程项目,甲、乙双方签订的关于工程价款的合同内容如下:

(1)建筑安装工程造价660万元,建筑材料及设备费占施工产值的比重为60%;

(2)工程预付款为建筑安装工程造价的20%,工程实施后,工程预付款从未施工工程尚需的主要材料及构配件的价值相当于工程预付款数额时起扣;

(3)工程进度款逐月计算;

(4)工程保修金为建筑安装工程造价的3%,竣工结算月一次扣留;

(5)材料价差调整按规定进行(按有关规定上半年材料差价上调10%,在6月份一次调整)。

工程各月实际完成产值见表4-1。

表4-1 工程各月实际完成产值 单位:万元

月 份	2	3	4	5	6
完成产值	55	110	165	220	110

问题:

1.该工程的工程预付款、起扣点为多少?

2.该工程2月至5月每月拨付工程款为多少?累计工程款为多少?

3.6月份办理工程竣工结算,该工程结算造价为多少?甲方应付工程结算款为多少?

4.该工程在保修期间发生屋面漏水,甲方多次催促乙方修理,乙方一再拖延,最后甲方另请施工单位修理,修理费为1.5万元,该项费用如何处理?

【分析要点】本案例主要考核工程结算方式、按月结算工程款的计算方法、工程预付款和起扣点的计算等。要求针对本案例对工程结算方式、工程预付工程款和起扣点的计算、按月结算工程款的计算方法和工程竣工结算等内容,进行全面、系统的学习。

【解】

1.预付工程款:$660 \times 20\% = 132$(万元)

起扣点:$660 - 132/60\% = 440$(万元)

2.各月拨付工程款如下:

2月:工程款55万元,累计工程款55万元;
3月:工程款110万元,累计工程款165万元;
4月:工程款165万元,累计工程款330万元;
5月:工程款220－(220＋330－440)×60％＝154(万元);
累计工程款484万元。
3.工程结算总造价:660＋660×0.6×10％＝699.6(万元)
甲方应付工程结算款:699.6－484－(699.6×3％)－132＝62.612(万元)
或:110＋660×60％×10％－699.6×3％－110×60％＝62.612(万元)
4.1.5万元维修费应从乙方(承包方)的保修金中扣除。

工程案例

案例1

某建安工程,合同总价为1 800万元,合同工期为7个月,每月完成的实际产值见表4-2。

表 4-2　　　　　　　　　　月实际完成产值　　　　　　　　　　万元

月份	6	7	8	9	10	11	12
月产值	200	300	400	400	200	200	100

该工程造价的人工费占22％,材料费55％,施工机械使用费占8％。从本年度11月份起市场价格进行调整,其物价调整指数分别为:人工费1.20;材料费1.18;机械费1.10。

合同中规定:

1.动员预付款改为合同总价的10％,当累计完成工程款超过合同价的15％时,动员预付款按每月均摊法扣回至竣工前两个月为止。

2.材料的预付备料款为合同价的20％。

3.质量保证金为合同价的5％,从第一次付款证书开始,按期中支付工程款的10％扣留,直到累计扣留达到合同总额的5％为止。

4.监理工程师签发的月度付款最低金额为50万元。

问题:

1.材料预付备料款的起扣点为多少?

2.每月完成的实际产值是多少?每月结算工程款为多少?

3.若本工程因气候反常导致工期延误一个月,是否产生施工经济索赔?为什么?

4.超过合同价的那部分费用属于哪一类投资构成?

案例 2

某工程项目的施工合同总价为 5 000 万元,合同工期为 12 个月,在施工过程中由于业主提出对原设计进行修改,使施工单位停工待图 1 个月。在基础施工时,施工单位为保证工程质量,自行将原设计要求的混凝土强度由 C18 提高到 C20。工程竣工结算时,施工单位向监理工程师提出费用索赔如下:

1. 由于业主方修改设计图纸延误 1 个月的有关费用损失:

工人、窝工费用损失=月工作日×日工作班数×延误月数×工日费×每班工作人数

$= 20 \times 2 \times 1 \times 30 \times 30 = 3.6$(万元)

机械设备闲置费用损失=月工作日×日工作班数×每班机械台数×延误月数×机械台班费 $= 20 \times 2 \times 2 \times 1 \times 600 = 4.8$(万元)

现场管理费=合同总价-工期×现场管理费率×延误时间

$= 5\ 000 \div 12 \times 1.0\% \times 1 = 4.17$(万元)

公司管理费=合同价÷工期×公司管理费×延误时间

$= 5\ 000 \div 12 \times 6\% \times 1 = 25.0$(万元)

利润=合同总价÷工期×利润率×延误时间

$= 5\ 000 \div 12 \times 5\% \times 1 = 20.83$(万元)

合计:57.57(万元)

2. 由于基础混凝土强度的提高导致费用增加 10 万元。

问题:

1. 按题中所给情况,监理工程师是否同意接受其索赔要求?为什么?
2. 施工单位提出索赔,一般应按照什么程序进行?
3. 如果施工单位按照规定的索赔程序提出了上述费用索赔的要求,监理工程师是否同意施工单位索赔费用的计算方法?
4. 工程师做出的"索赔处理决定"是否是终局性的?对当事双方有无强制性约束?

案例 3

某工程,建设单位和施工单位按《建设工程施工合同(示范文本)》签订了施工合同。合同约定:签约同价为 3 245 万元;预付款为签约合同价的 10%,当施工单位实际完成金额累计达到合同总价的 30% 时开始分 6 个月等额扣回预付款;管理费率取 12%(以人工费、材料费、施工机具使用费之和为基数),利润率取 7%(以人工费、材料费、施工机具使用费及管理费之和为基数),措施项目费按分部分项工程费的 5% 计(赶工不计取措施费),规费综合费率取 8%(以分部分项工程费、措施项目费及其他项目费之和为基数);人工费为 80 元/工日,机械台班费为 2 000 元/台班。实施过程中发生如下事件:

事件1：由于不可抗力造成下列损失：
(1)修复在建分部分项工程费18万元；
(2)进场的工程材料损失12万元；
(3)施工机具闲置25台班；
(4)工程清理花费人工100工日(按计日工计,单价150元/工日)；
(5)施工机具损坏损失55万元；
(6)现场受伤工人的医药费0.75万元。

事件2：为了防止工期延误,建设单位提出加快施工进度的要求,施工单位上报了赶工计划与相应的费用。经协商,赶工费不计取利润。项目监理机构审查确认赶工增加人工费、材料费和施工机具使用费合计为15万元。

事件3：用于某分项工程的某种材料暂估价为4 350元/t,经施工单位招标及项目监理机构确认,该材料实际采购价格为5 220元/t(材料用量不变)。施工单位向项目监理机构提交了招标过程中发生的3万元招标采购费用的索赔,同时还提交了综合单价调整申请,其中使用该材料的分项工程综合单价调整见表4-3,在此单价内该种材料用量为80 kg。

综合单价调整表(节选)

已标价清综合单价/元					调整后综合单价/元				
综合单价	其中				综合单价	其中			
	人工费	材料费	机械费	管理费和利润		人工费	材料费	机械费	管理费和利润
599.2	30	400	70	99.20	719.04	36	480	84	119.04

问题：

1. 该工程的工程预付款、预付款起扣时施工单位应实际完成的累计金额和每月应扣预付款各为多少万元？

2. 针对事件1,依据《建设工程施工合同(示范文本)》,逐条指出各项损失的承担方。建设单位应承担的金额为多少万元？

3. 针对事件2,协商确定赶工费不计取利润是否妥当？项目监理机构应批准的赶工费为多少万元？

4. 针对事件3,施工单位对招标采购费用的索赔是否妥当？项目监理机构应批准的调整综合单价是多少元？分别说明理由。

学习情境 5

建设工程进度控制

开篇案例

某办公楼工程，建筑面积 18 500 m²，基础埋深 6.8 m，现浇钢筋混凝土框架结构，筏板基础。该工程位于市中心，场地狭小，开挖土方需外运至指定地点。铺设单位通过公开招标方式确定了施工总承包单位和监理单位，并按规定签订了施工总承包合同和监理委托合同。施工总承包单位进场后按合同要求提交了施工总进度计划，如图 5-1 所示（时间单位：月），并经过监理工程师审查和确认。

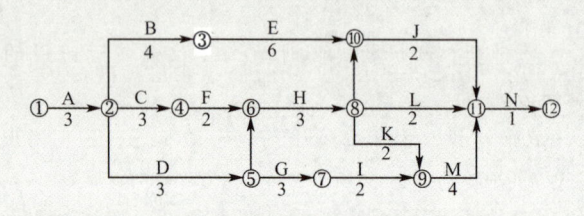

图 5-1　施工总进度计划图

合同履行过程中，发生了下列事件：

事件一：工期紧，任务重。施工总承包单位依据基础形式、工程规模、现场和机具设备条件，选择了挖土机、推土机、自卸汽车等土方施工机械，编制了土方施工方案。

事件二：基础工程施工完成后，在施工总承包单位自检合格、总监理工程师签署"质量控制资料符合要求"的审查意见基础上，施工总承包单位项目经理组织施工单位质量部门负责人、总监理工程师进行了分部工程验收。

事件三：当施工进行到第 5 个月时，因建设单位设计变更导致工作 B 延期 2 个月，造成施工总承包单位施工机械停工损失费 13 000 元和施工机械操作人员窝工费 2 000 元。施工总承包单位提出一项工期索赔和两项费用索赔。

学习情境 5　建设工程进度控制

> ▼ 需完成的工作任务
>
> 1. 熟悉项目监理机构对进度控制的内容。
> 2. 对本项目的实际进度与计划进度进行比较、分析。
> 3. 本项目施工阶段，监理工程师依照程序进行进度控制。
> 4. 对本项目工程延期及费用索赔进行处理。

学习子情境 5.1　熟悉项目监理机构对进度控制的内容

控制建设工程进度，不仅能够确保工程建设项目按预定的时间交付使用，及时发挥投资效益，而且有利于维持国家良好的经济秩序。因此，监理工程师应采用科学的控制方法和手段来控制工程项目的建设进度。

5.1.1　建设工程进度控制的概念

建设工程进度控制是指对工程项目建设各阶段的工作内容、工作程序、持续时间和衔接关系，根据进度总目标及资源优化配置的原则，编制计划并付诸实施，然后在进度计划的实施过程中，经常检查实际进度是否按计划要求进行，对出现的偏差情况进行分析，采取补救措施或调整、修改原计划后再付诸实施，如此循环，直到建设工程竣工验收交付使用。

建设工程进度控制的最终目的，是确保建设项目按预定的时间交付使用或提前交付使用。

建设工程进度控制的总目标是建设工期。

5.1.2　影响建设工程进度的因素

影响建设工程进度的不利因素有很多，如人为因素，技术因素，设备、材料及构配件因素，机具因素，资金因素，水文、地质与气象因素，以及其他自然与社会环境等方面的因素。其中，人为因素是最大的干扰因素。在工程建设过程中，常见的影响因素如下：

(1)建设单位因素。如建设单位因使用要求改变而进行设计变更;应提供的施工场地条件不能及时提供或所提供的场地不能满足工程正常需要;不能及时向施工承包单位或材料供应商付款等。

(2)勘察设计因素。如勘察资料不准确,特别是地质资料错误或遗漏;设计内容不完善,规范应用不恰当,设计有缺陷或错误;设计未考虑施工的可能性或考虑不周;施工图供应不及时、不配套,或出现重大差错等。

(3)施工技术因素。如施工工艺错误;不合理的施工方案;施工安全措施不当;不可靠技术的应用等。

(4)自然环境因素。如复杂的工程地质条件;不明的水文气象条件;地下埋藏文物的保护、处理;洪水、地震、台风等不可抗力。

(5)社会环境因素。如临近单位干扰工程施工;节假日交通、市容整顿的限制;临时停水、停电、断路,以及在国外常见的法律及制度变化,经济制裁、战争、骚乱、企业倒闭等。

(6)组织管理因素。如向有关部门提出各种申请审批手续的延误;合同签订时遗漏条款、表达失当;计划安排不周密,组织协调不力,导致停工待料、相关作业脱节;领导不力、指挥失当,使参加工程建设的各个单位、各个专业、各个施工过程之间交接、配合上发生矛盾等。

(7)材料、设备因素。如材料、构配件、机具、设备供应环节的差错,品种、规格、质量、数量、时间不能满足工程的需要;特殊材料及新材料的不合理使用;施工设备不配套,选型失当,安装失误,有故障等。

(8)资金因素。如有关方拖欠资金,资金不到位,资金短缺,汇率浮动或通货膨胀等。

5.1.3 建设工程施工阶段进度控制的措施

建设工程施工阶段进度控制的措施包括:组织措施、技术措施、经济措施及合同措施。

1.组织措施

(1)建立进度控制目标体系,明确建设工程现场监理组织机构中进度控制人员及其职责分工;

(2)建立工程进度报告制度及进度信息沟通网络;

(3)建立进度计划审核制度和进度计划实施中的检查分析制度;

(4)建立进度协调会议制度,包括协调会议举行的时间、地点,协调会议的参加人员等;

(5)建立图纸审查、工程变更和设计变更管理制度。

2.技术措施

(1)审查承包单位提交的进度计划,使承包单位能在合理的状态下施工;

(2)编制进度控制工作细则,指导监理人员实施进度控制;

(3)采用网络计划技术及其他科学适用的计划方法,并结合计算机的应用,对建设工程进度实施动态控制。

3.经济措施

(1)及时办理工程预付款及工程进度款支付手续；
(2)对应急赶工给予优厚的赶工费用；
(3)对工期提前给予奖励；
(4)对工程延误收取误期损失赔偿金；
(5)加强索赔管理,公正地处理索赔。

4.合同措施

(1)加强合同管理,协调合同工期与进度计划之间的关系,保证合同中进度目标的实现；
(2)严格控制合同变更,对各方提出的工程变更和设计变更,监理工程师应严格审查后,再补入合同文件中；
(3)加强风险管理,合同中应充分考虑风险因素及其对进度的影响,及相应的处理方法。

5.1.4 施工进度计划的表示方法

建设工程进度计划的表示方法有多种,常用的有横道图和网络图两种表示方法。

1.横道图

横道图也称甘特图,是美国人甘特在 20 世纪 20 年代提出的。由于其形象、直观,且易于编制和理解,因而长期以来被广泛应用于建设工程进度控制中。

用横道图表示的建设工程进度计划,一般包括两个基本部分,即左侧的工作名称及工作的持续时间等基本数据部分和右侧的横道线部分。如图 5-2 所示是用横道图表示的某桥梁

序号	工作名称	持续时间/d	进度 /d
			5 10 15 20 25 30 35 40 45 50 55
1	施工准备	5	
2	预制梁	20	
3	运输梁	2	
4	东侧桥台基础	10	
5	东侧桥台	8	
6	东侧桥台后填土	5	
7	西侧桥台基础	25	
8	西侧桥台	8	
9	侧桥台后填土	5	
10	架梁	7	
11	与路基连接	5	

图 5-2 用横道图表示的某桥梁工程施工进度计划

工程施工进度计划。该计划明确地表示出各项工作的划分、工作的开始时间和完成时间、工作的持续时间、工作之间的相互搭接关系，以及整个工程项目的开工时间、完工时间和总工期。

横道图计划具有编制容易，绘图简便，排列整齐有序，表达形象直观，便于统计劳动力、材料及机具的需要量等优点。它具有时间坐标，将各施工过程（工作）的开始时间、工作持续时间、结束时间、相互搭接时间、工期以及流水施工的开展情况都表示得清楚明白、一目了然。

2. 网络图

建设工程进度计划用网络图来表示，可以使建设工程进度得到有效控制。网络计划技术是用于控制建设工程进度的最有效工具。无论是建设工程设计阶段的进度控制，还是施工阶段的进度控制，均可使用网络计划技术。

（1）网络计划类型

网络计划可分为确定型和非确定型两类。如果网络计划中各项工作及其持续时间和各工作之间的相互关系都确定，就是确定型网络计划，否则属于非确定型网络计划。建设工程进度控制主要应用确定型网络计划。除了普通的双代号网络计划、单代号网络计划外，还有时标网络计划、搭接网络计划、有时限网络计划、多级网络计划等。如图5-3所示即为某桥梁工程施工进度双代号网络图。

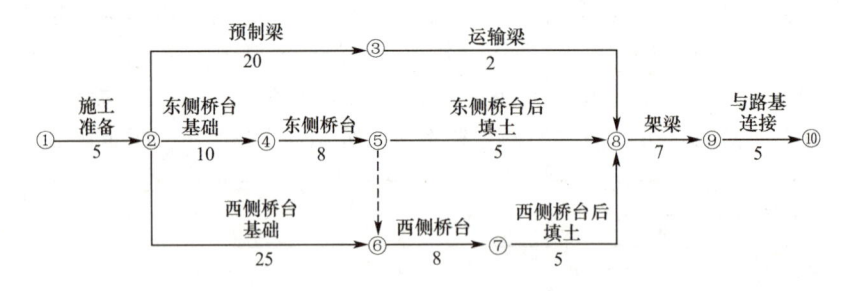

图 5-3　某桥梁工程施工进度双代号网络图

（2）网络计划优缺点

①网络计划把一项工程中各有关的工作组成一个有机的整体，能全面、明确地表达出各项工作之间的先后顺序和相互制约、相互依赖的关系。

②通过网络图时间参数计算，可以在名目繁多、错综复杂的计划中找到关键工作和关键线路，从而使管理者能够采取技术组织措施，千方百计地确保计划总工期。

③通过网络计划的优化，可以在若干个可行方案中找到最优方案。

④在网络计划执行过程中，能够对其进行有效的监督和控制，如某项工作提前或推迟完成时，管理者可以预见到它对整个网络计划的影响程度，以便及时采取技术、组织措施加以调整。

⑤利用网络计划中某些工作的时间储备，可以合理地安排人力、物力和资源，达到降低工程成本和缩短工期的目的。

⑥网络计划可以为管理者提供工期、成本和资源方面的管理信息，有利于加强施工管理

工作。

⑦可以利用计算机进行各项参数计算和优化,为管理现代化创造条件。

网络计划的缺点:在网络计划编制过程中,各项时间参数计算比较烦琐,绘制劳动力和资源需要量曲线比较困难。

学习子情境 5.2　了解工程项目的施工组织方式

5.2.1　施工组织方式

考虑工程项目的施工特点、工艺流程、资源利用、平面或空间布置等要求,建设工程项目施工可以采用依次、平行、流水等组织方式。

为说明三种施工方式及其特点,现有某工程项目含三幢结构相同的住宅,其编号分别为Ⅰ、Ⅱ、Ⅲ,各住宅的基础工程均可分解为挖土方、浇基础和回填土三个施工过程,分别由相应的专业队按施工工艺要求依次完成,每个专业队在每幢住宅的施工时间均为5周,各专业队的人数分别为10、16和8。此项目基础工程施工的三种组织方式如图5-4所示。

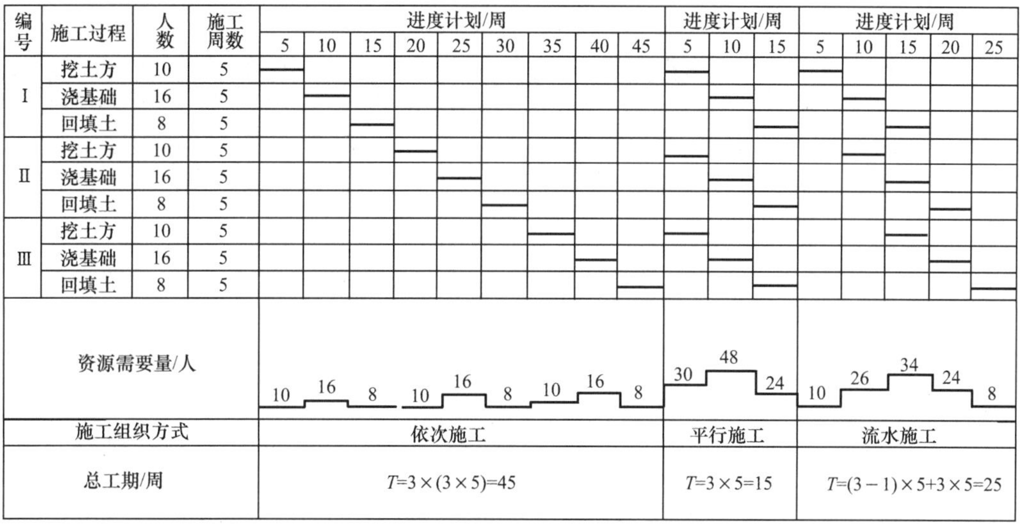

编号	施工过程	人数	施工周数	进度计划/周	进度计划/周	进度计划/周
Ⅰ	挖土方	10	5			
Ⅰ	浇基础	16	5			
Ⅰ	回填土	8	5			
Ⅱ	挖土方	10	5			
Ⅱ	浇基础	16	5			
Ⅱ	回填土	8	5			
Ⅲ	挖土方	10	5			
Ⅲ	浇基础	16	5			
Ⅲ	回填土	8	5			
资源需要量/人				10 16 8 10 16 8 10 16 8	30 48 24	10 26 34 24 8
施工组织方式				依次施工	平行施工	流水施工
总工期/周				$T=3\times(3\times5)=45$	$T=3\times5=15$	$T=(3-1)\times5+3\times5=25$

图5-4　某项目基础工程施工的三种组织方式

1.依次施工

依次施工方式是将拟建工程项目中的每一个施工对象分解为若干个施工过程,按施工工艺要求依次完成每一个施工过程;当一个施工对象完成后,再按同样的顺序完成下一个施工对象。依此类推,直至完成所有施工对象。

2. 平行施工

平行施工方式是组织几个相同的工作队,在同一时间、不同的空间,按施工工艺要求完成各施工对象。

3. 流水施工

流水施工方式是将拟建工程项目中的每一个施工对象分解为若干个施工过程,并按照施工过程成立相应的专业工作队,各专业工作队按照施工顺序依次完成各个施工对象的施工过程,同时保证施工在时间和空间上连续、均衡和有节奏地进行搭接作业。

5.2.2 施工组织方式比较

依次施工、平行施工和流水施工三种组织方式各有特点,见表 5-1。尤其是流水施工,它是一种科学、有效的工程项目施工组织方法,可以充分利用工作时间和操作空间,减少非生产性劳动消耗,提高劳动生产率,保证工程施工连续、均衡、有节奏地进行,从而对提高工程质量、降低工程造价、缩短工期有着显著的作用。因此,施工单位在条件允许的情况下,应尽量采用流水施工作业。

表 5-1　　三种施工组织方式特点比较

序号	施工组织方式	特点
1	依次施工	(1)没有充分地利用工作面进行施工,工期长 (2)如果按专业成立工作队,则各专业队不能连续作业,有时间间歇,劳动力及施工机具等资源无法均衡使用 (3)如果由一个工作队完成全部施工任务,则不能实现专业化施工,不利于提高劳动生产率和工程质量 (4)单位时间内投入的劳动力、施工机具、材料等资源量较少,有利于资源供应的组织 (5)施工现场的组织、管理比较简单
2	平行施工	(1)充分利用工作面进行施工,工期短 (2)如果每一个施工对象均按专业成立工作队,则各专业队不能连续作业,劳动力及施工机具等资源无法均衡使用 (3)如果由一个工作队完成一个施工对象的全部施工任务,则不能实现专业化施工,不利于提高劳动生产率和工程质量 (4)单位时间内投入的劳动力、施工机具、材料等资源量成倍增加,不利于资源供应的组织 (5)施工现场的组织、管理比较复杂

(续表)

序号	施工组织方式	特 点
3	流水施工	(1)尽可能地利用工作面进行施工,工期比较短 (2)各工作队实现了专业化施工,有利于提高技术水平和劳动生产率,也有利于提高工程质量 (3)专业工作队能够连续施工,同时使相邻专业队的开工时间能够最大限度地搭接 (4)单位时间内投入的劳动力、施工机具、材料等资源量较为均衡,有利于资源供应的组织 (5)为施工现场的文明施工和科学管理创造了有利条件

学习子情境 5.3 对工程项目进度计划进行比较与分析

5.3.1 实际进度与计划进度的比较

在建设工程实施进度检测过程中,一旦发现实际进度偏离计划进度,就要认真分析进度偏差产生的原因及其对后续工作和总工期的影响,必要时采取合理、有效的进度计划调整措施,确保进度总目标的实现。

实际进度与计划进度的比较是建设工程进度监测的主要环节。常用的进度比较方法有横道图、前锋线、S曲线、香蕉曲线和列表比较法。此处,重点介绍横道图和前锋线比较法。

1. 横道图比较法

横道图比较法是指将项目实施过程中检查实际进度收集的数据,经加工整理后直接用横道线平行绘于原计划的横道线下,进行实际进度与计划进度的比较方法。它适用于工程项目中某些工作实际进度与计划进度的局部比较,且工作在不同单位时间里的进展速度不相等。它不仅可以进行某一时刻实际进度与计划进度的比较,还能进行某一时间段实际进度与计划进度的比较,其特点是形象、直观。某工程项目基础工程的计划进度和截止到第9周末的实际进度比较如图5-5所示(图中双线条表示该工程计划进度,粗实线表示实际进度,黑三角表示检查日期)。

从图中实际进度与计划进度的比较可以看出,到第9周末进行实际进度检查时,挖土方和做垫层两项工作已经完成;支模板按计划也应该完成,但实际只完成75%,任务量拖欠25%;绑钢筋按计划应该完成60%,而实际只完成20%,任务量拖欠40%。

2. 前锋线比较法

前锋线比较法是通过绘制某检查时刻工程项目实际进度前锋线,进行工程实际进度与计划进度比较的方法,它主要适用于时标网络计划。

(1)前锋线是指在原时标网络计划上,从检查时刻的时标点出发,用点画线依次将各项

图 5-5 某工程项目基础工程的实际进度与计划进度比较

工作实际进展位置点连接而成的折线。

(2)前锋线比较法就是通过实际进度前锋线与原进度计划各工作标志线交点的位置来判断工作的实际进度与计划进度的偏差,进而判定该偏差对后续工作及总工期影响程度的一种方法。

(3)主要适用于时标网络计划,既能用来进行工作实际进度与计划进度的局部比较,也可用来分析和预测工程项目整体进度情况。

(4)前锋线比较法是针对匀速进展的工作。

【例 5-1】某工程项目时标网络计划如图 5-6 所示。该计划执行到第 6 周末检查实际进度时,发现工作 A 和 B 已经全部完成,工作 D、E 分别完成计划任务量的 20％和 50％,工作 C 尚需 3 周完成,试用前锋线比较法进行实际进度与计划进度的比较。

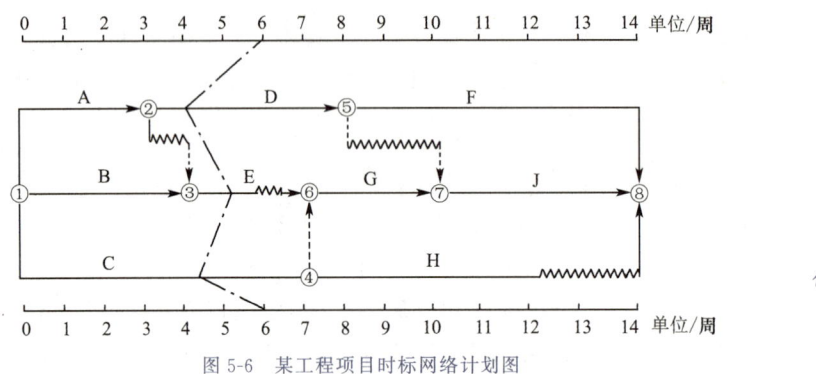

图 5-6 某工程项目时标网络计划图

根据第 6 周末实际进度的检查结果绘制前锋线,如图中点画线所示。通过比较可以看出:

(1)本工程项目的关键线路是 C→G→J 和 A→D→F。

(2)工作 D 实际进度拖后 2 周,将使其后续工作 F 的最早开始时间推迟 2 周,并使总工期延长 2 周。

(3)工作 E 实际进度拖后 1 周,既不影响总工期,也不影响其后续工作的正常进行。

(4)工作 C 实际进度拖后 2 周,将使其后续工作 G、H、J 的最早开始时间推迟 2 周,由于工作 G、J 开始时间的推迟,从而使总工期延长 2 周。

综上所述,如果不采取措施来加快进度,该工程项目的总工期将延长 2 周。

5.3.2 建设工程进度计划分析与调整

1.建设工程进度计划分析

在工程项目实施过程中,当通过实际进度与计划进度的比较,发现有进度偏差时,需要分析该偏差对后续工作及总工期的影响,从而采取相应的调整措施对原进度计划进行调整,以确保工期目标的顺利实现。进度偏差的大小及其所处的位置不同,对后续工作和总工期的影响程度是不同的,分析时需要利用网络计划中工作总时差和自由时差的概念进行判断,最后依据实际情况,决定是否调整及调整的方法和措施。建设工程进度计划调整分析判断的过程如图 5-7 所示。

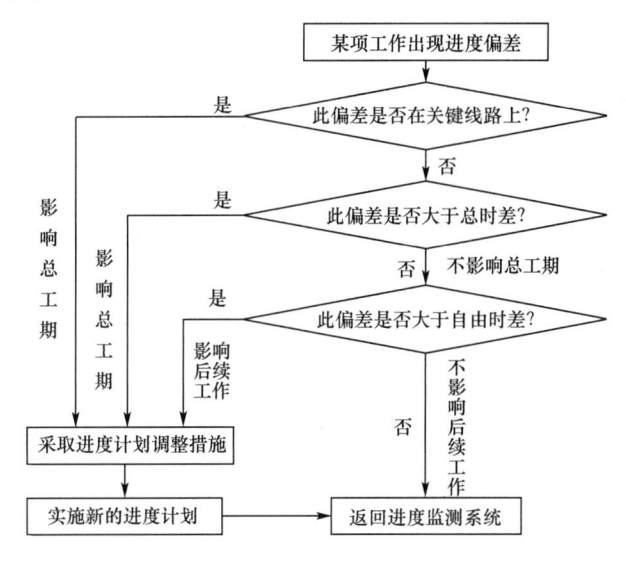

图 5-7　建设工程进度计划调整分析判断的过程

2.建设工程进度计划调整

通过检查分析,当发现原有进度计划已不能适应实际情况时,为了确保进度控制目标的实现或需要确定新的计划目标,就必须对原有进度计划进行调整,以形成新的进度计划,作为进度控制的新依据。

施工进度计划的调整方法主要有两种:一是通过缩短某些工作的持续时间来缩短工期;二是通过改变某些工作间的逻辑关系来缩短工期。在实际工作中,应根据具体情况选用上述方法进行进度计划的调整。

(1)缩短某些工作的持续时间

这种方法的特点是不改变工作之间的先后顺序关系,通过缩短网络计划中关键线路上工作的持续时间来缩短工期。这时,通常需要采取一定的措施来达到目的。具体措施如下:

①组织措施
◎ 增加工作面,组织更多的施工队伍。
◎ 增加每天的施工时间(如采用三班制等)。
◎ 增加劳动力和施工机具的数量。
②技术措施
◎ 改进施工工艺和施工技术,缩短工艺技术间歇时间。
◎ 采用更先进的施工方法,以减少施工过程的数量(如将现浇框架方案改为预制装配方案);
◎ 采用更先进的施工机具。
③经济措施
◎ 实行包干奖励。
◎ 提高奖金数额。
◎ 对所采取的技术措施给予相应的经济补偿。
④其他配套措施
◎ 改善外部配合条件。
◎ 改善劳动条件。
◎ 实施强有力的调度等。

一般来说,不管采取哪种措施,都会增加费用。因此,在调整施工进度计划时,应利用费用优化的原理,选择费用增加量最小的关键工作作为压缩对象。

(2)改变某些工作间的逻辑关系

这种方法的特点是不改变工作的持续时间,而只改变工作的开始时间和完成时间。对于大型建设工程,由于其单位工程较多且相互间的制约比较小,可调整的幅度比较大,所以容易采用平行作业的方法来调整施工进度计划。而对于单位工程项目,由于受工作之间工艺关系的限制,可调整的幅度比较小,所以通常采用搭接作业的方法来调整施工进度计划。但不管是搭接作业还是平行作业,建设工程在单位时间内的资源需求量将会增加。

除了分别采用上述两种方法来缩短工期外,有时由于工期拖延得太长,当采用某种方法进行调整,其可调整的幅度又受到限制时,还可以同时利用这两种方法对同一施工进度计划进行调整,以满足工期目标的要求。

学习子情境5.4　在施工阶段对某项目进度进行控制与调整

5.4.1　建设工程进度控制工作流程

建设工程进度控制工作流程如图5-8所示。

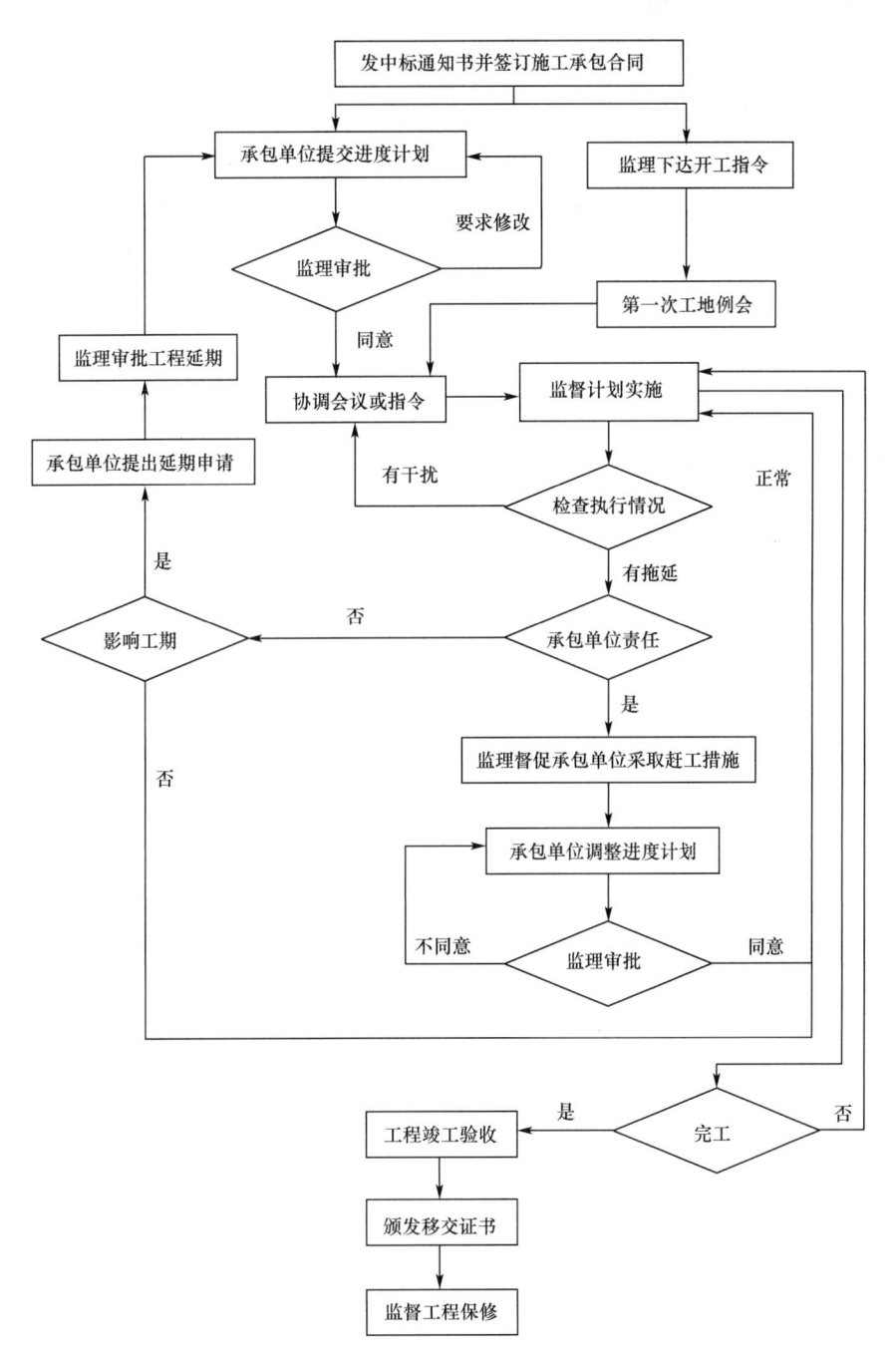

图 5-8 建设工程进度控制工作流程

5.4.2 施工阶段进度控制的内容

1.施工阶段进度控制程序

施工阶段进度控制分事前控制程序、事中控制程序、事后控制程序。

(1)事前控制程序

①总监理工程师组织专业监理工程师预测和分析影响进度计划的可能因素,制定防范对策,依据施工承包合同的工期目标制订控制性进度计划。

②总监理工程师组织专业监理工程师审查施工承包单位提交的施工总进度计划,审查进度计划对工期目标的保证程度、施工方案与施工进度计划的协调性和合理性。

③总进度计划符合要求,总监理工程师在《施工进度计划报审表》签字确认,作为进度控制的依据。

(2)事中控制程序

①专业监理工程师负责检查工程进度计划的实施。每天了解施工进度计划实施情况,并做好实际进度情况记录;随时检查施工进度的关键控制点;当发现实际进度偏离进度计划时,应及时报告总监理工程师,由总监理工程师指令施工承包单位采取调整措施,并报送建设单位备案。

②专业监理工程师审核施工承包单位提交的年度、季度、月度进度计划,向总监理工程师提交审查报告,总监理工程师审核签发《施工进度计划报审表》并报送建设单位备案。

③总监理工程师组织专业监理工程师审核施工承包单位提交的施工进度调整计划并提出审查意见,总监理工程师审核经建设单位同意后,签发《施工进度调整计划报审表》并报送建设单位备案。

④总监理工程师定期向建设单位汇报有关工程进展情况。

⑤严格控制施工过程中的设计变更,对工程变更、设计修改等事项,专业监理工程师负责进度控制的预分析;如发现与原施工进度计划有较大差异时,应向总监理工程师汇报,总监理工程师根据事项情况向建设单位进行书面报告。

(3)事后控制程序

其主要工作为由总监理工程师负责处理工期索赔工作。

2. 施工阶段进度控制主要工作内容

(1)编制施工进度控制监理细则,其内容包括:

①施工进度控制目标分解图。

②施工进度控制的主要工作内容和深度。

③进度控制人员的职责分工。

④与进度控制有关各项工作的时间安排及工作流程。

⑤进度控制的方法。

⑥进度控制的具体措施。

⑦施工进度控制目标实现的风险分析。

⑧尚待解决的有关问题。

(2)编制或审核施工进度计划

对于大型工程项目,若建设单位采取分期分批发包或由若干个承包单位平行承包,项目监理机构有必要编制施工总进度计划。施工总进度计划应确定分期分批的项目组成;各批工程项目的开工、竣工顺序及时间安排;全场施工准备工作,特别是首批子项目进度安排及准备工作的内容等。当工程项目有总承包单位时,项目监理机构只须对总承包单位提交的工程总进度计划进行审核即可。而对于单位工程施工进度计划,项目监理机构只负责审核。

施工进度计划审核的主要内容有以下几点：

①进度安排是否符合工程项目建设总进度计划中总目标和分目标的要求，是否符合施工合同中开工、竣工日期的规定。

②施工总进度计划中的项目是否有遗漏，分期施工是否满足分批动用的需要和配套动用的要求。

③施工顺序的安排是否符合施工程序的原则要求。

④人员、材料、构配件、机具和设备的供应计划是否能保证进度计划的实现，供应是否均衡，需求高峰期是否有足够实现计划的供应能力。

⑤建设单位的资金供应能力是否满足进度需要。

⑥施工的进度安排是否与设计单位的图纸供应进度相符。

⑦建设单位应提供的场地条件及原材料和设备，特别是国外设备的到货与施工进度计划是否衔接。

⑧总分包单位分别编制的各单位工程施工进度计划之间是否相协调，专业分工与衔接的计划安排是否明确、合理。

⑨进度安排是否存在造成建设单位违约而导致索赔的可能。

如果监理工程师在审核施工进度计划的过程中发现问题，应及时向承包单位提出书面修改意见，并督促承包单位修改，其中重大问题应及时向建设单位汇报。

(3) 按年、季、月编制工程综合计划

对于分期分批发包或由若干个承包单位平行承包的大型工程项目，在按计划编制的年、季、月进度计划中，监理应着重解决各承包单位施工进度计划之间、施工进度计划与资源保障计划之间及外部协作条件的延伸性计划之间的综合平衡与相互衔接问题，并根据上期计划的完成情况对本期计划做必要的调整，使其成为承包单位近期执行的指令性（实施性）计划。

(4) 下达工程开工令

(5) 协助承包单位实施进度计划

监理要随时了解施工进度计划执行过程中所存在的问题，并帮助承包单位解决承包单位无力解决的与建设单位、平行承包单位之间的内层关系协调问题。

(6) 监督施工进度计划的实施

这是工程项目施工阶段进度控制的经常性工作。项目监理机构不仅要及时检查承包单位报送的施工进度报表和分析资料，同时还要进行必要的现场实地检查，核实所报送的已完成的项目时间及工程量，杜绝虚假现象。在对工程实际进度资料进行整理的基础上，监理人员应将其与计划进度相比较，以判定实际进度是否出现偏差。如果出现偏差，应进一步分析偏差对进度控制目标的影响程度及其产生的原因，以便研究对策、提出纠偏措施建议。必要时，还应对后期工程进度计划做适当的调整。计划调整要及时、有效。

(7) 组织现场协调会

监理应每月、每周定期组织召开不同层次的现场协调会议，以解决工程施工过程中的相互协调配合问题。在平行、交叉施工单位多、工序交接频繁且工期紧迫的情况下，现场协调会甚至需要每日召开。在会上通报检查当天的工程进度，确定薄弱环节，部署当天的赶工任务，以便为次日正常施工创造条件。对于某些未曾预料的突发变故或问题，监理工程师还可以发布紧急协调指令,督促有关单位采取应急措施,维护工程施工的正常秩序。

(8)签发工程进度款支付凭证

(9)审批工程延期

(10)向建设单位提供进度报告

(11)督促承包单位整理技术资料

(12)审批竣工申请报告、协助建设单位组织竣工验收(组织工程竣工预验收、签署工程竣工预验收报验单和竣工报告、提交质量评估报告)。

(13)整理工程进度资料

在工程完工以后,监理工程师应将工程进度资料进行收集整理、归类、编目和建档,以便为今后类似工程项目的进度控制提供参考。

(14)工程移交

项目监理机构应督促承包单位办理工程移交手续,颁发工程移交证书。

【例 5-2】 某高架输水管道建设工程中有 20 组钢筋混凝土支架,每组支架的结构形式及工程量相同,均由基础、柱和托梁三部分组成,如图 5-9 所示。业主通过招标将 20 组钢筋混凝土支架的施工任务发包给某施工单位,并与其签订了施工合同,合同工期为 190 天。

在工程开工前,该承包单位向项目监理机构提交了施工方案及施工进度计划:

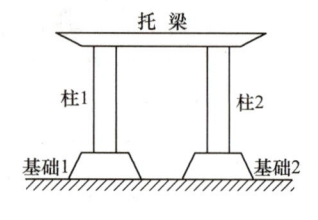

图 5-9 钢筋混凝土支架

(1)施工方案

施工流向:从第 1 组支架依次流向第 20 组支架。

劳动组织:基础、柱和托梁分别组织混合工种专业工作队。

技术间歇:柱混凝土浇筑后需养护 20 天,方能进行托梁施工。

物资供应:脚手架、模板、机具及混凝土等,均按施工进度要求调度配合。

(2)施工进度计划如图 5-10 所示,时间单位为天。

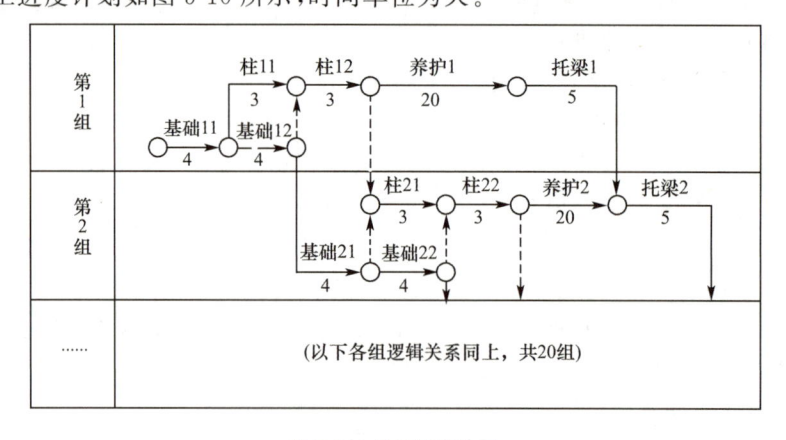

图 5-10 施工进度计划

分析该施工进度计划,并判断监理工程师是否应批准该施工进度计划如下:

由施工方案及图 5-10 所示的施工进度计划可以看出,为了缩短工期,承包单位将 20 组支架的施工按流水作业进行组织。

(1)任意相邻两组支架开工时间的差值等于两个柱基础的持续时间,即 4+4=8 天。
(2)每一组支架的计划施工时间为:4+4+3+20+5=36 天。
(3)20 组钢筋混凝土支架的计划施工总工期为:(20-1)×8+36=188 天。
(4)20 组钢筋混凝土支架施工进度计划中的关键工作是所有支架的基础工程及第 20 组支架的柱 2、养护和托梁。
(5)由于施工进度计划中各项工作逻辑关系合理,符合施工工艺及施工组织要求,较好地采用了流水作业方式,并且计划总工期未超过合同工期,故监理工程师应批准该施工进度计划。

学习子情境 5.5 处理施工单位的工程延期

在建设工程施工过程中,其工期的延长分为工程延误和工程延期两种。前者是由于承包单位自身的原因造成的进度拖延,后者是由于承包单位以外的原因造成的进度拖延。虽然它们都使工程拖延,但由于性质不同,因而业主与承包单位所承担的责任也就不同。如果属于工程延误,则由此造成的一切损失由承包单位承担。同时,业主还有权对承包单位施行误期违约罚款。而如果属于工程延期,则承包单位不仅有权要求延长工期,而且有权向业主提出赔偿费用的要求,以弥补由此造成的额外损失。因此,监理工程师是否将施工过程中工期的延长批准为工程延期,对业主和承包单位都十分重要。

5.5.1 工程延期的申报与审批

1.申报工程延期的条件

由于以下原因导致工程拖期,承包单位有权提出延长工期的申请,监理工程师应按合同规定,批准工程延期时间:

(1)监理工程师发出工程变更指令而导致工程量增加。
(2)合同所涉及的任何可能造成工程延期的原因,如延期交图、工程暂停、对合格工程的剥离检查及不利的外界条件等。
(3)异常恶劣的气候条件。
(4)由业主造成的任何延误、干扰或障碍,如未及时提供施工场地、未及时付款等。
(5)除承包单位自身以外的其他任何原因。

2.工程延期的审批程序

工程延期的审批程序如图 5-11 所示。当工程延期事件发生后,承包单位应在合同规定的有效期内,以书面形式(《工程延期意向通知》)通知监理工程师,以便监理工程师尽早了解所发生的事件,及时做出一些减少延期损失的决定。随后,承包单位应在合同规定的有效期内(或监理工程师可能同意的合理期限内),向监理工程师提交详细的申述报告(延期理由及依据)。监理工程师收到该报告后,应及时进行调查核实,准确地确定出工程延期时间。

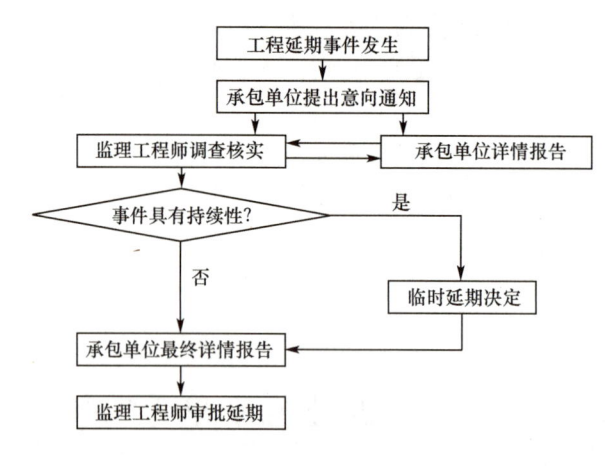

图 5-11 工程延期的审批程序

当延期事件具有持续性,承包单位在合同规定的有效期内不能提交最终详细的申述报告时,应先向监理工程师提交阶段性的详情报告。监理工程师应在调查核实阶段性报告的基础上,尽快做出延长工期的临时决定。临时决定的延期时间不宜太长,一般不超过最终批准的延期时间。

待延期事件结束后,承包单位应在合同规定的期限内,向监理工程师提交最终的详情报告。监理工程师应复查详情报告的全部内容,然后确定该延期事件所需要的延期时间。

如果遇到比较复杂的延期事件,监理工程师可以成立专门小组进行处理。对于一时难以做出结论的延期事件,即使不属于持续性的事件,也可以采用先做出临时延期的决定,然后再做出最后决定的办法。这样既可以保证有充足的时间处理延期事件,又可以避免由于处理不及时而造成的损失。

监理工程师在做出临时工程延期批准或最终工程延期批准前,均应与业主和承包单位进行协商。

3. 工程延期的审批原则

监理工程师在审批工程延期时应遵循下列原则:

(1)符合合同条件

监理工程师批准的工程延期必须符合合同条件。也就是说,导致工期拖延的原因确实属于承包单位自身以外的,否则不能批准为工程延期。这是监理工程师确定工程延期成立的基础。

(2)工期受到影响

发生延期事件的工程部位,无论是否处在施工进度计划的关键线路上,只有当所延长的时间超过其相应的总时差而影响到工期时,才能批准工程延期;如果延期事件发生在非关键线路上,且延长的时间并未超过总时差时,即使符合批准为工程延期的合同条件,也不能核准工程延期。

应当说明,建设工程施工进度计划中的关键线路并非固定不变的,它会随着工程的进展和情况的变化而转移。监理工程师应以承包单位提交、经自己审核后的施工进度计划(不断调整后)为依据,来决定是否批准工程延期。

(3)符合实际情况

批准的工程延期必须符合实际情况。为此,承包单位应对延期事件发生后的各类有关细节进行详细记载,并及时向监理工程师提交详细报告。与此同时,监理工程师也应对施工现场进行详细考察和分析,并做好有关记录,以便为合理确定工程延期时间提供可靠依据。

【例 5-3】某建设工程业主与监理单位、施工单位分别签订了监理合同和施工合同,合同工期为 18 个月。在工程开工前,施工承包单位在合同约定的时间内向监理工程师提交了施工总进度计划,如图 5-12 所示。

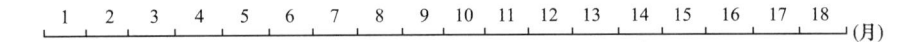

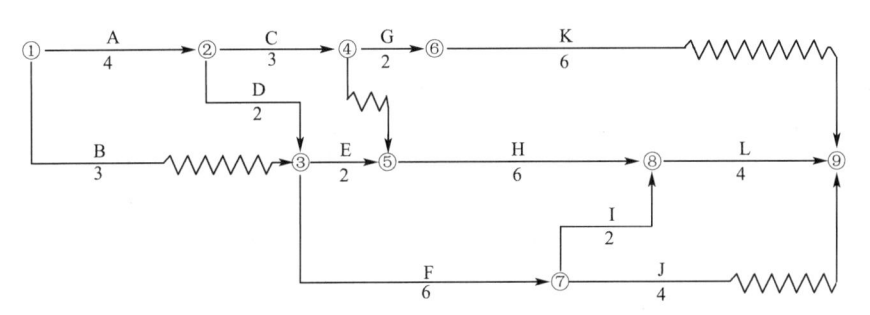

图 5-12 某工程施工总进度计划

该计划经监理工程师批准后开始实施,在施工过程中发生以下事件:

①因业主要求需要修改设计,致使工作 K 停工,等待图纸 3.5 个月。

②部分施工机械由于运输原因未能按时进场,致使工作 H 的实际进度拖后 1 个月。

③由于施工工艺不符合施工规范要求,发生质量事故而返工,致使工作 F 的实际进度拖后 2 个月。

承包单位在合同规定的有效期内提出工期延长 3.5 个月的要求,监理工程师应进行如下分析、处理:

由于工作 H 和工作 F 的实际进度拖后均属于承包单位自身原因,只有工作 K 的拖后可以考虑给予工程延期。从图 5-12 可知,工作 K 原有总时差为 3 个月,该工作停工等待图纸 3.5 个月,只影响工期 0.5 个月,故监理工程师应批准工程延期 0.5 个月。

5.5.2 工程延期的控制

发生工程延期事件,不仅会影响工程的进展,而且会给业主带来损失。因此,监理工程师应做好以下工作,以减少或避免工程延期事件的发生:

1. 选择合适的时机下达工程开工令

监理工程师在下达工程开工令前,应充分考虑业主的前期准备工作是否充分。特别是征地、拆迁问题是否已解决,设计图纸能否及时提供,以及付款方面有无问题等,以避免由于上述问题缺乏准备而造成工程延期。

2. 提醒业主履行施工承包合同中所规定的职责

在施工过程中,监理工程师应经常提醒业主履行自己的职责,提前做好施工场地及设计图纸的提供工作,并能及时支付工程进度款,以减少或避免由此而造成的工程延期。

3. 妥善处理工程延期事件

当延期事件发生以后,监理工程师应根据合同规定进行妥善处理。既要尽量减少工程延期时间及损失,又要在详细调查研究的基础上合理批准工程延期时间。

此外,业主在施工过程中应尽量减少干预、多协调,以避免由于业主的干扰和阻碍而导致延期事件的发生。

5.5.3 工程延误的处理

当是由于承包单位自身的原因而造成工期拖延,而承包单位又未按照监理工程师的指令改变延期状态时,通常可以采用下列手段进行处理:

1. 拒绝签署付款凭证

当承包单位的施工活动不能达到合同约定时,监理工程师有权拒绝承包单位的支付申请。因此,当承包单位的施工进度拖后且又不采取积极措施时,监理工程师可以采取拒绝签署付款凭证的手段制约承包单位。

2. 误期损失赔偿

拒绝签署付款凭证一般是监理工程师在施工过程中制约承包单位延误工期的手段,而误期损失赔偿则是当承包单位未能按合同规定的工期完成合同范围内的工作时对其的处罚。如果承包单位未能按合同规定的工期和条件完成整个工程,则应向业主支付投标书附件中规定的金额,作为该项违约的损失赔偿费。

3. 取消承包资格

如果承包单位严重违反合同,又不采取补救措施,则业主为了保证合同工期有权取消其承包资格。例如:承包单位接到监理工程师的开工通知后,无正当理由推迟开工时间,或在施工过程中无任何理由要求延长工期,施工进度缓慢,又无视监理工程师的书面警告等,都有可能受到取消承包资格的处罚。

取消承包资格是对承包单位违约的严厉制裁。因为业主一旦取消了承包单位的承包资格,承包单位不但要被驱逐出施工现场,而且还要承担由此而造成的业主的损失费用。这种惩罚措施一般不轻易采用,而且在做出这项决定前,业主必须事先通知承包单位,并要求其在规定的期限内做好辩护准备。

工程案例

案例1

建设单位将一热电厂建设工程项目的土建工程和设备安装工程施工任务分别发包给某土建施工单位和某设备安装单位。经总监理工程师审核批准，土建施工单位又将桩基础施工分包给一专业基础工程公司。

建设单位与土建施工单位和设备安装单位分别签订了施工合同和设备安装合同。在工程延期方面，合同中约定，业主违约一天应补偿承包方5 000元人民币，承包方违约一天应罚款5 000元人民币。

该工程所用的桩是钢筋混凝土预制桩，共计1 200根。预制桩由建设单位供应。

按施工总进度计划的安排，规定桩基础施工应从5月10日开工至5月20日完工。但在施工过程中，由于建设单位供应预制桩不及时，使桩基础施工在5月12日才开工；5月13日至5月18日基础工程公司的打桩设备出现故障，不能施工；5月19日至5月22又又出现了属于不可抗力的恶劣天气，无法施工。

问题：
1. 在上述工期拖延中，监理工程师应如何处理？
2. 土建施工单位应获得的工期补偿和费用补偿各为多少？
3. 设备安装单位的损失应由谁承担责任？应补偿的工期和费用是多少？
4. 施工单位向建设单位索赔的程序如何？

案例2

某工程的施工合同工期为16周，项目监理机构批准的施工进度计划如图5-13所示(时间单位：周)。

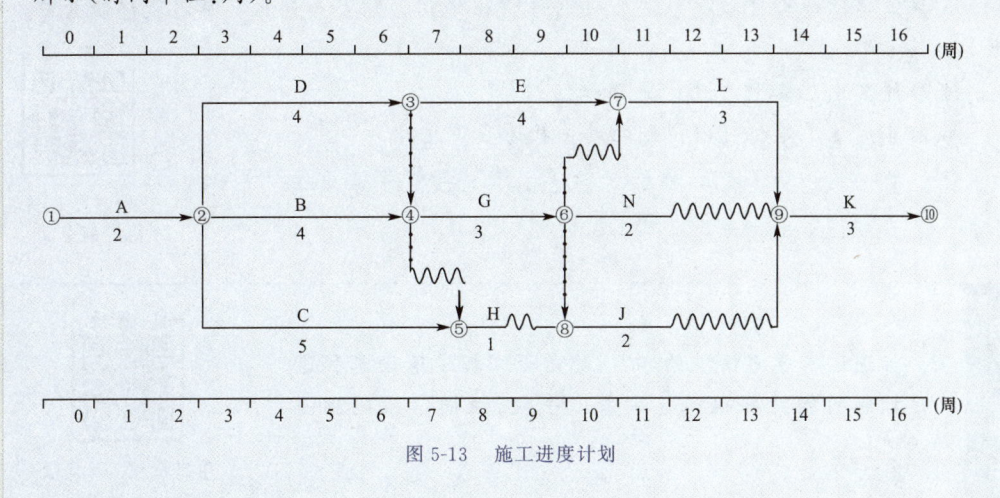

图5-13 施工进度计划

各工作均按匀速施工。施工单位的报价单(部分)见表5-2。

表5-2　　　　　　　　施工单位的报价单(部分)

序号	工作名称	估算工程量	全费用综合单价/(元·m⁻³)	合价/万元
1	A	800 m³	300	24
2	B	1 200 m³	320	38.4
3	C	20 次	—	—
4	D	1 600 m³	280	44.8

工程施工到第4周末时进行进度检查,发现如下事件:

事件1:A工作已经完成,但由于设计图纸局部修改,实际完成的工程量为840 m³,工作持续时间未变。

事件2:B工作施工时,遇到异常恶劣的气候,造成施工单位的施工机械损坏和施工人员窝工,损失1万元,实际只完成估算工程量的25%。

事件3:C工作为检验检测配合工作,只完成了估算工程量的20%,施工单位实际发生检验检测配合工作费用为5 000元。

事件4:施工中发现地下文物,导致D工作尚未开始,造成施工单位自有设备闲置4个台班,台班单价为300元/台班、折旧费为100元/台班。施工单位进行文物现场保护费用为1 200元。

问题:

1.根据第4周末的检查结果,在图2上绘制实际进度前锋线,逐项分析B、C、D三项工作的实际进度对工期的影响,并说明理由。

2.若施工单位在第4周末就B、C、D出现的进度偏差提出工程延期的要求,项目监理机构应批准工程延期多长时间?为什么?

3.施工单位是否可以就事件2、事件4提出费用索赔?为什么?可以获得的索赔费用为多少?

4.事件3中C工作发生的费用如何结算?

5.前4周施工单位可以得到的结算款为多少元?

学习情境 6

建设工程合同管理

开篇案例

某新建办公大楼的招标文件写明：承包范围是土建工程、水电及设备安装工程、装饰装修工程；采用固定总价方式投标，风险范围内价格不做调整，但中央空调设备暂按120万元报价；质量标准为合格，并要求获省优质工程奖，但未写明奖罚标准；合同采用《建设工程施工合同（示范文本）》(GF—2017—0201)。

某施工单位以3 260万元中标后，与发包方按招标文件和中标人的投标文件签订了合同。合同中还写明：发包方在应付款中扣留合同额5%，即163万元作为质量履约保证金，若工程达不到国家质量验收标准，该质量履约保证金不再返还；逾期竣工违约金每天1万元；暂估价设备经承、发包双方认质认价后，由承包人采购。

合同履行过程中发生了如下事件：

事件一：主体结构施工过程中发生多次设计变更，承包人在编制的竣工结算书中提出设计变更实际增加费用共计70万元，但发包方不同意该设计变更增加费。

事件二：中央空调设备经比选后，承包方按照发包方确认的价格与设备供应商签订了80万元采购合同。在竣工结算时，承包方按投标报价120万元编制结算书，而发包方只同意按实际采购价80万元进行结算。双方为此发生争议。

事件三：办公楼工程经竣工验收质量为合格，但未获得省优质工程奖。发包方要求没收163万元质量履约保证金，承包人表示反对。

事件四：办公楼工程实际竣工日期比合同工期拖延了10天，发包人要求承包人承担违约金10万元。承包人认为工期拖延是设计变更造成的，工期应顺延，拒绝支付违约金。

需完成的工作任务

1. 熟悉监理合同示范文本标准条件，协助建设单位签订一份建设工程施工合同。
2. 监理工程师应对本项目中的合同纠纷进行公正处理。

学习子情境6.1　与建设单位签订一份监理合同

建筑市场中的各方主体，包括建设单位、勘察设计单位、施工单位、咨询单位、监理单位、材料设备供应单位等，都要依靠合同确立相互之间的关系。工程建设管理水平的提高体现在工程质量、进度和投资的三大控制目标上，这三大控制目标的水平主要应体现在合同中。在合同中规定三大控制目标后，要求合同当事人在工程管理中细化这些内容，在工程建设过程中严格执行这些规定。同时，如果能够严格按照合同的要求进行管理，工程的质量能够有效地得到保障，进度和投资的控制目标也能够实现。因此，建设工程合同管理能够有效地提高工程建设的管理水平。

6.1.1　建设工程监理合同的概念和特点

建设工程监理合同简称监理合同，是指委托人与监理人就委托的工程项目管理内容签订的明确双方权利、义务的协议。它除具有委托合同的共同特点外，还具有以下特点：

（1）监理合同的当事人双方应当具有民事权利能力和民事行为能力、取得法人资格。

①委托人必须是落实投资计划的企事业单位、其他社会组织及个人，且具有国家批准的建设项目；

②作为受托人必须是依法成立具有法人资格的监理企业，并且所承担的工程监理业务应与企业资质等级和业务范围相符合。

（2）监理合同委托的工作内容必须符合工程项目建设程序，遵守有关法律、行政法规。

（3）监理合同的标的是服务。即监理工程师凭借自己的知识、经验、技能，受建设单位委托，为其所签订其他合同的履行实施监督和管理。

6.1.2　监理合同的订立

1.委托工作的范围

监理合同的范围是监理工程师为委托人提供服务的范围和工作量。当前主要是实施阶段、保修阶段的监理工作，包括投资、质量、进度的三大控制，合同、信息管理，履行法定安全监理职责，以及对参加项目建设的有关方之间进行组织与协调。就具体项目，要根据工程特点、监理人的能力、建设阶段的监理任务等方面的因素，将监理任务详细写入建设工程监理合同的专用条件。

2.对监理工作的要求

在监理合同中,明确约定监理人执行监理工作的要求,应当符合《建设工程监理规范》的规定。例如,针对工程项目的实际情况派出监理工作需要的监理机构及人员,编制监理规划和监理实施细则,采取实现监理工作目标相适应的监理措施,从而保证监理合同得到真正的履行。

3.约定监理合同的履行期限、地点和方式

订立监理合同时约定的履行期限、地点和方式,是指合同中规定的当事人履行自己的义务完成工作的时间、地点以及结算酬金。在签订《建设工程监理合同》时,双方必须商定监理期限,标明何时开始、何时完成。合同中注明的监理工作开始实施和完成日期,是根据工程情况估算的时间,合同约定的监理酬金根据这个时间估算。如果委托人根据实际需要增加委托工作范围或内容,导致需要延长合同期限,双方可以通过协商,另行签订补充协议。

4.明确双方的权利、义务和责任

5.明确监理酬金的计算方法和支付方式

包括正常监理的工程监理酬金的计算方法及支付方式和附加工作、额外工作发生后的监理酬金的计算方法及支付方式。

6.双方确认合同生效、变更与终止,商定合同争议的解决方式

7.订立监理合同需注意的问题

(1)坚持按法定程序签署合同。在合同签署过程中,应检验代表对方签字人的授权委托书,避免合同失效或不必要的合同纠纷,不可忽视来往函件。

(2)在合同洽商过程中,双方通常会用一些函件来确认双方达成的某些口头协议或书面交往文件,后者构成招标文件和投标文件的组成部分。为了确认合同责任以及明确双方对项目的有关理解和意图,以免将来产生分歧,签订合同时,双方达成一致的部分应写入合同附录或专用条款内。

(3)合同中应做到文字简洁、清晰、严密,以保证意思表达准确。

6.1.3 建设工程监理合同示范文本组成

《建设工程监理合同(示范文本)》由协议书,通用条件,专用条件,附录 A 相关服务的范围和内容,附录 B 委托人派遣的人员和提供的房屋、资料、设备五部分组成。

1.协议书

协议书是一个总的协议,是纲领性的法律文件。其中明确了当事人双方确定的委托监理工程的概况(工程名称、地点、工程规模、工程概算投资额或建筑安装工程费);总监理工程师的姓名、身份证号、注册号;签约酬金(含监理酬金、相关服务酬金);期限(含监理期限、相关服务期限);双方承诺;合同订立的时间和地点等。协议书是一份标准的格式文件,经当事人双方在有限的空格内填写具体规定的内容并签字盖章后,即发生法律效力。

对委托人和监理人有约束力的合同文件,除双方签署的协议书外,还包括以下文件:

(1)中标通知书(适用于招标工程)或委托书(适用于非招标工程);

(2)投标文件(适用于招标工程)或监理与相关服务建议书(适用于非招标工程);

(3)专用条件;

(4)通用条件;

(5)附录,即

附录 A 相关服务的范围和内容;

附录 B 委托人派遣的人员和提供的房屋、资料、设备。

合同签订后,双方依法签订的补充协议也是合同文件的组成部分。

2. 建设工程监理合同通用条件

建设工程监理合同通用条件,其内容涵盖了合同中所用词语定义与解释,签约双方的责任、权利和义务,合同生效、变更、暂停、解除与终止,酬金支付,争议的解决,以及其他一些情况。它适用于各类建设工程项目监理与相关服务,各个委托人、监理人都应遵守。

3. 建设工程监理合同专用条件

由于通用条件适用于各种行业和专业项目的建设工程监理,因此其中的某些条款规定得比较笼统,需要在签订具体工程项目监理合同时,结合地域特点、专业特点和委托监理项目的工程特点,对通用条件中的某些条款进行补充、修正。专用条件留给委托人和监理人以较大的协商约定空间,便于贯彻当事人双方自主订立合同的原则。为了保证合同的完整性,凡通用条件中条款说明需在专用条件约定的内容,在专用条件中均以相同的条款序号给出需要约定的内容或相应的计算方法,以便于合同的订立。

4. 附录 A

《建设工程监理规范》中,相关服务是指工程监理单位受建设单位委托,按照建设工程监理合同约定,在建设工程勘察、设计、保修等阶段提供的服务活动。如果建设单位将全部或部分相关服务委托工程监理单位完成时,应在附录 A 中明确约定委托的工作内容和范围。建设单位根据工程建设管理需要,可以自主委托全部内容,也可以委托某个阶段的工作或部分服务内容。若建设单位(委托人)仅委托建设工程监理,则不需要填写附录 A。

5. 附录 B

为便于进一步细化合同义务,参照 FIDIC 等合同示范文本,委托人为监理人开展正常监理工作派遣的人员和无偿提供的房屋、资料、设备,应在附录 B 中明确约定提供的内容、数量和时间。

学习子情境6.2　依照监理合同对工程项目进行管理

6.2.1　工程分包管理

工程分包管理案例分析一　工程分包管理案例分析二

中华人民共和国建设部令(第124号)《房屋建筑和市政基础设施工程施工分包管理办法》第五条规定,房屋建筑和市政基础设施工程施工分包分为专业工程分包和劳务作业分包。总包单位对专业工程进行分包的,在分包工程开工前,分包单位的资格报项目监理机构审查确认。除施工合同已明确的外,未经总监理工程师确认,分包单位不得进场施工。但经过招标确认的分包单位,施工单位可不再对分包单位资格进行报审。

分包单位资格报审程序如下：

(1)施工单位应在工程项目开工前或拟分包的分项、分部工程开工前,填写《分包单位资格报审表》,附上经其自审认可的分包单位的有关资料,报项目监理机构审核。

项目监理机构对分包单位资格应审核以下内容：

①营业执照、企业资质等级证书；

②安全生产许可文件；

③类似工程业绩；

④专职管理人员和特种作业人员的资格；

⑤施工单位对分包单位的管理制度。

(2)监理工程师审查总施工单位提交的《分包单位资质报审表》：审查时,主要是审查施工承包合同是否允许分包,分包的范围和工程部位是否可进行分包,分包单位是否具有按工程承包合同规定的条件完成分包工程任务的能力(审查、控制的重点一般是分包单位施工组织者、管理者的资格与质量管理水平,特殊专业工种、专业工种和关键施工工艺或新技术、新工艺、新材料等应用方面操作者的素质与能力)。项目监理机构和建设单位认为必要时,可会同施工单位对分包单位进行实地考察,以验证分包单位有关资料的真实性。

(3)专业监理工程师在审查施工单位报送分包单位有关资料,考察核实(必要时)的基础上,提出审查意见、考察报告(必要时)附报审表后,根据审查情况,如认定该分包单位的资格符合有关规定并满足工程需要,则批复"该分包单位具备分包条件,拟同意分包,请总监理工程师审核"。如认为不具备分包条件,应简要指出不符合条件之处,并签署"拟不同意分包,请总监理工程师审核"的意见。

(4)总监理工程师对专业监理工程师的审查意见、考察报告进行审核,签署《分包单位资格报审表》。

(5)分包合同签订后,施工单位将分包合同报项目监理机构备案。

6.2.2 工程变更管理

(1)设计单位对原设计存在的缺陷提出的工程变更,应编制设计变更文件;因施工图错、漏或与实际情况不符等原因,建设单位、施工单位提出的工程变更,应提交项目监理机构,由总监组织专业监理工程师审查。审查同意后,除能现场核定的以外,均应由建设单位转交原设计单位,编制设计变更文件。当工程变更涉及工程建设强制性标准、安全环保、建筑节能等内容时,可按规定经有关部门审定。

(2)施工过程中的任何工程变更,由建设单位、设计单位签认后,总监签认,在总监签发《工程变更单》前,施工单位不得实施工程变更,否则项目监理机构不予计量。

(3)工程变更确认后,施工方可按合同规定时限内向项目监理机构提交《工程变更费用报审表》,若在合同规定时限内未向项目监理机构提出变更工程价款报告的,项目监理机构可以在报经建设单位批准后,根据掌握的实际资料决定是否调整合同价款以及调整的金额。

(4)项目监理机构收到工程变更价款报告14天内,专业监理工程师必须完成对变更价款的审核工作并签认;若无正当理由,在14天内不签认的,则施工单位的变更工程价款自动生效。

(5)施工中建设单位对原工程设计进行变更的,应提前14天以书面形式向承包单位发出变更通知。施工单位若提出工程变更,应在提出时附工程变更原因、工程变更说明、工程变更费用及工期、必要的附件等内容。

(6)总监理工程师在签发工程变更单前,应就工程变更费用及工期的评估情况与施工单位和建设单位进行协调。

如果变更是由于下列原因,则承包单位无权要求任何额外或附加的费用,工期不予顺延:

①为了便于组织施工而采取的技术措施的变更或临时工程的变更;
②为了施工安全、避免干扰等原因而采取的技术措施的变更或临时工程的变更;
③因承包单位的违约、过错或承包单位负责的其他情况导致的变更。

(7)总监理工程师签发工程变更单后,专业监理人员应及时将施工图的相关内容进行变更,并注明工程变更单的编号、标注日期、标注人签名,将过程变更单归档。

6.2.3 工程停工管理

工程停工的管理　使用工程暂停令案例分析

1. 项目监理机构发现下列情况之一时,总监理工程师应及时签发工程暂停令

(1)建设单位要求暂停施工且工程需要暂停施工的;
(2)施工单位未经批准擅自施工或拒绝项目监理机构管理的;

(3)施工单位未按审查通过的工程设计文件施工的;

(4)施工单位未按批准的施工组织设计、(专项)施工方案施工或违反工程建设强制性标准的;

(5)施工存在重大质量、安全事故隐患或发生质量、安全事故的。

总监理工程师签发《工程暂停令》应征得建设单位同意,在紧急情况下未能事先报告的,应在事后及时向建设单位做出书面报告。

2.总监理工程师签发《工程暂停令》的程序

(1)发生情况1时,建设单位要求停工,总监理工程师经过独立判断,认为有必要暂停施工的,可签发《工程暂停令》;认为没有必要暂停施工的,不应签发《工程暂停令》。

(2)发生情况2时,施工单位擅自施工的,总监理工程师应及时签发《工程暂停令》;施工单位拒绝执行项目监理机构的要求和指令时,总监理工程师应视情况签发《工程暂停令》。

(3)发生情况3、4、5时,总监理工程师均应及时签发《工程暂停令》。

(4)总监在签发《工程暂停令》时应根据停工原因的影响范围和影响程度确定工程项目停工范围。

(5)施工单位收到总监签发的《工程暂停令》后应按其要求立即实施。

(6)暂停施工事件发生时,项目监理机构应如实记录所发生的情况。总监理工程师应会同有关各方按施工合同约定,处理因工程暂停引起的与工期、费用有关的问题。

(7)因施工单位原因暂停施工时,项目监理机构应检查、验收施工单位的停工整改过程、结果。当暂停施工原因消失、具备复工条件时,施工单位提出复工申请的,项目监理机构应审查施工单位报送的复工报审表及有关材料,符合要求后,总监理工程师应及时签署审查意见,并应报建设单位批准后签发《工程复工令》;施工单位未提出复工申请的,总监理工程师应根据工程实际情况指令施工单位恢复施工。

6.2.4 工程延期及工程延误管理

(1)项目监理机构收到施工单位《工程临时延期报审表》及相关证明材料后,可按下列情况进行审理确定批准工程延期的时间:

①申报的延期事件是否符合施工合同的约定;

②是否在事件发生后合同规定时限内,递交了延期申请报告;

③工期拖延和影响工期事件的事实和程度;

④影响工期事件对工期影响的量化程度。

(2)影响工期事件对工期影响的量化计算采用关键路径工期计算法,按下列步骤进行:

①以事先批准的详细的施工进度计划为依据,确定假设工程不受工期事件影响时应完成的工作或应达到的进度;

②详细核实受该事件影响后,实际完成的工作或实际达到的进度;

③查明因受该事件影响而受到延误的作业工种;

④查明实际的进度滞后是否还有其他影响因素,并确定其影响程度;

⑤最后,确定该事件对工程竣工时间或区段竣工时间的影响值。若量化结果未影响总工期,则不予批准。

(3)从接到延期申请表之日起,总监必须在14天内签署《工程临时延期报审表》。工程最终延期审批是在影响工期事件结束,施工单位提出最后一个《工程临时延期报审表》被批准后,经项目监理机构详细研究评审影响工期事件全过程对工程总工期的影响后,由总监签发《工程最终延期审批表》,批准施工单位有效延期时间。

(4)总监在签署《工程最终延期审批表》前,需与建设单位、施工单位协商,处理时还应综合考虑费用的索赔。

6.2.5 索赔管理

建设工程合同的管理——索赔的条件 索赔的计算

1.索赔的概念

索赔是当事人在合同实施过程中,根据法律、合同规定及惯例,对不应由自己承担责任的情况而造成的损失,向合同的另一方当事人提出给予赔偿或补偿要求的行为。在工程建设的各个阶段,都有可能发生索赔,但在施工阶段索赔发生较多。

对施工合同的双方来说,都有通过索赔维护自己合法利益的权利,依据双方约定的合同责任,构成正确履行合同义务的制约关系。

2.索赔的分类

一般工程项目经常按索赔目的分类,分工期索赔和费用索赔。

(1)工期索赔

由于非承包人责任的原因而导致施工进程延误,要求批准顺延合同工期的索赔,称之为工期索赔。工期索赔在形式上是对权利的要求,以避免在原定合同竣工日不能完工时,被发包人追究拖期违约责任。一旦获得批准合同工期顺延后,承包人不仅免除了承担拖期违约赔偿费的严重风险,而且可能因提前工期而得到奖励,最终仍反映在经济收益上。

(2)费用索赔

费用索赔的目的是要求经济补偿。当施工的客观条件改变导致承包人增加开支时,要求对超出计划成本的附加开支给予补偿,以挽回不应由他承担的经济损失。

在不同的索赔事件中可以索赔的费用是不同的,根据国家发改委、财政部、建设部等九部委第56号令发布的《标准施工招标文件》中通用条款的内容,可以合理补偿承包人的条款见表6-1。

表6-1 《标准施工招标文件》中合同条款规定的可以合理补偿承包人索赔的条款

序号	条款号	主要内容	可补偿内容 工期	可补偿内容 费用	可补偿内容 利润
1	1.10.1	施工过程发现文物、古迹以及其他遗迹、化石、钱币或物品	√	√	
2	4.11.2	承包人遇到不利物质条件	√	√	

(续表)

序号	条款号	主要内容	可补偿内容 工期	可补偿内容 费用	可补偿内容 利润
3	5.2.4	发包人要求向承包人提前交付材料和工程设备		√	
4	5.2.6	发包人提供的材料和工程设备不符合合同要求	√	√	√
5	8.3	发包人提供资料错误导致承包人返工或造成工程损失	√	√	√
6	11.3	发包人的原因造成工期延误	√	√	√
7	11.4	异常恶劣的气候条件	√		
8	11.6	发包人要求承包人提前竣工		√	
9	12.2	发包人的原因引起的暂停施工	√	√	√
10	12.4.2	发包人的原因造成暂停施工后无法按时复工	√	√	√
11	13.1.3	发包人的原因造成工程质量达不到合同约定验收标准	√	√	√
12	13.5.3	监理人对隐蔽工程重新检查,经检验证明工程质量符合合同要求	√	√	√
13	16.2	法律变化引起的价格调整		√	
14	18.4.2	发包人在全部工程竣工前,使用已接受的单位工程导致承包人费用增加	√	√	√
15	18.6.2	发包人的原因导致试运行失败		√	√
16	19.2	发包人的原因导致的工程缺陷和损失		√	√
17	21.3.1	不可抗力	√		

3.索赔管理程序

承包人索赔及监理工作程序如图 6-1 所示。

索赔管理程序通常包括以下内容:

(1)承包人提出索赔要求

①发出索赔意向通知。索赔事件发生后,承包人应在索赔事件发生后的 28 天内,向监理工程师递交索赔意向通知,声明将对此事件提出索赔。该意向通知是承包人就具体的索赔事件向监理工程师和发包人表示的索赔愿望和要求。如果超过这个期限,监理工程师和发包人有权拒绝承包人的索赔要求。索赔事件发生后,承包人有义务做好现场施工的同期记录,监理工程师有权随时检查和调阅,以判断索赔事件造成的实际损害。

②递交索赔报告。索赔意向通知提交后的 28 天内,或监理工程师可能同意的其他合理时间,承包人应递交正式的索赔报告。索赔报告的内容应包括:事件发生的原因,对其权益影响的证据资料,索赔的依据,此项索赔要求补偿的款项和工期延期天数的详细计算等有关材料。

如果索赔事件的影响持续存在,28 天内还不能算出索赔额和工期延期天数时,承包人应按监理工程师合理要求的时间间隔(一般为 28 天),定期陆续报出每一个时间段内的索赔证据资料和索赔要求。在该项索赔事件的影响结束后的 28 天内,报出最终详细报告,提出索赔论证资料和累计索赔额。

(2)监理工程师审核索赔报告

①监理工程师审核承包人的索赔申请。在接到正式索赔报告以后,认真研究承包人报送的索赔资料。首先,在不确认责任归属的情况下,客观分析事件发生的原因,重温合同的有关条款,研究承包人的索赔证据,并检查其同期记录。其次,通过对事件的分析,监理工程

师再依据合同条款划清责任界限,必要时还可以要求承包人进一步提供补充资料。尤其是对承包人与发包人或监理工程师都负有一定责任的事件,更应划出各方应该承担合同责任的比例。最后,再审查承包人提出的索赔补偿要求,剔除其中的不合理部分,拟定自己计算的合理索赔款额和工期顺延天数。

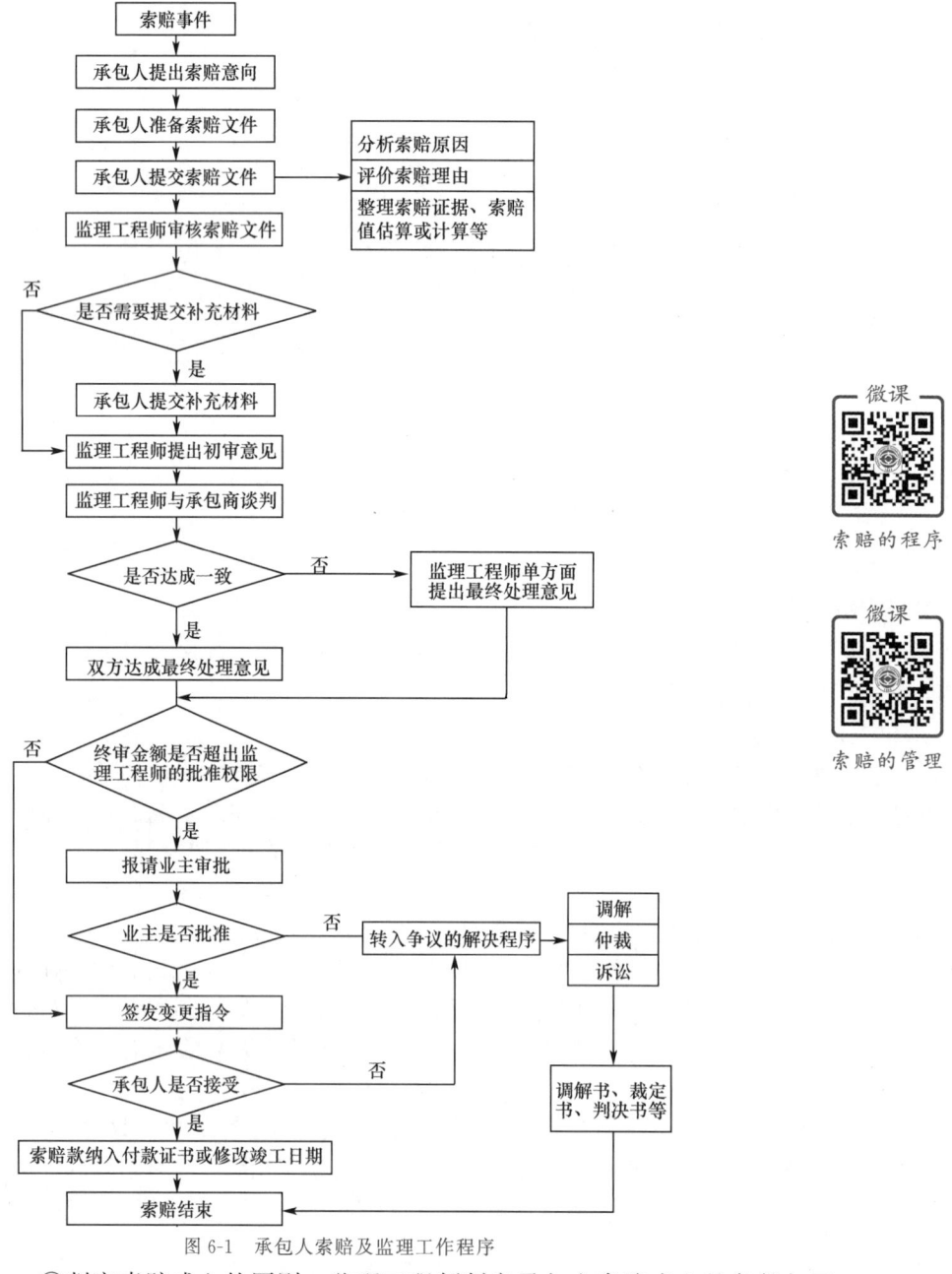

图 6-1 承包人索赔及监理工作程序

②判定索赔成立的原则。监理工程师判定承包人索赔成立的条件如下:

与合同相对照,事件已造成了承包人施工成本的额外支出或总工期延误;

造成费用增加或工期延误的原因,按合同约定不属于承包人应承担的责任,包括行为责任或风险责任;

承包人按合同规定的程序提交了索赔意向通知和索赔报告。

上述三个条件没有先后主次之分,应当同时具备。只有当监理工程师认定索赔成立后,方可处理给予承包人的补偿额。

③对索赔报告进行审查。审查时,主要进行事态调查、损害事件原因分析、分析索赔理由、实际损失分析、证据资料分析。如果监理工程师认为承包人提出的证据不能足以说明其要求的合理性时,可以要求承包人进一步提交索赔的证据资料。

(3) 确定合理的补偿额

①监理工程师与承包人协商补偿。监理工程师核查后,初步确定应予以补偿的额度往往与承包人的索赔报告中要求的额度不一致,甚至差额较大。其主要原因是对承担事件损害责任的界限划分不一致、索赔证据不充分、索赔计算的依据和方法分歧较大等,因此双方应就索赔的处理进行协商。

对于持续影响时间超过28天以上的工期延误事件,当工期索赔条件成立时,对承包人每隔28天报送的阶段索赔临时报告审查后,每次均应做出批准临时延长工期的决定,并于事件影响结束后28天内承包人提出最终的索赔报告后,批准顺延工期总天数。

应当注意的是,最终批准的总顺延天数,不应少于以前各阶段已同意顺延天数之和。规定承包人在事件影响期间必须每隔28天提出一次阶段索赔报告,可以使监理工程师能及时根据同期记录批准该阶段应予顺延工期的天数,避免事件影响时间太长而不能准确确定索赔值。

②监理工程师索赔处理决定。在经过认真分析研究,与承包人、发包人广泛讨论后,监理工程师应该向发包人和承包人提出自己的索赔处理决定。监理工程师收到承包人送交的索赔报告和有关资料后,于28天内给予答复或要求承包人进一步补充索赔理由和证据。《建设工程施工合同(示范文本)》规定,监理工程师收到承包人递交的索赔报告和有关资料后,如果在28天内既未予答复,也未对承包人做进一步要求,则视为已经认可承包人提出的该项索赔要求。

通过协商达不成共识时,承包人仅有权得到所提供的证据满足监理工程师认为索赔成立那部分的付款和工期顺延。不论监理工程师与承包人协商达成一致,还是他单方面做出的处理决定,批准给予补偿的款额和顺延工期的天数如果在授权范围内,则可将此结果通知承包人,并抄送发包人。补偿款将计入下月支付工程进度款的支付证书内,顺延的工期加到原合同工期中去。如果批准的额度超过监理工程师权限,则应报请发包人批准。

通常,监理工程师的处理决定不是终局性的,对发包人和承包人都不具有强制性的约束力。承包人若对监理工程师的决定不满意,可以按合同中的争议条款提交约定的仲裁机构仲裁或诉讼。

(4) 发包人审查索赔处理

当监理工程师确定的索赔额超过其权限范围时,必须报请发包人批准。

发包人首先根据事件发生的原因、责任范围、合同条款,审核承包人的索赔申请和监理工程师的处理报告,再依据工程建设的目的、投资控制、竣工投产日期要求以及针对承包人在施工中的缺陷或违反合同规定等有关情况,决定是否同意监理工程师的处理意见。

索赔报告经发包人同意后,监理工程师即可签发有关证书。

(5) 承包人是否接受最终索赔处理

承包人接受最终的索赔处理决定,索赔事件的处理即告结束。如果承包人不同意,就会导致合同争议。通过协商，双方达到互谅互让的解决方案，是处理争议的最理想方式。如达不成谅解，承包人有权提交仲裁或诉讼解决。

工程案例

案例1

某实行监理的工程，实施过程中发生下列事件。

事件1：建设单位于2016年11月底向中标的监理单位发出监理中标通知书，监理中标价为280万元；建设单位与监理单位协商后，于2017年1月10日签订了建设工程监理合同。监理合同约定：合同价为260万元；因非监理单位原因导致监理服务期延长，每延长一个月增加监理费8万元；监理服务自合同签订之日起开始，服务期为26个月。

建设单位通过招标确定了施工单位，并与施工单位签订了建设工程施工合同，合同约定：开工日期为2017年2月10日，施工总工期为24个月。

事件2：由于吊装作业危险性较大，施工项目部编制了专项施工方案，并送现场监理员签收。吊装作业前，吊车司机使用风速仪检测到风力过大，拒绝进行吊装作业。施工项目经理便安排另一名吊车司机进行吊装作业，监理员发现后立即向专业监理工程师汇报，该专业监理工程师回答说：这是施工单位内部的事情。

事件3：监理员将施工项目部编制的专项施工方案交给总监理工程师后，发现现场吊装作业吊车发生故障。为了不影响进度，施工项目经理调来另一台吊车，该吊车比施工方案确定的吊车吨位稍小，但经安全检测可以使用。监理员立即将此事向总监理工程师汇报，总监理工程师以专项施工方案未经审查批准就实施为由，签发了停止吊装作业的指令。施工项目经理签收暂停令后，仍要求施工人员继续进行吊装。总监理工程师报告了建设单位，建设单位负责人称工期紧迫，要求总监理工程师收回吊装作业暂停令。

事件4：由于施工单位的原因，施工总工期延误5个月，监理服务期达30个月。监理单位要求建设单位增加监理费32万元，而建设单位认为监理服务期延长是施工单位造成的，监理单位对此也负有责任，不同意增加监理费。

问题：

1. 指出事件1中建设单位做法的不妥之处，写出正确做法。

2. 指出事件2中专业监理工程师的不妥之处，写出正确做法。

3. 指出事件2和事件3中施工项目经理在吊装作业中的不妥之处，写出正确做法。

4. 分别指出事件3中建设单位、总监理工程师工作中的不妥之处，写出正确做法。

5. 事件4中，监理单位要求建设单位增加监理费是否合理？说明理由。

案例 2

某工程，建设单位采用公开招标方式选择工程监理单位，实施过程中发生如下事件：

事件1：建设单位提议：评标委员会由5人组成，包括建设单位代表1人、招标监管机构工作人员1人和评标专家库随机抽取的技术、经济专家3人。

事件2：评标时，评标委员会评审发现：A投标人为联合体投标，没有提交联合体共同投标协议；B投标人将造价控制监理工作转让给具有工程造价咨询资质的专业单位；C投标人拟派的总监理工程师代表不具备注册监理工程师职业资格；D投标人的投标报价高于招标文件设定的最高投标限价。评标委员会决定否决上述各投标人的投标。

事件3：监理合同订立过程中，建设单位提出应由监理单位负责下列四项工作：①主持设计交底会议；②签发《工程开工令》；③签发《工程款支付证书》；④组织工程竣工验收。

事件4：监理员巡视时发现，部分设备安装存在质量问题，即签发了《监理通知单》，要求施工单位整改。整改完毕后，施工单位回复了《整改工程报验表》，要求项目监理机构对整改结果进行复查。

问题：

1. 针对事件1，建设单位的提议有什么不妥？说明理由。
2. 针对事件2，分别指出评标委员会决定否决A、B、C、D投标人的投标是否正确，并说明理由。
3. 针对事件3，依据《建设工程监理合同（示范文本）》，建设单位提出的四项工作应分别由谁负责？
4. 针对事件4，分别指出监理员和施工单位的做法有什么不妥，并写出正确做法。

学习情境六 案例分析

自我测评

通过本学习情境的学习，你是否掌握了建设工程合同管理的相关知识？赶快拿出手机，扫描二维码测一测吧。

学习情境6 建设工程合同管理A

学习情境6 建设工程合同管理B

学习情境 7

建设工程风险控制与安全管理

开篇案例

某医院门诊楼,位于市中心区域,建筑面积 28 326 m²,地下 1 层,地上 10 层,檐高 33.7 m。框架剪力墙结构,筏板基础,基础埋深 7.8 m,底板厚度 1 100 mm,混凝土强度等级 C30,抗渗等级 P8。室内地面铺设实木地板,工程精装修交工。2016 年 3 月 15 日开工,外墙结构及装修施工均采用钢管扣件式双排落地脚手架。

事件一:施工中,某工人在中厅高空搭设脚手架时随手将扳手放在脚手架上,脚手架受振动后扳手从上面滑落,顺着楼板预留洞口(平面尺寸 0.25 m×0.50 m)砸到在地下室施工的王姓工人头部。由于王姓工人认为在室内的楼板下作业没有危险,故没有戴安全帽,被砸成重伤。

事件二:工程施工至结构四层时,该地区发生了持续两小时的暴雨,并伴有短时 6～7 级大风。风雨结束后,施工项目负责人组织有关人员对现场脚手架进行检查验收,排除隐患后恢复了施工生产。

事件三:2016 年 9 月 25 日,地方建设行政主管部门检查项目施工人员三级教育情况,质询项目经理部的教育内容。施工项目负责人回答:"进行了国家和地方安全生产方针、企业安全规章制度、工地安全制度、工程可能存在的不安全因素四项内容的教育",受到了地方建设行政主管部门的严厉批评。

事件四:2016 年 10 月 20 日 7 时 30 分左右,因通道和楼层自然采光不足,瓦工陈某不慎从 9 层未设门槛的管道井竖向洞口处坠落地下一层混凝土底板上,当场死亡。

▼ 需完成的工作任务

1. 针对本工程项目进行风险识别,并提出防止风险的对策。
2. 作为监理工程师,研究确定对本工程项目进行安全生产监理的工作内容。
3. 编制处理安全事故、隐患的监理程序。

学习子情境7.1 对工程项目进行风险识别与控制

7.1.1 风险及其特点

1. 风险及相关概念

（1）风险

风险有以下两种定义：其一，风险就是与出现损失有关的不确定性；其二，风险就是在给定情况下和特定时间内，可能发生的结果之间的差异（或实际结果与预期结果之间的差异）。风险要具备两方面条件：一是不确定性，二是损失后果，否则就不能称之为风险。因此，肯定发生损失后果的事件不是风险，没有损失后果的不确定性事件也不是风险。

（2）风险因素

风险因素是指能产生或增加损失概率和损失程度的条件或因素，是风险事件发生的潜在原因，是造成损失的内在或间接原因，通常分为三种：其一，自然风险因素，或称客观风险因素，如冰雪路面或汽车制动系统故障等均可能引发车祸而导致人员伤亡；其二，道德风险因素，如人的品质缺陷或欺诈行为等；其三，心理风险因素，如投保后疏于对损失的防范，自认为身强力壮而不注意健康等。

（3）风险事件

风险事件是指造成损失的偶发事件，是造成损失的外在原因或直接原因，如失火、雷电、地震、偷盗、抢劫等事件。

（4）损失

损失是指非故意的、非计划的和非预期的经济价值的减少，通常以货币单位来衡量。损失一般可分为直接损失和间接损失两种。

（5）损失机会

损失机会是指损失出现的概率，分为客观概率和主观概率两种。客观概率是某事件在长时间内发生的频率。主观概率是个人对某事件发生可能性的估计。

（6）风险及相关概念间的关系

风险因素引发风险事件，风险事件导致损失，而损失所形成的结果就是风险。如图7-1所示。

图7-1 风险因素、风险事件、损失与风险之间的关系

2.风险的特点

(1)风险存在于随机状态中,状态完全确定时的不利后果不能称为风险;

(2)风险是针对未来的;

(3)风险是客观存在的,在工程项目建设中,无论是自然界的风暴、地震、滑坡灾难,还是与人们活动紧密相关的施工技术、施工方案不当造成的风险损失,都是不以人的意志为转移的客观现实;

(4)风险是多样的,即在一个工程项目中有许多种类的风险存在,如政治风险、经济风险、法律风险、自然风险、合同风险等;

(5)风险是相对的,它的大小决定于决策目标,对同一方案,不同的决策目标风险的大小是不同的;

(6)风险主要决定于行动方案和未来环境;

(7)客观条件的变化是风险转化的主要因素。

7.1.2 建设工程风险控制概念

我们常说,任何企业进行经营、投资、建设等活动都会有风险。既然有风险就不能听之任之,而是要进行控制。建设工程自然也存在风险,所谓建设工程风险,就是指在建设工程中存在的不确定性因素以及可能导致结果出现差异的可能性。为把影响实现工程项目目标的各类风险减至最低,对建设工程风险进行识别、确定和度量,并制定、选择和实施风险处理方案的过程,称为建设工程风险控制。

一般来说,建设工程风险贯穿于建设工程项目形成全过程,它有以下特点:

(1)建设工程风险大。一般将建设工程风险因素分为政治、社会、经济、自然和技术等方面。明确这一点,就是要从思想上给予高度重视。建设工程风险的概率大、范围广,应采取有利的措施主动预防和控制。

(2)参与工程建设的各方均有风险,但是各方的风险不尽相同。例如:发生通货膨胀风险事件,在可以调价合同条件下,对业主来说是相当大的风险,而对承包方来说则风险较小;但如果是固定总价合同条件下,对业主就不是风险,而对承包商来说就是相当大的风险。因此,要对各种风险进行有效的预测,分析各种风险发生的可能性。

(3)建设工程风险在决策阶段主要表现为投机风险,而实施阶段则主要表现为纯风险。

7.1.3 建设工程风险控制过程

建设工程风险控制是一个系统、完整的过程,一般也是一个循环过程。建设工程风险控制过程包括:风险识别、风险评估、风险决策、决策的实施、执行情况检查五个方面内容。

1.风险识别

风险识别是指通过一定的方式,系统而全面地分析影响目标实现的风险事件,并进行归类处理的过程,必要时还需对风险事件的后果进行定性分析和估计。

2.风险评估

风险评估是指将建设工程风险事件发生的可能性和损失后果进行定量化的过程。风险评估的结果主要在于确定各种风险事件发生的概率及其对建设工程目标的严重影响程度,如投资增加的数额、工期延误的时间等。

3.风险决策

风险决策是选择确定建设工程风险事件最佳对策组合的过程,通常有风险回避、损失控制、风险转移和风险自留四种措施。

（1）风险回避

风险回避是指事先预料风险产生的可能程度,判断其实现的条件和因素,在行动中尽可能地避免或改变行动方向,即以一定的方式中断风险源,使其不发生或不再发展,从而避免可能产生的潜在损失。从风险量大小的角度来考虑,这种风险对策适用于风险量大的情况。风险回避虽然是一种风险防范措施,但由于风险是广泛存在的,想要完全回避是不可能的,而且很多风险属于投机风险,如果采取风险回避的对策,在避免损失的同时,也失去了获利的机会。因此,在采取风险回避对策时,应对该对策的消极面有清醒的认识,并注意以下几点：

①当风险可能导致的损失频率和损失幅度极高,且对此风险有足够的认识时,这种策略才有意义。

②当采用其他风险策略的成本和效益的预期值不理想时,可采用风险回避的策略。

③不是所有的风险都可以采取回避策略的,如地震、洪灾、台风等。

④由于回避风险只是在特定范围内及特定的角度上才有效,因此避免了某种风险,又有可能产生另一种新的风险。

此外,在许多情况下,风险回避是不可能或不实际的。因为,工程建设过程中会面临许多风险,无论是业主、承包商,还是监理企业,都必须承担某些风险,因此在采用此对策时,要对风险对象有所选择。

（2）损失控制

损失控制是指事前要预防或降低风险发生的概率,同时要考虑到风险无法避免时,要运用可能的手段力求降低损失的程度。这是一种积极、主动的风险处理对策,实现的途径有两种,即损失预防和损失抑制。

损失预防措施主要是降低或消除损失发生的概率;损失抑制措施主要是降低损失的严重程度或遏制损失的进一步发展,使损失最小化。损失抑制是指损失发生时或损失发生后,为了缩小损失幅度所采取的各项措施。

（3）风险转移

风险转移是指借助若干技术和经济手段,将组织或项目的部分风险或全部风险转移到其他组织或个人,以避免大的损失。从风险量大小的角度来考虑,这种风险对策适用于风险量比较大的情况。风险转移的方法有两种,即保险转移和非保险转移。

保险转移就是保险,它是指建设工程业主、承包商或监理单位通过购买保险,将本应由自己承担的工程风险转移给保险公司,从而使自己免受风险损失。购买保险这种风险转移方式得到越来越广泛的运用,原因在于保险人较投保人更适宜承担有关的风险。在建设工程方面,我国目前已施行了意外伤害保险、建筑工程一切险、安装工程一切险和建筑安装工程第三者责任险等。《建筑法》第四十八条规定,建筑施工企业应当依法为职工参加工伤保险,缴纳工伤保险费。鼓励企业为从事危险作业的职工办理意外伤害保险,支付保险费。

非保险转移通常也称为合同转移,一般通过签订合同的方式将工程风险转移给非保险人的对方当事人。

(4)风险自留

风险自留又称风险自担,就是由企业或项目组织自己承担风险事件所致损失的措施。这种措施有时是无意识的,如由于管理人员缺乏风险意识、风险识别失误或评价失误,或决策延误甚至是决策实施延误等各种原因,都会导致没有采取有效措施防范风险,以致风险事件发生时只好自己承担。这种情况称为被动风险自留,亦称非计划性风险自留。但是风险自留有时是有计划的风险处理对策,它是整个建设工程风险对策计划的一个组成部分。这种情况下,风险承担人通常已经做好了处理风险的准备。这种情况称为主动风险自留,亦称计划性风险自留。从风险量大小的角度来考虑,风险自留的对策适用于风险量比较小的情况。

4.决策的实施

决策的实施指制定计划并付诸实施的过程。例如:制定预防计划、灾难计划、应急计划等;又如,在决定购买工程保险时,要选择保险公司,确定恰当的保险范围、赔额、保险费等。这些都是实施风险对策决策的重要内容。

5.执行情况检查

执行情况检查是指跟踪了解风险决策的执行情况,并根据变化的情况,及时调整对策,并评价各项风险对策的执行效果。除此之外,还需要检查是否有被遗漏的工程风险或者发现新的工程风险,那么就要进行新一轮的风险识别,开始新的风险管理过程。

学习子情境7.2 对工程项目履行安全生产监理责任

7.2.1 建设工程安全生产监理责任的规定

建设工程安全生产监理责任就是监理工程师对建设工程中的人、材料、机械、方法、环境及施工全过程的安全生产进行监督管理,通过组织、技术、经济和合同措施,保证建设行为符合国家安全生产、劳动保护、环境保护、消防等法律法规、标准规范和有关方针、政策,有效地将建设工程安全风险控制在允许的范围内,以确保施工安全。它是建设工程监理的重要组成部分,也是建设工程安全生产管理的重要保障。

2003年11月24日,国务院颁布了《建设工程安全生产管理条例》,并于2004年2月1日起施行。《建设工程安全生产管理条例》规定了工程建设参与各方责任主体的安全责任,明确规定工程监理单位的安全责任,以及工程监理单位和监理工程师应对建设工程安全生产承担监理责任。具体内容参见本书1.2.5节内容。2013年5月13日颁布实施的《建设工程监理规范》(GB/T 50319—2013)更加明确了监理是"履行建设工程安全生产管理法定职责的服务活动"。

7.2.2 建设工程安全生产监理工作内容

为了认真贯彻《建设工程安全生产管理条例》,指导和督促工程监理单位落实安全生产监理责任,做好建设工程安全生产的监理工作,切实加强建设工程安全生产管理,《建设工程监理规范》(GB/T 50319—2013),明确了工程监理单位按照法律、法规和工程建设强制性标准及监理合同实施监理时,对所监理工程的施工安全生产进行监督检查的工作内容。

1.施工准备阶段主要工作内容

(1)监理单位应根据《建设工程安全生产管理条例》的规定,按照工程建设强制性标准、《建设工程监理规范》(GB/T 50319—2013)和相关行业监理规范的要求,编制包括安全生产监理内容的项目监理规划,明确安全生产监理的范围、内容、工作程序和制度措施,以及人员配备计划和职责等。

(2)对中型及以上项目和危险性较大的分部分项工程,监理单位应当编制监理实施细则。实施细则应当明确安全生产监理的方法、措施和控制要点,以及对施工单位安全技术措施的检查方案。

《建设工程安全生产管理条例》规定,施工单位应当在施工组织设计中编制安全技术措施和施工现场临时用电方案,并附安全验算结果,经施工单位技术负责人、总监理工程师签字后实施,由专职安全生产管理人员进行现场监督。《危险性较大的分部分项工程安全管理办法》(建质[2009]87号),规定施工单位应当在危险性较大的分部分项工程施工前编制专项方案,实行施工总承包的,专项方案应当由施工总承包单位组织编制。专项方案应当由施工单位技术部门组织本单位施工技术、安全、质量等部门的专业技术人员进行审核。经审核合格的,由施工单位技术负责人签字,然后报监理单位,由项目总监理工程师审核签字。对于超过一定规模的危险性较大的分部分项工程,施工单位应当组织专家对专项方案进行论证。其中,危险性较大的分部分项工程范围包括:

①基坑支护、降水工程

开挖深度超过3 m(含3 m)或虽未超过3 m,但地质条件和周边环境复杂的基坑(槽)支护、降水工程。

②土方开挖工程

开挖深度超过3 m(含3 m)的基坑(槽)的土方开挖工程。

③模板工程及支撑体系

◎ 各类工具式模板工程:包括大模板、滑模、爬模、飞模等工程。

◎ 混凝土模板支撑工程:搭设高度为5 m及以上,搭设跨度为10 m及以上,施工总荷载为10 kN/m² 及以上的工程。

◎ 集中线荷载为15 kN/m² 及以上;高度大于支撑水平投影宽度且相对独立、无连系构件的混凝土模板支撑工程。

承重支撑体系:用于钢结构安装等满堂支撑体系。

④起重吊装及安装拆卸工程

◎ 采用非常规起重设备、方法,且单件起吊重量在10 kN及以上的起重吊装工程。

◎ 采用起重机械进行安装的工程。

◎ 起重机械设备自身的安装、拆卸。

⑤脚手架工程
- 搭设高度为24 m及以上的落地式钢管脚手架工程。
- 附着式整体和分片提升脚手架工程。
- 悬挑式脚手架工程。
- 吊篮脚手架工程。
- 自制卸料平台、移动操作平台工程。
- 新型及异形脚手架工程。

⑥拆除、爆破工程
- 建筑物、构筑物拆除工程。
- 采用爆破拆除的工程。

⑦其他
- 建筑幕墙安装工程。
- 钢结构、网架和索膜结构安装工程。
- 人工挖扩孔桩工程。
- 地下暗挖、顶管及水下作业工程。
- 预应力工程。
- 采用新技术、新工艺、新材料、新设备及尚无相关技术标准的危险性较大的分部分项工程。

(3)审查施工单位编制的施工组织设计中的安全技术措施和危险性较大的分部分项工程安全专项施工方案是否符合工程建设强制性标准要求。审查的主要内容应当包括：

①施工单位编制的地下管线保护措施方案是否符合强制性标准要求；

②基坑支护与降水、土方开挖与边坡防护、模板、起重吊装、脚手架、拆除、爆破等分部分项工程的专项施工方案是否符合强制性标准要求；

③施工现场临时用电施工组织设计或者安全用电技术措施和电气防火措施是否符合强制性标准要求；

④冬季、雨季等季节性施工方案的制定是否符合强制性标准要求；

⑤施工总平面布置图是否符合安全生产的要求，办公、宿舍、食堂、道路等临时设施设置以及排水、防火措施是否符合强制性标准要求。

(4)检查施工单位在工程项目上的安全生产规章制度和安全监管机构的建立、健全及专职安全生产管理人员配备情况，督促施工单位检查各分包单位的安全生产规章制度的建立情况。

施工单位施工现场安全生产保证体系主要内容包括：

①施工现场安全生产组织机构。

②施工现场安全生产规章制度。施工现场安全生产规章制度包括：安全生产目标责任制度、安全生产检查制度、安全生产教育和培训制度、事故处理和报告制度等。

③施工单位项目负责人的执业资格证书和安全生产考核合格证书应齐全、有效。

④施工单位专职安全生产管理人员的配备数量应符合有关规定，其执业资格证书和安全生产考核合格证书应齐全、有效。

根据《建筑施工企业安全生产管理机构设置及专职安全生产管理人员配备办法》(建质[2008]91号)的规定，总承包单位配备项目专职安全生产管理人员应当满足下列要求：

- 建筑工程、装修工程按照建筑面积配备：

1万平方米以下的工程不少于1人；1万~5万平方米的工程不少于2人；5万平方米及以上的工程不少于3人，且按专业配备专职安全生产管理人员。

- 土木工程、线路管道、设备安装工程按照工程合同价配备：

5 000万元以下的工程不少于1人；5 000万~1亿元的工程不少于2人；1亿元及以上

的工程不少于3人,且按专业配备专职安全生产管理人员。

(5)审查施工单位资质和安全生产许可证是否合法有效。

①建筑企业安全生产许可证应由施工单位注册地省级以上政府安全生产监督管理部门颁发和管理。

②跨省作业的建筑施工企业,应持企业所在省、自治区、直辖市建设行政主管部门颁发的安全生产许可证,向工程项目所在地省、自治区、直辖市建设行政主管部门备案。

③安全生产许可证有效期为3年。

(6)审查项目经理和专职安全生产管理人员是否具备合法资格,是否与投标文件一致。

(7)审核特种作业人员的特种作业操作资格证书是否合法、有效。

建设工程特种作业人员是指垂直运输机械安装拆卸人员、开机作业人员(塔式起重机、施工电梯、井架安装拆卸工、塔式起重机司机、施工电梯司机、井字架司机等)、超重信号工(塔式起重机指挥等)、登高架设作业人员(架子工等)、电工、电气焊工、爆破作业人员和场内机动车驾驶员等。

(8)审核施工单位应急救援预案和安全防护措施费用使用计划。

2.施工阶段主要工作内容

(1)监督施工单位按照施工组织设计中的安全技术措施和专项施工方案组织施工,及时制止违规施工作业。

(2)定期巡视检查施工过程中的危险性较大工程作业情况。

(3)核查施工现场施工起重机械、整体提升脚手架、模板等自升式架设设施和安全设施的验收手续。

①对施工单位拟用的起重机械的性能检测报告、验收许可及备案证书、安装单位企业资质及安装方案进行程序性核查;经项目监理机构对其验收程序进行核查,签认后施工单位方可投入使用;拆卸前项目监理机构应对施工单位所报送的资料(包括拆卸方案和拆卸单位的企业资质等)进行程序性核查,签认后施工单位方可进行拆卸。

这里所称的起重机械是指纳入特种设备目录,在房屋建筑工地和市政工程工地安装、拆卸、使用的起重机械。主要有塔式起重机、施工升降机、电动吊篮、物料提升机等。

②检查施工机械设备的进场安装验收手续,并在相应的报审表上签署意见。这里所称的施工机械设备是指挖掘机械、基础及凿井机械、钢筋混凝土机械、土方铲运机械、凿岩机械、筑路机械等。监理人员应对施工机械的验收记录进行核查,核查验收记录中的验收程序、结论和确认手续。

(4)检查施工现场各种安全标志和安全防护措施是否符合强制性标准要求,并检查安全生产费用的使用情况。

(5)督促施工单位进行安全自查工作,并对施工单位自查情况进行抽查,参加建设单位组织的安全生产专项检查。

7.2.3 建设工程安全生产监理工作程序

1.施工过程安全生产监理程序

(1)项目监理机构按照《建设工程监理规范》(GB/T 50319—2013)和相关行业监理规范要求,编制含有安全生产监理内容的监理规划和监理实施细则。

(2)在施工准备阶段,项目监理机构审查核验施工单位提交的有关技术文件及资料,由总监理工程师在《专项施工方案报审表》上签署审核意见,涉及超过一定规模的危险性较大的分项工程还需报建设单位审批;审核、审批未通过的,安全技术措施及专项施工方案不得实施。

(3)在施工阶段,项目监理机构应对施工现场安全生产情况进行巡视检查,对发现的各类安全事故隐患,应书面通知施工单位,并督促其立即整改;情况严重的,项目监理机构应及时下达《工程暂停令》,要求施工单位停工整改,并同时报告建设单位。安全事故隐患消除后,项目监理机构应检查整改结果,签署复查或复工意见。施工单位拒不整改或不停工整改的,项目监理机构应当及时向工程所在地建设主管部门或工程项目的行业主管部门报告。以电话形式报告的,应当有通话记录,并及时补充书面报告。检查、整改、复查、报告等情况应记载在监理日志、监理月报中。

项目监理机构应核查施工单位提交的施工起重机械、整体提升脚手架、模板等自升式架设设施和安全设施等验收记录。

(4)工程竣工后,监理单位应将有关安全生产的技术文件、验收记录、监理规划、监理实施细则、监理月报、监理会议纪要及相关书面通知等,按规定立卷归档。

施工过程安全生产监理工作程序,如图7-2所示。

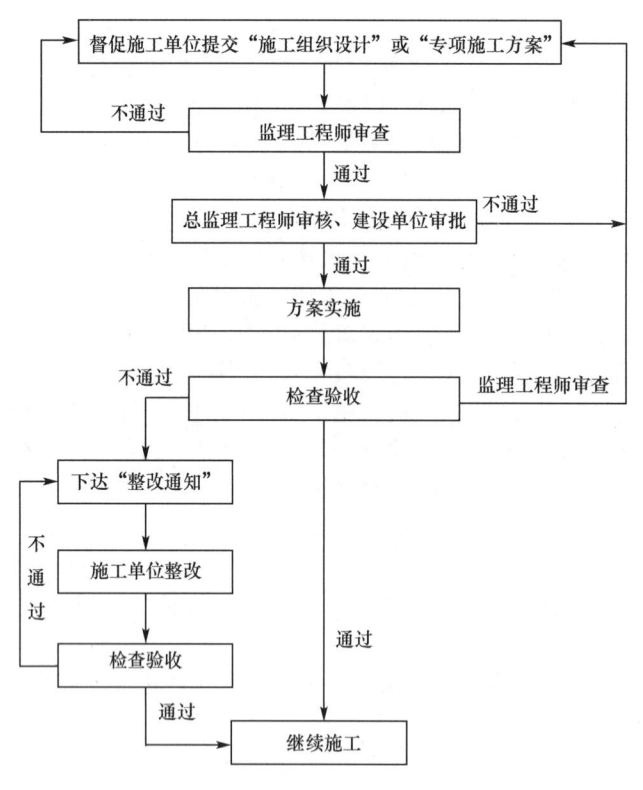

图7-2 施工过程安全生产监理工作程序

2.安全技术措施及专项施工方案的审查程序

(1)项目监理机构收到施工单位报送的安全技术措施或专项施工方案后,总监理工程师应组织监理工程师进行审查。

(2)总监理工程师在监理工程师审查的基础上进行审核,并在《专项施工方案报审表》上签字确认。涉及超过一定规模的危险性较大的分项工程还需报建设单位审批。

(3)当需要施工单位修改时,监理工程师应在《专项施工方案报审表》上签署不通过的结论,并注明原因。

3.安全事故隐患处理监理程序

(1)在施工阶段,监理人员应对施工现场安全生产情况进行巡视检查,对发现的各类安全事故隐患,应通知施工单位,并督促其立即整改。

(2)情况严重的,项目监理机构应及时下达《工程暂停令》,要求施工单位停工整改,并同时报告建设单位。

(3)安全事故隐患消除后,项目监理机构应检查整改结果,签署复查或复工意见。

(4)施工单位拒不整改或不停工整改的,监理单位应当及时向有关部门报告。以电话形式报告的,应当有通话记录,并及时补充书面报告。

(5)检查、整改、复查、报告等情况应体现在监理日志中,监理月报中应有相关内容。

安全事故隐患处理监理工作程序如图7-3所示。

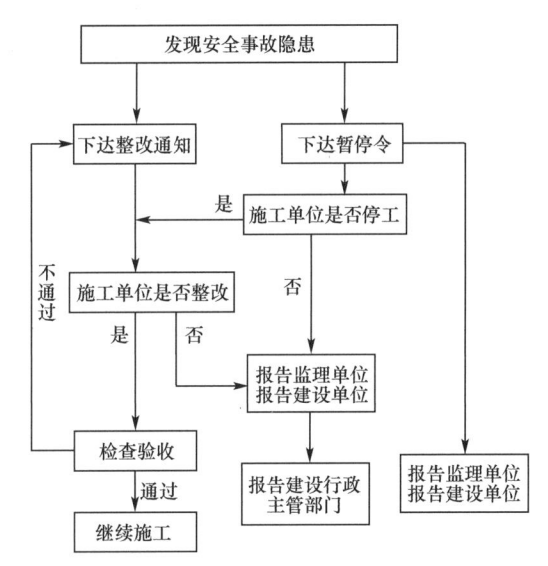

图7-3 安全事故隐患处理监理工作程序

4.安全事故处理的监理程序

(1)当现场发生安全事故后,总监理工程师应及时签发《工程暂停令》,并向监理单位和建设单位报告。

(2)总监理工程师应及时会同建设单位现场负责人向施工单位了解事故情况。针对事故调查组提出的处理意见和防范措施,项目监理机构应检查施工单位的落实情况。

(3)审查施工单位的复工方案。

(4)对施工现场的整改情况进行核查,总监理工程师审核确认后,按相关规定下达复工令。

安全事故处理监理工作程序如图7-4所示。

5.安全防护、文明施工措施费用支付审核程序

(1)重开工前,审核施工单位的安全防护、文明施工措施费用计划、费用清单。

(2)在施工过程中,检查安全防护、文明施工措施费用的使用情况,按期审核施工单位提交的措施费用落实清单及措施费用支付申请。

(3)签署安全防护、文明施工措施费用支付证书,并报送建设单位。

```
                    ┌─────────────┐
                    │ 发生安全事故 │
                    └──────┬──────┘
              ┌────────────┴────────────┐
              ▼                         ▼
      ┌──────────────┐          ┌──────────────┐
      │ 报告监理单位 │          │ 参加应急救援 │
      │ 报告建设单位 │          │ 下达暂停令   │
      └──────┬───────┘          └──────┬───────┘
             │   督促施工单位及时上报  │
             ▼                         ▼
   ┌──────────────────┐        ┌──────────────────┐
   │ 上报建设行政主管 │        │ 收集整理现场监理 │
   │ 部门             │        │ 资料（文字、音像│
   │                  │        │ 等）            │
   └──────────────────┘        └──────┬───────────┘
                                      ▼
                          ┌──────────────────────┐
                          │ 参与或配合事故的调查 │
                          │ 和分析               │
                          └──────┬───────────────┘
                                 ▼
                          ┌──────────────────────┐
                          │ 督促检查施工单位对事 │
                          │ 故调查组提出的处理意 │
                          │ 见和防范措施的落实情况│
                          └──────┬───────────────┘
                     不通过      ▼
                   ┌──────┌──────────────────┐
                   │      │ 施工单位提交复工 │
                   │      │ 方案             │
                   │      └──────┬───────────┘
                   │             ▼
                   │      ┌──────────────────┐
                   └──────│ 审查复工方案     │
                          └──────┬───────────┘
                              通过│
                                 ▼
                          ┌──────────────────────┐
                          │ 现场整改通过，按相关 │
                          │ 规定下达复工令       │
                          └──────────────────────┘
```

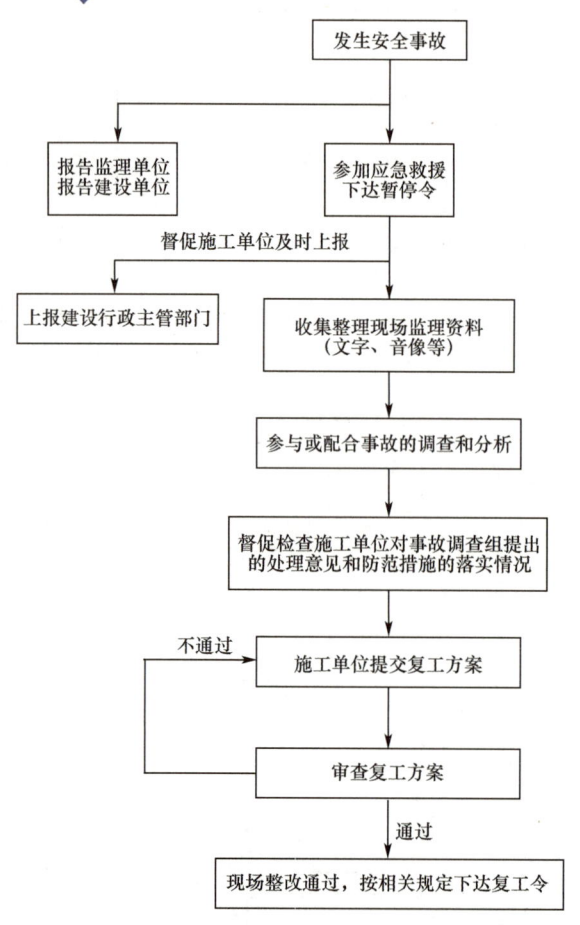

图 7-4　安全事故处理监理工作程序

7.2.4 安全事故隐患监理措施

在房屋建筑和市政工程施工过程中，存在有一定危害、可能导致人员伤亡或造成经济损失的生产安全隐患。监理工程师应对检查出的安全事故隐患立即发出安全隐患整改通知单。施工单位应对安全隐患原因进行分析，制定纠正和预防措施。安全事故整改措施经监理工程师确认后实施。监理工程师对安全事故整改措施的实施过程和实施效果应进行跟踪检查，保存验证记录。表 7-1 是对一般工程潜在的安全事故隐患采取的监理措施。

表 7-1　　　　　　　　　　安全事故隐患及监理措施

序号	作业/活动/设施/场所	危险源	重大	一般	可能导致的事故	监理措施	备注
1	土方开挖	施工机械有缺陷		√	机械伤害、倾覆等	进行巡视检查	
2		施工机械的作业位置不符合要求		√	倾覆、触电等	进行巡视检查	
3		挖土机司机无证或违章作业		√	机械伤害等	督促施工单位进行教育和培训、进行巡视检查	
4		其他人员违规进入挖土机作业区域		√	机械伤害等	督促施工单位执行运行的安全控制程序、进行巡视检查	

(续表)

序号	作业/活动/设施/场所	危险源	重大	一般	可能导致的事故	监理措施	备注
5	基坑支护	支护方案或设计缺乏或者不符合要求	√		坍塌等	督促施工单位编制或修订方案,并组织审查	
6		临边防护措施缺乏或者不符合要求		√	坍塌等	督促施工单位认真落实经过审批的方案或修正不合理的方案	
7		未定期对支撑、边坡进行监视、测量		√	坍塌等	督促施工单位执行运行的安全控制程序,进行巡视检查	
8		坑壁支护不符合要求	√		坍塌等	督促施工单位执行已批准的方案,进行巡视控制	
9		排水措施缺乏或者措施不当		√	坍塌等	进行巡视检查	
10		积土料具堆放或机械设备施工不合理造成坑边荷载超载		√	坍塌等	督促施工单位执行运行的安全控制程序,进行巡视检查	
11		人员上下通道缺乏或设置不合理		√	高处坠落等	督促施工单位执行运行的安全控制程序,进行巡视检查	
12		基坑作业环境不符合要求或缺乏垂直作业上下隔离防护措施		√	高处坠落、物体打击等	督促施工单位对此危险源制定安全目标和管理方案	
13	脚手架工程	施工方案缺乏或不符合要求	√		高处坠落等	督促施工单位编制设计与施工方案,并组织审查	
14		脚手架材质不符合要求		√	架体倒塌、高处坠落等	进行巡视检查	
15		脚手架基础不能保证架体的荷载	√		架体倒塌、高处坠落等	督促施工单位执行已批准的方案,并根据实际情况对方案进行修正	
16		脚手架铺设或材质不符合要求		√	高处坠落等	进行巡视检查	
17		架体稳定性不符合要求		√	架体倒塌、高处坠落等	督促施工单位执行运行的安全控制程序,进行巡视检查	
18		脚手架荷载超载或堆放不均匀		√	高处坠落等	进行巡视检查	
19		架体防护不符合要求		√	高处坠落等	进行巡视检查	
20		无交底或验收		√	架体倾斜等	督促施工单位进行技术交底并认真验收	
21		人员与物料到达工作平台的方法不合适		√	高处坠落,物体打击等	督促施工单位执行运行的安全控制程序,督促施工单位进行教育和培训	
22		架体不按规定与建筑物拉结		√	架体倾倒等	进行巡视检查	
23		脚手架不按方案要求搭设		√	架体倾倒等	督促施工单位进行教育和培训,进行巡视检查	
24	悬挑脚手架工程	悬挑梁安装不符合要求	√		架体倾倒等	督促施工单位执行运行的安全控制程序,进行巡视检查	
25		外挑杆件与建筑物连接不牢固		√	架体倾倒等	进行巡视检查	
26		架体搭设高度超过方案规定	√		架体倾倒等	督促施工单位执行经过审查的方案,进行巡视检查	
27		立杆底部固定不牢		√	架体倾斜等	进行巡视检查	

（续表）

序号	作业/活动/设施/场所	危险源	重大	一般	可能导致的事故	监理措施	备注
28	悬挑钢平台及落地操作平台	施工方案缺乏或不符合要求	√		架体倾倒等	督促施工单位编制或修改方案，并组织审查	
29		搭设不符合方案要求		√	架体倾倒等	督促施工单位执行已批准的方案，进行巡视检查	
30		荷载超载或堆放不均匀	√		物体打击，架体倾倒等	进行巡视检查	
31		平台与脚手架相连		√	架体倾倒等	进行巡视检查	
32		堆放材料过高		√	物体打击等	督促施工单位进行教育和培训，进行巡视检查	
33	附着式升降脚手架	升降时架体上站人		√	高处坠落等	督促施工单位进行教育和培训，进行巡视检查	
34		无防坠装置或防坠装置不起作用	√		架体倾倒等	督促施工单位执行运行的安全控制程序，进行巡视检查	
35		钢挑架与建筑物连接不牢或不符合规定要求		√	架体倾倒等	进行巡视检查	
36	模板工程	施工方案缺乏或不符合要求	√		倒塌，物体打击等	督促施工单位编制或修改方案，并组织审查，进行巡视检查	
37		无针对混凝土输送的安全措施	√		机械伤害等	要求施工单位针对实际情况提出相关措施	
38		混凝土模板支撑系统不符合要求	√		模板坍塌，物体打击等	督促施工单位执行已批准的方案，进行巡视检查	
39		支撑模板立柱的稳定性不符合要求	√		模板坍塌等	督促施工单位执行已批准的方案，进行巡视检查	
40		模板存放无防倾倒措施或存放不符合要求		√	模板坍塌等	进行巡视检查	
41		悬空作业未系安全带或系挂不符合要求	√		高处坠落等	督促施工单位进行教育和培训，进行巡视检查	
42		模板工程无验收与交底		√	倒塌，物体打击等	督促施工单位进行教育和培训，进行巡视检查	
43		模板作业2m以上无可靠立足点	√		高处坠落等	进行巡视检查	
44		模板拆除区未设置警戒线且无人监护		√	物体打击等	督促施工单位执行运行的安全控制程序，进行巡视检查	
45		模板拆除前未经拆模申请批准	√		坍塌，物体打击等	督促施工单位执行运行的安全控制程序，督促施工单位进行教育和培训	
46		模板上施工荷载超过规定或堆放不均匀	√		坍塌，物体打击等	进行巡视检查	
47	高处作业	员工作业违章		√	高处坠落等	督促施工单位进行教育和培训	
48		安全网防护或材质不符合要求		√	高处坠落，物体打击等	进行巡视检查	
49		临边与"四口"防护措施缺陷		√	高处坠落等	进行巡视检查	

（续表）

序号	作业/活动/设施/场所	危险源	重大	一般	可能导致的事故	监理措施	备注
50		外电防护措施缺乏或不符合要求	√		触电等	进行巡视检查	
51		接地与接零保护系统不符合要求	√		触电等	进行巡视检查	
52		用电施工组织设计缺陷	√		触电等	督促施工单位进行教育和培训，进行巡视检查	
53		违反"一机，一闸，一漏，一箱"	√		触电等	督促施工单位进行教育和培训，进行巡视检查	
54		电线电缆老化，破皮未包扎	√		触电等	进行巡视检查	
55		非电工私拉乱接电线	√		触电等	督促施工单位进行教育和培训，进行巡视检查	
56		用其他金属丝代替熔丝	√		触电等	督促施工单位进行教育和培训，进行巡视检查	
57		电缆架设或埋设不符合要求	√		触电等	进行巡视检查	
58	施工用电作业物体提升、安装、拆除	灯具金属外壳未接地	√		触电等	进行巡视检查	
59		潮湿环境作业漏电保护参数过大或不灵敏	√		触电等	督促施工单位执行运行的安全控制程序，进行巡视检查	
60		闸刀及插座插头损坏，闸具不符合要求	√		触电等	进行巡视检查	
61		不符合"三级配电二级保护"要求，导致防护不足	√		触电等	进行巡视检查	
62		手持照明未用36 V及以下电源供电	√		触电等	督促施工单位执行运行的安全控制程序，进行巡视检查	
63		带电作业无人监护	√		触电等	督促施工单位执行运行的安全控制程序，进行巡视检查	
64		无施工方案或方案不符合要求	√		架体倾倒等	督促施工单位编制施工方案并严格执行	
65		物料提升机限位保险装置不符合要求	√		吊盘冒顶等	督促施工单位执行运行的安全控制程序，进行巡视检查	
66		架体稳定性不符合要求	√		架体倾倒等	督促施工单位检查架体方案并整改，进行巡视检查	
67		钢丝绳有缺陷		√	机械伤害等	进行巡视检查	
68		装、拆人员未系好安全带及未穿戴好劳保用品		√	高处坠落等	督促施工单位进行教育和培训，进行巡视检查	
69		装、拆时未设警戒区域或未进行监控		√	物体打击等	督促施工单位执行运行的安全控制程序	
70		装、拆人员无证作业	√		机械损坏，机械伤害等	督促施工单位进行教育和培训，进行巡视检查	
71		卸料平台保护措施不符合要求		√	高处坠落，机械伤害等	进行巡视检查	
72		吊篮无安全门、自落门		√	机械伤害等	进行巡视检查	

(续表)

序号	作业/活动/设施/场所	危险源	重大	一般	可能导致的事故	监理措施	备注
73		传动系统及其安全装置配置不符合要求		√	机械伤害等	进行巡视检查	
74		避雷装置,接地不符合要求		√	火灾、触电等	进行巡视检查	
75		联络信号管理不符合要求		√	机械伤害等	督促施工单位执行运行的安全控制程序,进行巡视检查	
76		违章乘坐吊篮上下	√		机械伤害等	督促施工单位进行教育和培训,进行巡视检查	
77		司机无证上岗作业		√	机械伤害等	督促施工单位进行教育和培训,进行巡视检查	
78		无施工方案或方案不符合要求	√		设备倾覆等	督促施工单位编制设计与施工方案并认真审查	
79		电梯安全装置不符合要求		√	机械伤害等	督促施工单位执行运行的安全控制程序,进行巡视检查	
80		防护棚、防护门等防护措施不符合要求		√	高处坠落、物体打击等	督促施工单位执行运行的安全控制程序,进行巡视检查	
81	施工电梯	电梯司机无证或违章作业		√	机械伤害等	督促施工单位进行教育和培训,进行巡视检查	
82		电梯超载运行	√		机械伤害等	督促施工单位执行运行的安全控制程序,进行巡视检查	
83		装、拆人员未系好安全带及未穿戴好劳保用品		√	高处坠落等	督促施工单位进行教育和培训,进行巡视检查	
84		装、拆时未设置警戒区域或未进行监控	√		物体打击等	督促施工单位执行运行的安全控制程序,进行巡视检查	
85		架体稳定性不符合要求	√		架体倾倒等	督促施工单位执行运行的安全控制程序,进行巡视检查	
86		避雷区装置不符合要求		√	触电、火灾等	进行巡视检查	
87		联络信号管理不符合要求		√	机械伤害等	督促施工单位执行运行的安全控制程序,进行巡视检查	
88		卸斜平台防护措施不符合要求或无防护门		√	高处坠落等	进行巡视检查	
89		外用电梯门联锁装置失灵		√	高处坠落等	督促施工单位执行运行的安全控制程序,进行巡视检查	
90		装、拆人员无证作业		√	机械伤害等	督促施工单位进行教育和培训,进行巡视检查	

（续表）

序号	作业/活动/设施/场所	危险源	重大	一般	可能导致的事故	监理措施	备注
91		塔式起重机力矩限制器、限位器、保险装置不符合要求	√		设备倾翻等	督促施工单位执行运行的安全控制程序，进行巡视检查	
92		超高塔式起重机附墙装置与夹轨钳不符合要求	√		设备倾翻等	进行巡视检查	
93		塔式起重机违章作业		√	机械伤害等	督促施工单位进行教育和培训，进行巡视检查	
94		塔路基与轨道不符合要求	√		设备倾翻等	进行巡视检查	
95		塔式起重机电气装置设备及其安全防护不符合要求		√	机械伤害、触电等	进行巡视检查	
96		多塔式起重机作业防碰撞措施不符合要求	√		设备倾翻等	督促施工单位执行已批准的方案或修改方案不合理的内容，进行巡视检查	
97		司机、挂钩工无证上岗		√	机械伤害等	督促施工单位进行教育和培训，进行巡视检查	
98	塔吊安装、拆除及作业其他起重吊装作业	起重物件捆扎不紧或散装物料装得太满		√	物体打击等	督促施工单位执行运行的安全控制程序，进行巡视检查	
99		安装及拆除时未设置警戒线或未进行监控	√		物体打击等	督促施工单位执行运行的安全控制程序，进行巡视检查	
100		装、拆人员无证作业	√		设备倾翻等	督促施工单位进行教育和培训，进行巡视检查	
101		起重吊装作业方案不符合要求	√		机械伤害等	督促施工单位重新编制起重作业方案并认真组织审查方案	
102		起重机械设备有缺陷		√	机械伤害等	进行巡视检查	
103		钢丝绳与索具不符合要求		√	物体打击等	进行巡视检查	
104		路面地耐力或铺垫措施不符合要求	√		设备倾翻等	督促施工单位执行经过审查的方案，进行巡视检查	
105		司机操作失误		√	机械伤害等	督促施工单位进行教育和培训，进行巡视检查	
106		违章指挥		√	机械伤害等	督促施工单位进行教育和培训，进行巡视检查	
107		起重吊装超载作业	√		设备倾翻等	督促施工单位执行运行的安全控制程序，进行巡视检查	
108		高处作业人的安全防护措施不符合要求		√	高处坠落等	进行巡视检查	
109		高处作业人违章作业		√	高处坠落等	督促施工单位进行教育和培训，进行巡视检查	
110		作业平台不符合要求		√	高处坠落等	进行巡视检查	
111		吊装时构件堆放不符合要求		√	构件倾倒，物体打击等	进行巡视检查	
112		警戒管理不符合要求		√	物体打击等	督促施工单位执行运行的安全控制程序，进行巡视检查	

(续表)

序号	作业/活动/设施/场所	危险源	重大	一般	可能导致的事故	监理措施	备注
113	木工机械	传动部位无防护罩		√	机械伤害等	进行巡视检查	
114		圆盘锯无防护罩及安全挡板		√	机械伤害等	督促施工单位执行运行的安全控制程序,进行巡视检查	
115		使用多功能木工机具		√	机械伤害等	督促施工单位执行运行的安全控制程序,进行巡视检查	
116		平刨无护手安全装置		√	机械伤害等	进行巡视检查	
117	手持电动工具作业	保护接零或电源线配置不符合要求		√	触电等	进行巡视检查	
118		作业人员个体防护不符合要求		√	触电等	督促施工单位进行教育和培训,进行巡视检查	
119		未做绝缘测试		√	触电等	督促施工单位执行运行的安全控制程序,进行巡视检查	
120	钢筋冷拉作业	钢筋机械的安装不符合要求		√	机械伤害等	督促施工单位执行运行的安全控制程序,进行巡视检查	
121		钢筋机械的保护装置缺陷		√	机械伤害等	进行巡视检查	
122		作业区防护措施不符合要求		√	机械伤害等	进行巡视检查	
123	电气焊作业	未做保护接零,无漏电保护器		√	触电等	督促施工单位执行运行的安全控制程序,进行巡视检查	
124		无二次侧空载降压保护器或触电保护器		√	触电等	进行巡视检查	
125		一次侧线长度超过规定或不穿管保护		√	触电等	进行巡视检查	
126		气瓶的使用与管理不符合要求		√	爆炸等	督促施工单位进行教育和培训,进行巡视检查	
127		焊接作业工人个体防护不符合要求		√	触电,灼伤等	督促施工单位进行教育和培训,进行巡视检查	
128		焊把线接头超过3处或绝缘老化		√	触电等	进行巡视检查	
129		气瓶违规存放		√	火灾,爆炸等	督促施工单位进行教育和培训,进行巡视检查	
130	拌和作业	搅拌机的安装不符合要求		√	机械伤害等	进行巡视检查	
131		操作手柄无保险装置		√	机械伤害等	进行巡视检查	
132		离合器、制动器、钢丝绳达不到要求		√	机械伤害等	督促施工单位执行运行的安全控制程序,进行巡视检查	
133		作业平台的设置不符合要求		√	高处坠落等	督促施工单位执行运行的安全控制程序,进行巡视检查	
134		作业工人粉尘与噪声的个体防护不符合要求		√	尘肺,听力损伤等	督促施工单位执行运行的安全控制程序,进行巡视检查	

学习情境 7 建设工程风险控制与安全管理

工程案例

案例 1

某电站建设工程项目工地,傍晚木工班班长带全班人员在高空 15～20 m 的混凝土施工工作面上安装模板,并向全班人员交代系好安全带。当晚天色转暗,照明灯具已损坏,安全员不在现场,管理人员只在作业现场的危险区悬挂了警示牌。在作业期间,一木工身体状况不佳,为接同伴递来的木方,卸下安全带后,水平移动 2 m,不料脚下木架断裂,其人踩空直接坠落地面,高度为 15 m,经抢救无效死亡,另两人也因此从高空坠落,其中 1 人伤重死亡,另一人重伤致残。

问题:
1. 对高空作业人员,有哪些基本安全作业要求?
2. 你认为该工地施工作业环境存在哪些安全隐患?
3. 施工单位安全管理工作有哪些不足?应如何加强?
4. 安全检查有哪几类?检查的主要内容及重点是什么?
5. 根据我国有关安全事故的分类,该事故应属于哪一类?

案例 2

某工程的建设单位 A 委托监理单位 B 承担施工阶段监理任务,总承包单位 C 按合同约定选择了设备安装单位 D 分包设备安装及钢结构安装工作,在合同履行过程中,发生了如下事件:

事件 1:监理工程师检查主体结构施工时,发现总承包单位 C 在未向监理机构报审危险性较大的预制构件起重吊装专项施工方案的情况下已自行施工,且现场没有管理人员。于是,总监理工程师下达了《监理工程师通知单》。

事件 2:监理工程师在现场巡视时,发现设备安装分包单位违章作业,有可能导致发生重大质量及安全事故。总监理工程师口头要求总承包单位暂停分包单位施工,但总承包单位未予执行。总监理工程师随即向总承包单位下达了《工程暂停令》,总承包单位在向设备安装分包单位转发《工程暂停令》前,发生了设备安装质量及安全事故,重伤 4 人。

事件 3:为满足钢结构吊装施工的需要,D 施工单位向设备租赁公司租用了一台大型塔式起重机,并进行塔式起重机安装,安装完成后,由 C、D 施工单位对该塔式起重机共同进行验收,验收合格后投入使用,并到有关部门办理登记。

事件 4:钢结构工程施工中,专业监理工程师在现场发现 D 施工单位使用的高强度螺栓未经报验,存在严重的质量隐患,即向乙施工单位签发了《工程暂停令》,并报告了总监理工程师。C 施工单位得知后也要求 D 施工单位立刻停止整改。D 施工单位为赶工期,边施工边报验,项目监理机构及时报告了有关主管部门。报告发出的当天,发生了因高强度螺栓不符合质量标准导致的钢梁高空坠落事故,造成两人重伤,直接经济损失 4.6 万元。

事件 5:C 施工单位项目经理安排技术员兼施工现场安全员,并安排其负责编制深基坑支护与降水工程专项施工方案,项目经理对该施工方案进行安全验算后,即组织现场施工,并将施工方案及验算结果报送项目监理机构。

问题：

1. 根据《建设工程安全生产管理条例》规定，事件1中起重吊装专项方案需经哪些人签字后方可实施？
2. 指出事件1中总监理工程师的做法是否妥当？说明理由。
3. 事件2中总监理工程师是否可以口头要求暂停施工？为什么？
4. 就事件2中所发生的质量、安全事故，指出建设单位、监理单位、总承包单位和设备安装分包单位各自应承担的责任，说明理由。
5. 指出事件3中塔式起重机验收中的不妥之处。
6. 指出事件4中专业监理工程师做法的不妥之处，说明理由。
7. 指出事件5中甲施工单位项目经理做法的不妥之处，写出正确做法。

案例3

某工程，施工过程中发生如下事件：

事件1：项目监理机构收到施工单位报送的施工控制测量成果报验表后，安排监理员检查、复核报验表所附的测量人员资格证书、施工平面控制网和临时水准点的测量成果，并签署意见。

事件2：施工单位在编制搭设高度为28 m的脚手架工程专项施工方案的同时，项目经理即安排施工人员开始搭设脚手架，并兼任施工现场安全生产管理人员，总监理工程师发现后立即向施工单位签发了监理通知单要求整改。

事件3：在脚手架拆除过程中，发生坍塌事故，造成施工人员3人死亡、5人重伤、7人轻伤。事故发生后，总监理工程师立即签发了《工程暂停令》，并在2小时后向监理单位负责人报告了事故情况。

事件4：由建设单位负责采购的一批钢筋进场后，施工单位发现其规格型号与合同约定不符，项目监理机构按程序对这批钢筋进行了处置。

问题：

1. 写出事件1中的不妥之处，说明理由。项目监理机构对施工控制测量成果的检查、复核还应包括哪些内容？
2. 指出事件2中施工单位做法的不妥之处，写出正确做法。
3. 指出事件2中总监理工程师做法的不妥之处，写出正确做法。
4. 按照《生产安全事故报告和调查处理条例》，确定事件3中的事故等级。指出总监理工程师做法的不妥之处，写出正确做法。
5. 事件4中，项目监理机构应如何处置该批钢筋？

学习情境 8

建设工程信息管理与监理资料

开篇案例

某市人民医学院办公楼建设项目，建设单位委托×××工程项目管理公司承担该项目施工阶段的监理工作。

为了保证监理工作的顺利进行，公司确定×××为该项目的总监理工程师，并组建了项目监理机构。根据建设单位的要求，为指导工程监理工作，需要监理公司提交建设工程监理规划。为此，在总监理工程师×××的主持下，编制某市人民医学院办公楼工程监理规划。

另外，建设单位要求监理公司按照《建设工程文件归档规范》(GB/T 50328—2014)(2019年版)进行档案管理。工程开始后，总监理工程师任命了一位负责信息管理的专业监理工程师，并根据《建设工程监理规范》建立了监理报表体系，制定了监理主要文件档案清单，并按建设工程信息管理各环节的要求进行建设工程的文档管理，竣工后又按要求向相关单位移交了监理文件。

▼ 需完成的工作任务

1. 针对本工程项目收集所有监理信息。
2. 编制某市人民医学院办公楼工程监理规划。
3. 编制本工程项目监理文档资料。

学习子情境 8.1　收集工程项目监理信息

8.1.1　信息管理概述

1. 信息

当今世界已进入信息时代，信息的种类成千上万，信息的定义也有数百种之多。结合监理工作，我们认为信息是对数据的解释，并反映事物的客观状态和规律。

从广义上讲，数据包括文字、数值、语言、图表、图像等表达形式。数据有原始数据和加工整理后的数据之分。无论是原始数据还是加工整理后的数据，经人们解释并赋予一定的意义后，才能成为信息。这就说明，数据与信息既有联系又有区别，信息的载体是数据，信息虽然用数据表现，但并非任何数据都是信息。

信息为使用者提供决策和管理所需要的依据。信息是决策和管理的基础，决策和管理依赖信息，正确的信息才能保证决策的正确，不正确的信息则会造成决策的失误。传统的管理是定性分析，现代的管理则是定量管理，定量管理离不开信息系统的支持。

2. 信息系统

信息系统是由人和计算机等组成的，以系统思想为依据，以计算机为手段，进行数据收集、传递、处理、存储、分发，加工产生信息，为决策、预测和管理提供依据。

3. 信息管理

所谓信息管理，是指对信息的收集、加工、整理、储存、传递与应用等一系列工作的总称。信息管理的目的就是通过有组织的信息流通，使决策者能及时、准确地获得相应的信息。为了达到信息管理的目的，就要把握好信息管理的各个环节，并要做到：

(1) 了解和掌握信息来源，对信息进行分类；
(2) 掌握和正确运用信息管理的手段(如计算机)；
(3) 掌握信息流程的不同环节，建立信息管理系统。

4. 信息管理的基本环节

建设工程信息管理的基本环节有信息的收集、传递、加工、整理、检索、分发、存储等。

5. 以 BIM 为核心的工程管理信息化

中国未来工程行业信息化发展将形成以建筑信息模型(Building Information Modeling，BIM)为核心的产业革命。BIM 是以三维数字技术为基础，集成了建筑工程项目各种相关信息的工程数据模型。它能够连接建筑项目生命周期不同阶段的数据、过程和资源，是对工程对象的完整描述，可被建设项目各参与方普遍使用。在项目运行过程中，需要以 BIM 模型为中心，使各参建方能够在模型、资料、管理、运营上协同工作，如图 8-1 所示。

为了满足协同建设的需求，提高工作效率，需要建立统一的集成信息平台。通过统一的平台，使各参建方或业主、各个建设部门间的数据交互直接通过系统进行，减少沟通时间和环节，解决各参建方之间的信息传递与数据共享问题。

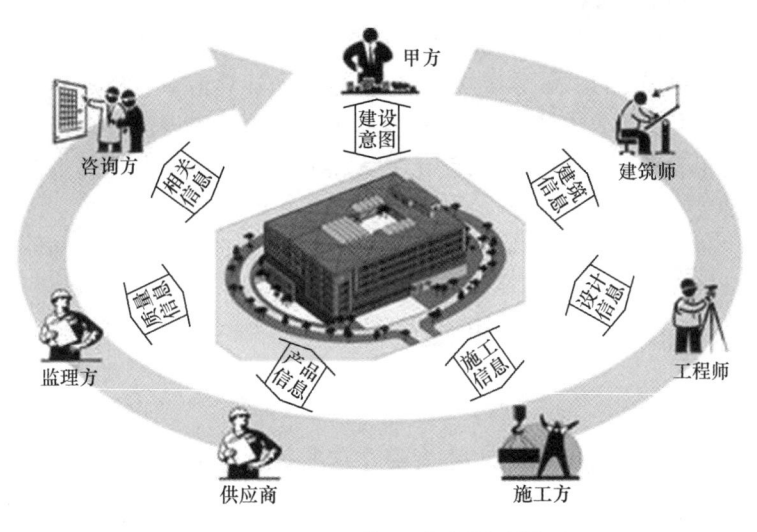

图 8-1 基于 BIM 模型服务器的协同管理

8.1.2 监理信息的形式与内容

1.监理信息的形式

（1）文字数据

文字数据形式是监理信息的一种常见形式。文件是最常见的有用信息。监理中，通常规定以书面形式进行交流，即使是口头指令，也要在一定时间内形成书面文字，这就会形成大量的文件。这些文件包括国家、地区、部门行业、国际组织颁布的有关建设工程的法律法规文件，政府建设监理主管部门下发的条例、通知和规定；行业主管部门下发的通知和规定等；还包括国际、国家和行业等制定的标准规范，如合同标准文本、设计及施工规范、材料标准、图形符号标准、产品分类及编码标准等。具体到每一个工程项目，还包括合同及招标投标文件、工程承包（分包）单位的情况资料、会议纪要、监理月报、监理总结、洽商及变更资料、监理通知、隐蔽及验收记录资料等。

（2）数字数据

数字数据也是监理信息常见的一种表现形式。在建设工程中，监理工作的科学性要求"用数字说话"。为了准确地说明各种工程情况，必然有大量数字数据产生，各种计算成果和试验检测数据反映了工程项目的质量、投资和进度等情况。常见的用数据表现的信息有：设备与材料价格，工程量计算规则，价格指数，工期、劳动、机械台班的施工定额，地区地质数据，项目类型及专业和主材投资的单价指标，材料的配合比数据等。具体到每个工程项目，还包括材料台账、设备台账、材料和设备检验数据、工程进度数据、进度工程量签证及付款签证数据、专业图纸数据、质量评定数据、施工人力和机械数据等。

（3）报表

各种报表是监理信息的另一种表现形式。建设工程各方常用这种直观的形式传播信息。承包商需要提供反映建设工程状况的多种报表。这些报表有：开工申请单、施工技术方案报审表、进场原材料报验单、进场设备报验单、测量放线报验单、分包申请单、合同外工程单价申报表、计日工单价申报表、合同工程月计量申报表、额外工程月计量申报表、人工与材料价格调整申报表、付款申请表、索赔申请书、索赔损失计算清单、延长工期申报表、复工申请表、事故报告单、工程验收申请单、竣工报验单等。监理组织内部常采用规范化的表格来作为有效控制的手段,这类报表有:工程开工令、工程清单支付月报表、暂定金额支付月报表、应扣款月报表、工程变更通知单、额外增加工程通知单、工程暂停指令、工程复工指令、工程现场指令、工程验收证书、工程验收记录、工程竣工证书等。监理工程师向业主反映工程情况,也往往用报表形式传递工程信息,这类报表有:工程质量月报表、项目月支付总表、工程进度月报表、进度计划与实际完成报表、施工计划与实际完成情况表、监理月报表、工程状况报告表等。

(4)图形、图像和声音

监理信息的形式还有图形、图像和声音等。这些信息包括:工程项目立面、平面及功能布置图形,项目位置及项目所在区域环境实际图形或图像等。对每一个项目还包括隐蔽部位、设备安装部位、预留预埋部位图形,管线系统质量问题和工程进度图像,在施工中还有设计变更图等。图形、图像信息还包括工程录像(光盘)、照片等,这些信息直观、形象地反映了工程情况,特别是能有效反映隐蔽工程的情况。声音信息主要包括会议录音、电话录音以及其他的讲话录音等。

以上只是监理信息的一些常见形式,监理信息往往是这些形式的组合。随着科技的发展,还会出现更多、更好的形式,了解监理信息的各种形式及其特点,对收集、整理信息很有帮助。

2.监理信息内容

施工阶段的监理信息收集,可从施工准备期、施工实施期和竣工验收保修期三个子阶段分别进行。可收集的监理信息有如下内容:

(1)施工准备期

①监理大纲;施工图设计及施工图预算,特别要掌握结构特点,掌握工程难点、要点、特点;掌握工业工程的工艺流程特点、设备特点;了解工程预算体系(按单位工程、分部工程、分项工程分解);了解施工合同。

②施工单位项目经理部组成,进场人员资质;进场设备的规格型号、保修记录;施工场地的准备情况;施工单位质量保证体系及施工单位的施工组织设计,特殊工程的技术方案,施工进度网络计划图表;进场材料、构件管理制度;数据和信息管理制度;检测和检验、试验程序和设备;施工单位和分包单位的资质等施工单位信息。

③建设工程场地的地质、水文、测量、气象数据;地上、地下管线,地下洞室,地上原有建筑物及周围建筑物、树木、道路;建筑红线,标高、坐标;水、电、气管道的引入标志;地质勘察报告、地形测量图及标桩等环境信息。

④施工图的会审和交底记录;开工前的监理交底记录;对施工单位提交的施工组织设计按照项目监理机构要求进行修改的情况;施工单位提交的开工报告及实际准备情况。

⑤本工程需遵循的相关建筑法律、法规和规范、规程,有关质量检验、控制的技术法规和质量验收标准。

(2)施工实施期

①施工单位人员、设备、水、电、气等能源的动态信息。

②施工期气象的中长期趋势及同期历史数据,每天不同时段动态信息。特别在天气对

施工质量影响较大的情况下,更要加强收集气象数据。

③建筑原材料、半成品、成品、构配件等工程物资的进场、加工、保管、使用等信息。

④项目经理部管理程序;质量、进度、投资的事前、事中、事后控制措施;数据采集来源及采集、处理、存储、传递方式;工序间交接制度;事故处理制度;施工组织设计及技术方案执行的情况;工地文明施工及安全措施;等等。

⑤施工中需要执行的国家和地方规范、规程、标准,施工合同执行情况。

⑥施工中产生的工程数据,如地基验槽及处理记录、工序间交接记录、隐蔽工程检查记录等。

⑦建筑材料必试项目有关信息:如水泥、砖、砂石、钢筋、外加剂、混凝土、防水材料、饰面板、玻璃幕墙等。

⑧设备安装的试运行和测试项目有关信息:如电气接地电阻、绝缘电阻测试,管道通水、通气、通风试验,电梯施工试验,消防报警、自动喷淋系统联动试验等。

⑨施工索赔相关信息:索赔程序;索赔依据;索赔证据;索赔处理意见;等等。

(3)竣工验收保修期

①工程准备阶段文件,如立项文件,建设用地、征地、拆迁文件,开工审批文件等。

②监理文件,如监理规划、监理实施细则、有关质量问题和质量事故的相关记录、监理工作总结以及监理过程中各种控制和审批文件等。

③施工资料:分为建筑安装工程和市政基础设施工程两大类。

④竣工图:分为建筑安装工程和市政基础设施工程两大类。

⑤竣工验收资料:如工程竣工总结、竣工验收备案表、电子档案等。

学习子情境 8.2
编写工程项目的监理大纲、监理规划、监理实施细则

工程监理企业自工程项目投标开始,到完成工程项目监理任务,期间必须编制与监理工作密切相关的三大文件:监理大纲、监理规划、监理实施细则。

8.2.1 监理大纲

1.监理大纲的概念

监理大纲是为了使业主认可监理企业所提供的监理服务,从而承揽到监理业务,在投标阶段编制的项目监理方案性文件,亦称监理方案。尤其在通过公开招标竞争的方式获取监理业务时,监理大纲是监理单位能否中标与取信于业主最主要的文件资料。

监理大纲是为中标后监理单位开展监理工作制订的工作方案,是中标监理项目签订监

理合同的重要组成部分,是监理工作总的要求。

2.监理大纲的编制要求

(1)监理大纲是体现为业主提供监理服务总的方案性文件,要求企业应在总经理或主管负责人的主持下,在企业技术负责人、经营部门、技术质量部门等密切配合下编制监理大纲。

(2)监理大纲的编制,应依据监理招标文件、设计文件及业主的要求。

(3)监理大纲的编制要体现企业自身的管理水平、技术装备等实际情况,编制的监理方案既要满足最大可能会中标,又要建立在合理、可行的基础上。因为监理单位一旦中标,投标文件将作为监理合同文件的组成部分,对监理单位履行合同具有约束效力。

3.监理大纲的编制内容

为使业主认可监理单位,充分表达监理工作总的方案,使监理单位中标,监理大纲一般应包括如下内容:

(1)人员及资质

监理单位拟派往工程项目上的主要监理人员及其资质等情况介绍,如监理工程师资格证书、专业学历证书、职称证书等,可附复印件说明。作为投标书的监理大纲,还需要有监理单位基本情况介绍、公司资质证明文件,如企业营业执照、资质证书、体系认证证书、各类获奖证书等证明文件,加盖单位公章以证明其真实、有效。

(2)监理单位工作业绩

监理单位以往承担的主要工程项目,尤其是与招标项目同类型项目一览表,必要时可附上以往承担监理项目的工作成果,如所获优质工程奖、业主对监理单位评价等证明文件。

(3)拟采用的监理方案

根据业主招标文件要求以及监理单位所了解、掌握的工程信息,制订拟采用的监理方案,包括监理组织方案、项目目标控制方案、合同管理方案、组织协调方案等,这一部分是监理大纲的核心内容。

(4)拟投入的监理设施

为实现监理工作目标,实施监理方案,必须投入监理项目工作所需要的监理设施,包括开展监理工作所需要的检测、检验设备,工具、器具,办公设施(如计算机、打印机、管理软件等),为开展组织协调工作提供监理工作后勤保障所需的交通、通信设施以及生活设施等。

(5)监理酬金报价

写明监理酬金总报价,有时还应列出具体标段的监理酬金报价,必要时应有依据地列出详细的计算过程。

此外,监理大纲中还应明确说明监理工作中向业主提供的反映监理阶段性成果的文件。

8.2.2 监理规划

1.监理规划的概念

建设工程监理规划是监理单位接受业主委托并签订建设工程监理合同后,监理工作开始前,编制的指导工程项目监理组织全面开展监理工作的纲领性文件。

2.监理规划的作用

(1)监理规划的基本作用是指导工程项目监理部全面开展监理工作

建设工程监理的中心任务是协助业主实现项目总目标。实现项目总目标是一个全面、系统的过程,需要制订计划,建立组织机构,配备监理人员,投入监理工作所需资源,开展一系列行之有效的监控措施。只有做好这些工作,才能完成好业主委托的建设工程监理任务,实现监理工作目标。委托监理的工程项目一般表现出投资规模大、工期长、所受的影响因素多、生产经营环节多,其管理具有复杂性、艰巨性、危险性等特点,这就决定了工程项目监理工作要想顺利实施,必须事先制订缜密的计划,做好合理安排。监理规划就是针对上述要求所编制的指导监理工作开展的具体文件。

(2)监理规划是业主确认监理单位是否全面、认真履行建设工程监理合同的主要依据

监理单位如何履行建设工程监理合同,委派到所监理工程项目的监理项目部如何落实业主委托监理单位所承担的各项监理服务工作,在项目监理过程中业主如何配合监理单位履行监理合同中自己的义务,作为监理工作的委托方,业主不但需要而且应当了解和确认指导监理工作开展的监理规划文件。监理工作开始前,按有关规定,监理单位要报送委托方一份监理规划文件,既明确地告诉业主监理人员如何开展具体的监理工作,又为业主提供了用来监督监理单位有效履行监理合同的主要依据。

(3)监理规划是建设工程行政主管部门对监理单位实施监督管理的重要依据

监理单位在开展具体监理工作时,主要是依据已经批准的监理规划开展各项具体的监理工作。所以,监理工作的质量、监理服务的水平,在很大限度上取决于监理规划,它对建设工程项目的形成有重要的影响。建设工程行政主管部门除了对监理单位进行资质等级核准、年度检查外,更重要的是对监理单位实际监理工作进行监督管理,以达到对工程项目管理的目的。而监理单位的实际监理水平高低,主要通过具体监理工程项目的监理规划优劣以及是否能按既定的监理规划实施监理工作来体现。所以,当建设行政主管部门对监理单位的工作进行检查以及考核、评价时,应当对监理规划的内容进行检查,并把监理规划作为实施监督管理的重要依据。

(4)监理规划的编制能促进工程项目管理过程中承包商与监理方之间协调工作

工程项目实施过程中,承包商将严格按照承包合同开展工作,而监理规划的编制依据就包括施工承包合同,施工承包合同和监理方的监理规划有着实现工程项目管理目标的一致性和统一性。在工程项目开工前编制的监理规划中所述的监理工作程序、手段、方法、措施等,都应当与工程项目对应的施工流程、方法、措施等统一起来。监理规划确定的监理目标、程序、方法、措施等,不仅是监理人员监理工作的依据,也应该让施工承包方管理人员了解并与之协调配合。如监理规划不能结合施工过程实际情况,缺乏针对性,将起不到应有的作用。相反,在施工过程中让施工承包方管理人员了解并接受行之有效、科学合理的监理工作程序、方法、手段、措施,将会使工程项目的监理工作顺利地开展。

(5)监理规划是建设工程项目重要的存档资料

随着我国工程项目管理及建设监理工作越来越趋于规范化,体现工程项目管理工作的重要原始资料的监理规划,无论作为建设单位竣工验收存档资料,还是作为体现监理单位自己监理工作水平的标志性文件,都极其重要。按《建设工程监理规范》(GB/T 50319—2013)

和《建设工程文件归档规范》(GB/T 50328—2014)(2019年版)规定,监理规划应在召开第一次工地会议前报送建设单位。监理规划是施工阶段监理资料的主要内容,在监理工作结束后应及时整理归档,建设单位应当长期保存,监理单位、城建档案管理部门也应当存档。

3. 监理规划的编制程序、依据及要求

(1)监理规划的编制程序

①监理规划应在签订监理合同及收到设计文件后开始;

②由总监理工程师主持专业监理工程师参加编制;

③编制完成后必须经监理单位技术负责人审核批准并应在召开第一次工地会议前报送建设单位。

(2)监理规划的编制依据

①建设工程的相关法律、法规、条例及项目审批文件;

②与建设工程项目有关的标准、规范、设计文件及有关技术资料;

③监理大纲、监理合同文件及与建设项目相关的合同文件。

(3)监理规划的编制要求

监理规划的编制应针对工程项目的实际情况,明确项目监理机构的工作目标,确定具体的监理工作制度、程序、方法和措施,并应具有可操作性。监理规划应在签订监理合同及收到设计文件后、工程项目实施监理工作前编制。

4. 监理规划的主要内容

监理规划通常包括以下内容:

(1)工程概况

工程概况主要包括:①建设工程名称;②建设工程地点;③建设工程组成及建筑规模;④主要建筑结构类型;⑤预计工程投资总额(建设工程投资总额和建设工程投资组成简表);⑥建设工程计划工期(可以以建设工程的计划持续时间或以建设工程开、竣工的具体日历时间表示);⑦工程质量要求(应具体提出建设工程的质量目标要求);⑧建设工程设计单位及施工单位名称。

(2)监理工作范围、内容、目标

监理工作范围是指监理单位所承担的监理任务的工程范围。编写监理合同中约定的监理主要工作内容,编写所承担的建设工程的监理控制预期达到的目标及工作目标。

(3)监理工作依据

监理工作依据主要包括:①工程建设方面的法律、法规、政策;②政府批准的工程建设文件;③与建设工程项目有关的技术标准、技术资料;④监理合同;⑤其他建设工程合同。

(4)项目监理机构的组织形式、人员配备及进退场计划、监理人员岗位职责

项目监理机构的组织形式应根据建设工程监理要求来选择。项目监理机构可用组织结构图表示。项目监理机构的人员配备应根据建设工程监理的进程合理安排,并编制人员配备及进退场计划。确定监理机构中所有人员的岗位职责。

(5)监理工作制度

监理工作制度主要包括:①施工图会审及设计交底制度;②施工组织设计审核制度;③工程开工申请审批制度;④工程材料,半成品质量检验制度;⑤隐蔽工程分项(部)工程质量

验收制度;⑥单位工程、单项工程总监验收制度;⑦设计变更处理制度;⑧工程质量事故处理制度;⑨施工进度监督及报告制度;⑩监理报告制度;⑪工程竣工验收制度;⑫监理会议制度;⑬项目监理机构内部工作制度(含监理组织工作会议制度;对外行文审批制度;监理工作日志制度;监理周报、月报制度;技术、经济资料及档案管理制度等)。

(6)工程质量控制

工程质量控制主要包括:质量控制目标的描述、质量目标实现的风险分析、质量控制的工作流程与措施、质量目标状况的动态分析及质量控制表格等。

(7)工程造价控制

工程造价控制主要包括:投资目标分解、投资使用计划、投资目标实现的风险分析、造价控制的工作流程与措施、造价控制的动态比较、造价控制表格等。

(8)工程进度控制

工程进度控制主要包括:工程总进度计划、总进度目标分解、进度目标实现的风险分析、进度控制的工作流程与措施、进度控制的动态比较及预测分析、进度控制表格等。

(9)安全生产管理的监理工作

安全生产管理的监理工作主要包括:安全生产监理职责描述、危险性较大分部分项工程、安全生产监理责任的风险分析、安全生产监理的工作流程和措施、安全生产监理状况的动态分析、安全生产监理工作所用图表。

(10)合同与信息管理

合同管理方面主要包括:合同结构、合同目录一览表、合同管理的工作流程与具体措施、合同执行状况的动态分析、合同争议调解与索赔处理程序、合同管理表格等。信息管理方面主要包括:信息分类表、机构内部信息流程图、信息管理的工作流程与具体措施、信息管理表格。

(11)组织协调

组织协调主要包括:建设工程有关的单位、建设工程系统内单位协调重点分析和系统外单位协调重点分析、协调工作程序(投资控制协调程序、进度控制协调程序、质量控制协调程序、其他方面工作协调程序)协调工作表格。

(12)监理工作设施

监理工作设施包括监理合同的约定建设单位提供的监理工作需要的设施和监理单位根据建设工程类别、规模、技术复杂程度、建设工程所在地的环境条件、监理合同的约定等,配备满足监理工作需要的常规检测设备、工器具。

8.2.3 监理实施细则

1.监理实施细则的概念

监理实施细则是监理工作实施细则的简称,是根据监理规划由专业监理工程师编制,并经总监理工程师批准,针对工程项目中某一专业或某一方面指导监理工作的操作性文件。

对大中型建设工程项目或专业性比较强的工程项目,项目监理机构应编制监理实施细则。监理实施细则应符合监理规划的要求,并应结合工程项目的专业特点,做到详细、具体,具有可操作性。

为了使编制的监理实施细则详细、具体,具有可操作性,根据监理工作的实际情况,监理实施细则应针对工程项目实施的具体对象、具体时间、具体操作、管理要求等,结合项目管理工作的监理工作目标、组织机构、职责分工、配备监理设备资源等,明确在监理工作过程中应当做哪些工作、由谁来做这些工作、在什么时候做这些工作、在什么地方做这些工作、如何做好这些工作。例如:实施某项重要分项工程质量控制时,应明确该分项工程的施工工序组成情况,并把所有工序过程作为控制对象;明确由项目监理组织机构中具体哪一位监理员去实施监控;规定在施工过程中平行检验、巡视、旁站等检查方式;规定当承包商专业队自检合格并进行工序报验时实施检查;规定到工序施工现场进行巡视、检查、核验;规定该工序或分项工程用什么测试工具、仪器、仪表检测;规定检查哪些项目、内容;规定如何检查;规定检查后如何记录;规定如何与规范、设计要求的标准相比较并做出结论等。

2. 监理实施细则的编制程序与依据

(1) 监理实施细则编制程序

① 监理实施细则应在相应工程施工开始前编制完成,并经总监理工程师批准。

② 监理实施细则应由专业监理工程师编制。

(2) 监理实施细则编制依据

① 已批准的监理规划。

② 与专业工程相关的规范标准、设计文件和技术资料。

③ 施工组织设计、(专项)施工方案。

3. 监理实施细则的主要内容

(1) 专业工程的特点。

(2) 监理工作的流程。

(3) 监理工作要点。

(4) 监理工作的方法及措施。

监理实施细则的内容应体现出针对性强、可操作性强、便于实施的特点。

4. 监理实施细则的管理

对于一些工程规模较小、技术较简单且有成熟管理经验和措施的,当有比较详细的监理规划或监理规划深度满足要求时,可不必编制监理实施细则。监理实施细则在执行过程中,应根据实际情况进行补充、修改和完善,但其补充、修改和完善需经总监理工程师批准。

监理实施细则是开展监理工作的重要依据之一,最能体现监理工作服务的具体内容、具体做法,是体现全面认真开展监理工作的重要依据。按照监理实施细则开展监理工作并留有记录、责任到人,是证明监理单位为业主提供优质监理服务的证据,是监理归档资料的组成部分,是建设单位长期保存的竣工验收资料内容,也是监理单位、城建档案管理部门归档资料内容。

8.2.4 工程监理三大文件的关系

建设工程项目监理大纲和监理实施细则是与监理规划相互关联的两个重要监理文件,它们与监理规划一起,共同构成监理规划系列文件。三者之间既有区别又有联系。

1. 工程监理三大文件的区别

工程监理三大文件的区别见表 8-1。

表 8-1　　　　　　　　　　　　工程监理三大文件的区别

序号	区别点	监理大纲	监理规划	监理实施细则
1	意义和性质	监理大纲是社会监理单位为了获得监理任务,在投标阶段编制的项目监理方案性文件,亦称监理方案	监理规划是在监理合同签订后,在项目总监理工程师主持下,按合同要求,结合项目的具体情况制定的指导监理工作开展的纲领性文件	监理实施细则是在监理规划指导下,项目监理机构的各专业监理的责任落实后,由专业监理工程师针对项目具体情况制定的具有可实施性和可操作性的业务文件
2	编制对象	以项目整体监理为对象	以项目整体监理为对象	以某项专业具体监理工为对象
3	编制阶段	在监理招标阶段编制	在监理合同签订后编制	在监理规划编制后编制
4	编制的责任人	一般由监理企业的技术负责人组织经营部门或技术管理部门人编制,可能有拟定的总监理工程师参与,也可能没有拟定的总监理工程师参与	由总监理工程师负责组织编制	由现场监理机构各部门的专业监理工程师组织编制
5	编制深度	较浅	翔实、全面	具体、可操作
6	目的和作用	目的是要使业主信服,如果采用本监理单位制定的监理大纲,能够实现业主的投资目标和建设意图,从而使监理单位在竞争中获得监理任务。其作用是为社会监理单位经营目标服务	目的是指导监理工作顺利开展,起着指导项目监理机构内部工作的作用	目的是使各项监理工作能够具体实施,起到具体指导监理实务作业的作用

2. 工程监理三大文件的联系

工程项目监理大纲、监理规划、监理实施细则是相互关联的,它们都是项目监理规划系列文件的组成部分,它们之间存在着明显的依存性关系。在编写项目监理规划时,一定要严格根据监理大纲的有关内容编写;在制定监理实施细则时,一定要在监理规划的指导下进行。

学习子情境 8.3　对工程项目文档资料进行管理

8.3.1　建设工程文档资料

1. 建设工程文件

建设工程文件简称工程文件,是指在工程建设过程中形成的各种形式的信息记录,包括工

程准备阶段文件、监理文件、施工文件、竣工图和竣工验收文件,一般包括以下几部分:

(1)工程准备阶段文件:工程开工前,在立项、审批、征地、勘察、设计、招标投标等工程准备阶段形成的文件。

(2)监理文件:监理单位在工程设计、施工等阶段监理过程中形成的文件。

(3)施工文件:施工单位在施工过程中形成的文件。

(4)竣工图:工程竣工验收后,真实反映建设工程项目施工结果的图样。

(5)竣工验收文件:建设工程项目竣工验收活动中形成的文件。

2. 建设工程监理文档资料

在工程项目的监理工作中,会涉及并产生大量的信息与档案资料。这些资料中,有些是监理工作的依据,如招标投标文件、合同文件、业主针对该项目制定的有关工作制度或规定、监理规划与监理大纲、监理细则、旁站方案;有些是监理工作中形成的文件,表明了工程项目的建设情况,也是今后工作所要查阅的,如监理工程师通知、专项监理工作报告、会议纪要、施工方案审查意见等;有些则是反映工程质量的文件,是今后监理验收或工程项目验收的依据。因此,监理人员在监理工作中应对这些文件资料进行管理。

监理工作中文档资料的管理包括两大方面:一方面是对施工单位的资料管理工作进行监督,要求施工人员及时记录、收集并存档需要保存的资料与档案;另一方面是监理机构本身应该进行的资料与档案管理工作。工程项目档案资料的整理见《建设工程文件归档规范》(GB/T 50328—2014)(2019年版)。

3. 建设工程文档资料收集与移交

对与建设工程有关的重要活动、记载建设工程主要过程和现状、具有保存价值的各种载体的文件,均应收集齐全,整理立卷后归档。依照《建设工程文件归档规范》(GB/T 50328—2014))(2019年版)规定,监理机构应向建设单位和监理单位移交需要归档保存的监理文件。

8.3.2 建设工程文档资料管理职责

建设工程文档资料的管理涉及建设单位、监理单位、施工单位等以及地方城建档案管理部门。对于一个建设工程而言,归档有三方面含义:

(1)建设、勘察、设计、施工、监理等单位将本单位在工程建设过程中形成的文件向本单位档案管理机构移交;

(2)勘察、设计、施工、监理等单位将本单位在工程建设过程中形成的文件向建设单位档案管理机构移交;

(3)建设单位按照现行《建设工程文件归档规范》(GB/T 50328—2014)(2019年版)要求,将汇总的该建设工程文件档案向地方城建档案管理部门移交。

建设单位、监理单位、施工单位在建设工程文档资料管理中所承担的职责:

1. 通用职责

(1)工程各参建单位填写的建设工程档案应以施工及验收规范、工程合同、设计文件、工程施工质量验收统一标准等为依据。

(2)工程文档资料应随工程进度及时收集、整理，并可按专业归类，认真书写，字迹清楚，项目齐全、准确、真实，无未了事项。应采用统一表格，有特殊要求需增加的表格应统一归类。

(3)工程文档资料进行分级管理，建设工程项目各单位技术负责人负责本单位工程档案资料的全过程组织工作并负责审核，各相关单位档案管理员负责工程档案资料的收集、整理工作。

(4)对工程文档资料进行涂改、伪造、随意抽撤或损毁、丢失等，可按有关规定予以处罚。情节严重的，应依法追究法律责任。

2. 建设单位职责

(1)在工程招标及与勘察、设计、监理、施工等单位签订协议、合同时，应对工程文件的套数、费用、质量、移交时间等提出明确要求；

(2)收集和整理工程准备阶段、竣工验收阶段形成的文件，并应进行立卷归档；

(3)负责组织、监督和检查勘察、设计、施工、监理等单位的工程文档的形成、积累和立卷归档工作；也可委托监理单位监督、检查工程文档的形成、积累和立卷归档工作；

(4)收集和汇总勘察、设计、施工、监理等单位立卷归档的工程文档；

(5)在组织工程竣工验收前，应提请当地城建档案对工程文档进行预验收；未取得工程档案验收认可文件的，不得组织工程竣工验收；

(6)对列入当地城建档案接收范围的工程，工程竣工验收3个月内，向当地城建档案移交一套符合规定的工程文档；

(7)必须向参与工程建设的勘察、设计、施工、监理等单位提供与建设工程有关的原始资料，原始资料必须真实、准确、齐全；

(8)可委托施工单位、监理单位组织工程文档的编制工作；负责组织竣工图的绘制工作，也可委托施工单位、监理单位、设计单位完成，收费标准按照所在地相关文件执行。

3. 监理单位职责

(1)应设专人负责监理资料的收集、整理和归档工作，在项目监理机构，监理资料的管理应由总监理工程师负责，实行总监负责制。总监指定专人具体实施，监理资料应在各阶段监理工作结束后及时整理归档。

(2)监理资料必须及时整理、真实完整、分类有序。在设计阶段，对勘察、测绘、设计单位的工程文档的形成、积累和立卷归档进行监督、检查；在施工阶段，对施工单位的工程文档的形成、积累、立卷归档进行监督、检查。

(3)可以按照监理合同的约定，接受建设单位的委托，监督、检查工程文档的形成积累和立卷归档工作。

(4)监理文件的套数、提交内容、提交时间，可按照现行《建设工程文件归档规范》(GB/T 50328—2014)(2019年版)和各地城建档案的要求进行，编制移交清单，双方签字、盖章后，及时移交建设单位，由建设单位收集和汇总。监理公司档案部门需要的监理档案，按照《建设工程监理规范》(GB/T 50319－2013)的要求，及时由项目监理机构提供。

4. 施工单位职责

(1)实行技术负责人负责制，逐级建立、健全施工文件管理岗位责任制，配备专职档案管理员,负责施工资料的管理工作。工程项目的施工文件应设专门的部门(专人)负责收集和整理。

(2)建设工程实行总承包的,总施工单位负责收集、汇总各分包单位形成的工程档案,各分包单位应将本单位形成的工程文件整理、立卷后及时移交总施工单位。建设工程项目由几个单位承包的,各施工单位负责收集、整理、立卷其承包项目的工程文件,并应及时向建设单位移交,各施工单位应保证归档文件的完整、准确、系统,能够全面反映工程建设活动的全过程。

(3)可以按照施工合同的约定,接受建设单位的委托进行工程档案的组织、编制工作。

(4)按要求在竣工前将施工文件整理汇总完毕,再移交建设单位进行工程竣工验收。

(5)负责编制的施工文件的套数不得少于地方城建档案管理部门要求,且应有完整施工文件移交建设单位及自行保存,保存期可根据工程性质以及地方城建档案管理部门有关要求确定。如建设单位对施工文件的编制套数有特殊要求的,可另行约定。

8.3.3 建设工程监理文档资料管理与归档

1.建设工程监理文档资料管理基本概念

所谓建设工程监理文档资料的管理,是指监理工程师受建设单位委托,在进行建设工程监理的工作期间,对建设工程实施过程中形成的与监理相关的文件和档案进行收集积累、加工整理、立卷归档和检索利用等一系列工作。

2.监理资料归档的管理

(1)监理资料管理的基本要求:及时整理、真实完整、分类有序。

(2)总监理工程师应指定专人进行监理资料的日常管理及归档工作,但应由总监理工程师负责。

(3)总监理工程师应根据监理工程项目的实际情况建立监理管理台账,如工程材料、构配件、设备检验台账,隐蔽、分项、分部工程验收台账,工程计量、工程款支付台账等。

(4)专业监理工程师应根据要求认真审核资料,不得接收经涂改的报验资料,并在审核整理后,交资料管理人员存收。

(5)在工程监理过程中,监理资料可按单位工程建立案卷盒(夹),分专业存放保管并编目,以便跟踪管理。

(6)每个报表后,按表要求必须附有相应的附件。涉及各专业的报表,按建筑工程质量验收统一标准中排列顺序依次排序。

(7)监理资料的收发、借阅,必须通过资料管理人员履行手续。

(8)监理资料应在各阶段监理工作结束后,及时整理归档。

3.归档文件的质量要求

(1)归档的工程文件一般应为原件。

(2)工程文件的内容及其深度必须符合国家有关工程勘察、设计、施工、监理等方面的技术规范、标准和规程。

(3)工程文件的内容必须真实、准确,与工程实际相符合。

(4)工程文件应采用耐久性强的书写材料,如碳素墨水、蓝黑墨水,不得使用易褪色的书写材料,例如:红色墨水、纯蓝墨水、圆珠笔、复写纸、铅笔等。

(5)工程文件应字迹清楚,图样清晰,图表整洁,签字盖章手续完备。

(6)工程文件中文字材料幅面尺寸规格宜为 A4 幅面(297 mm×210 mm)。图纸宜采用国家标准图幅。

(7)工程文件的纸张应采用能够长期保存的韧力大、耐久性强的纸张。图纸一般采用蓝晒图,竣工图应是新蓝图。计算机出图必须清晰,不得使用计算机所出图纸的复印件。

(8)所有竣工图均应加盖竣工图章。

(9)利用施工图改绘竣工图,必须标明变更修改依据;凡施工图结构、工艺、平面布置等有重大改变,或者变更部分超过图面 1/3 的,应当重新绘制竣工图。

(10)不同幅面的工程图纸可按《技术制图 复制图的折叠方法》(GB/T 10609.3—2009)统一折叠成 A4 幅面,图标栏露在外面。

(11)工程档案资料的缩微制品,必须按国家缩微标准进行制作,主要技术指标(解像力、密度、海波残留量等)要符合国家标准,保证质量,以适应长期安全保管。

(12)工程档案资料的照片(含底片)及声像档案,要求图像清晰、声音清楚、文字说明或内容准确。

(13)工程文件应采用打印的形式并使用档案规定用笔,手工签字。在不能够使用原件时,应在复印件或抄件上加盖公章并注明原件保存处。

4.监理文档资料归档

建筑工程监理文件规档范围见表 8-2。

表 8-2 建设工程监理文件归档范围

B1	监理管理文件				
1	监理规划	▲		▲	▲
2	监理实施细则	▲	△	▲	▲
3	监理月报	△		▲	
4	监理会议纪要	▲	△	▲	
5	监理工作日志			▲	
6	监理工作总结			▲	▲
7	工作联系单	▲	△	△	
8	监理工程师通知	▲	△	△	△
9	监理工程师通知回复单	▲	△	△	△
10	工程暂停令	▲	△	△	
11	工程复工报审表	▲		▲	▲
B2	进度控制文件				
1	工程开工报审表	▲		▲	▲
2	施工进度计划报审表	▲	△	△	

(续表)

B3	质量控制文件					
1	质量事故报告及处理资料	▲		▲	▲	▲
2	旁站监理记录	△		△	▲	
3	见证取样和送检人员备案表	▲		▲	▲	
4	见证记录	▲		▲	▲	
5	工程技术文件报审表			△		
B4	造价控制文件					
1	工程款支付	▲		△	△	
2	工程款支付证书	▲		△	△	
3	工程变更费用报审表	▲		△	△	
4	费用索赔申请表	▲		△	△	
5	费用索赔审批表	▲		△	△	
B5	工期管理文件					
1	工程延期申请表	▲		▲	▲	▲
2	工程延期审批表	▲		▲	▲	▲
B6	监理验收文件					
1	竣工移交证书	▲		▲	▲	▲
2	监理资料移交书	▲			▲	

注：表中符号"▲"表示必须规档保存；"△"表示选择性归档保存。

学习子情境 8.4　编写某工程项目全套监理资料

建设工程监理文件资料的建立、提出、传递、检查、收集、整理工作应从施工监理的准备到监理工作的完成，贯穿于整个监理工作的全过程。监理工程师在工作过程中需要采用书面文件与工程有关单位进行协调、控制，有关监理文件资料填写得及时、真实、准确、齐全及内容完整，不仅体现监理工程师的工作水平，也代表了监理单位的整体素质。

8.4.1　建设工程监理文件的编制

建设工程监理实施过程中会涉及大量文件资料，这些文件资料有的是实施建设工程监理的重要依据，更多的是建设工程监理的成果资料。项目监理机构应明确建设工程监理文件资料管理人员及其职责，按照相关要求规范化地编制、管理建设工程监理文件。《建设工程监理规范》(GB/T 50319—2013)列明了建设工程监理所要编制的主要文件资料，也提供了建设工程监理所使用的基本表格，以备项目实施中使用。

1.工程监理主要文件资料及其编制要求

(1)建设工程监理主要文件资料

建设工程监理主要文件资料包括：

①勘察设计文件、建设工程监理合同及其他合同文件

②监理规划、监理实施细则；

③设计交底和图纸会审会议纪要；

④施工组织设计、(专项)施工方案、施工进度计划报审文件资料；

⑤分包单位资格报审会议纪要；

⑥施工控制测量成果报验文件资料；

⑦总监理工程师任命书，工程开工令、暂停令、复工令，开工或复工报审文件资料；

⑧工程材料、构配件、设备报验文件资料；

⑨见证取样和平行检验文件资料；

⑩工程质量检验报验资料及工程有关验收资料；

⑪工程变更、费用索赔及工程延期文件资料；

⑫工程计量、工程款支付文件资料；

⑬监理通知单、工作联系单与监理报告；

⑭第一次工地会议，监理例会、专题会议等会议纪要

⑮监理月报、监理日志、旁站记录；

⑯工程质量或安全生产事故处理文件资料；

⑰工程质量评估报告及竣工验收文件资料；

⑱监理工作总结。

(2)建设工程监理文件资料编制要求

《建设工程监理规范》(GB/T 50319—2013)明确规定了监理规划、监理实施细则、监理日志、监理月报、监理工作总结及工程质量评估报告等监理文件资料的编制内容和要求。

①监理例会会议纪要

监理例会是履约各方沟通情况、交流信息、研究解决合同履行中存在的各方面问题的主要协调方式。会议纪要由项目监理机构根据会议记录整理，主要内容包括：

a.会议地点及时间；

b.会议主持人；

c.与会人员姓名、单位、职务；

d.会议主要内容、决议事项及其负责落实单位、负责人和时限要求；

e.其他事项。

对于监理例会上意见不一致的重大问题，应将各方的主要观点，特别是相互对立的意见记入会议纪要中。会议纪要的内容应真实准确，简明扼要，经总监理工程师审阅，与会各方代表会签发至有关各方并应有签收手续。

②监理日志

监理日志是项目监理机构在实施建设工程监理过程中，每日对建设工程监理工作及施工

进展情况所做的记录,由总监理工程师根据工程实际情况指定专业监理工程师负责记录。每天填写的监理日志,内容必须真实、力求详细,主要反映监理工作情况。

监理日志的主要内容包括:

a.天气和施工环境情况。准确记录当日的天气状况(晴、雨、温度、风力等),特别是出现异常天气时应予描述。

b.当日施工进展情况。记录当日工程施工部位、施工内容、施工班组及作业人数;记录当日工程材料、构配件和设备进场情况,并记录其名称、规格、数量、所用部位以及产品出场合格证、材质检验等情况;记录当日施工现场安全生产状况、安全防护及措施等情况。

c.当日监理工作情况,包括旁站、巡视、见证取样、平行检验等情况:

⊙记录当日巡视的内容、部位,包括安全防护、临时用电、消防设施,特种作业人员的资格,专项施工方案实施情况,签署的监理指令情况等;

⊙记录当日对工程材料、构配件和设备进场的验收情况,隐蔽工程、检验批、分项工程、分部工程验收情况,监理指令、旁站、见证取样以及签认的监理文件资料等。

d.当日存在的问题及处理情况。

e.其他事项。

③监理月报

监理月报是项目监理机构每月向建设单位和本监理单位提交的建设工程监理工作及项目实施情况等的分析总结报告。监理月报既能反映实际情况,又能确保建设工程监理工作可追溯。监理月报由总监理工程师组织编写、签认后报送建设单位和本监理单位。报送时间一般在收到施工单位报送的工程进度,汇总本月已完工程量和本月计划完成量的工程量表、工程款支付申请表等相关资料后,在协商确定的时间内提交。

监理月报应包括以下主要内容:

a.本月工程实施情况:

⊙工程进展情况。实际进度与计划进度的比较,施工单位人、机、料进场及使用情况,本期在施部位的工程照片等。

⊙工程质量情况。分项分部工程验收情况,工程材料、设备、构配件进场检验情况,主要施工、试验情况,本月工程质量分析。

⊙施工单位安全生产管理工作评述。

⊙已完工程量与已付工程款的统计及说明。

b.本月监理工作情况:

⊙工程进度控制方面的工作情况;

⊙工程质量控制方面的工作情况;

⊙安全生产管理方面的工作情况;

⊙工程计量与工程款支付方面的工作情况;

⊙合同及其他事项管理工作情况;

⊙监理工作统计及工作照片。

c.本月工程实施的主要问题分析及处理情况:

⊙工程进度控制方面的主要问题分析及处理情况；

⊙工程质量控制方面的主要问题分析及处理情况；

⊙施工单位安全生产管理方面的主要问题分析及处理情况；

⊙工程计量与工程款支付方面的主要问题分析及处理情况；

⊙合同及其他事项管理方面的主要问题分析及处理情况。

d.下月监理工作重点：

⊙工程管理方面的监理工作重点；

⊙项目监理机构内部管理方面的工作重点。

④工程质量评估报告

工程竣工预验收合格后，由总监理工程师组织专业监理工程师编制工程质量评估报告，编制完成后，由项目总监理工程师及监理单位技术负责人审核签认并加盖监理单位公章后报送建设单位。编制工程质量评估报告应文字简练、准确、重点突出、内容完整。

工程质量评估报告的主要内容：

a.工程概况；

b.工程参建单位；

c.工程质量验收情况；

d.工程质量事故及其处理情况；

e.竣工资料审查情况；

f.工程质量评估结论。

⑤监理工作总结

当监理工作结束时，项目监理机构应向建设单位和工程监理单位提交监理工作总结。监理工作总结由总监理工程师组织项目监理机构监理人员编写，由总监理工程师审核签字，并加盖工程监理单位公章后报送建设单位。

监理工作总结的主要内容：

a.工程概况。包括：

⊙工程名称、等级、建设地址、建设规模、结构形式以及主要设计参数；

⊙工程建设单位、设计单位、勘察单位、施工单位（包括重点的专业分包单位）、检测单位等；

⊙工程项目主要的分项、分部工程施工进度和质量情况；

⊙监理工作的难点和特点。

b.项目监理机构。监理过程中如有变动情况，应予以说明。

c.建设工程监理合同履行情况。包括：监理合同目标控制情况，监理合同履行情况，监理合同纠纷的处理情况等。

d.监理工作成效。项目监理机构提出的合理化建议并被建设、设计、施工等单位采纳；发现施工中的差错，通过监理工作避免了工程质量事故、生产安全事故、累计核减工程款及为建设单位节约工程建设投资等事项的数据（可举典型事例和相关资料）。

e.监理工作中发现的问题及处理情况。监理过程中产生的监理通知单、监理报告、工作联系单及会议纪要等所提出问题的简要统计；由工程质量、安全生产等问题所引起的可供今后工程合理、有效使用的建议等。

f.说明与建议。

2.工程监理基本表式及其应用说明

根据《建设工程监理规范》(GB/T 50319—2013),工程监理基本表式分为三大类:A 类表——工程监理单位用表(共 8 个);B 类表—施工单位报审、报验用表(共 14 个);C 类表——通用表(共 3 个)。

(1)工程监理单位用表(A 类表)

①总监理工程师任命书(表 A.0.1)

建设工程监理合同签订后,工程监理单位法定代表人要通过《总监理工程师任命书》委派有类似工程监理经验的监理工程师担任总监理工程师。《总监理工程师任命书》需要由工程监理单位法定代表人签字,并加盖单位公章。

②工程开工令(表 A.0.2)

建设单位对施工单位报送的《工程开工报审表》(表 B.0.2)签署同意开工意见后,总监理工程师应签发《工程开工令》。《工程开工令》需要总监理工程师签字,并加盖执业印章。《工程开工令》中应明确具体开工日期,并作为施工单位计算工期的起始日期。

③监理通知单(表 A.0.3)

《监理通知单》是项目监理机构在日常监理工作中常用的指令性文件。项目监理机构在建设工程监理合同约定的权限范围内,针对施工单位出现的各种问题所发出的指令、提出的要求等,除另有规定外,均应采用《监理通知单》。监理工程师现场发出的口头指令及要求,也应采用《监理通知单》予以确认。

《监理通知单》应由总监理工程师或专业监理工程师签发,对于一般问题可由专业监理工程师签发,对于重大问题应由总监理工程师或经其同意后签发。

施工单位有下列行为时,项目监理机构应签发《监理通知单》:

a.施工不符合设计要求、工程建设标准、合同约定;

b.使用不合格的工程材料、构配件和设备;

c.施工存在质量问题或采用不适当的施工工艺,或施工不当造成工程质量不合格;

d.实际进度严重滞后于计划进度且影响合同工期;

e.未按专项施工方案施工;

f.存在安全事故隐患;

g.工程质量、造价、进度等方面的其他违法违规行为。

④监理报告(表 A.0.4)

当项目监理机构发现工程存在安全事故隐患签发《监理通知单》《工程暂停令》而施工单位拒不整改或不停止施工时,项目监理机构应及时向有关主管部门报送《监理报告》。项目监理机构报送《监理报告》时,应附相应《监理通知单》或《工程暂停令》等证明监理人员履行安全生产管理职责的相关文件资料。紧急情况下,项目监理机构可通过电话、传真或者电子邮件向有关主管部门报告,事后应形成《监理报告》。

⑤工程暂停令(表 A.0.5)

建设工程施工过程中出现《建设工程监理规范》(GB/T 50319—2013)规定的停工情形时,总监理工程师应签发《工程暂停令》。《工程暂停令》中应注明工程暂停的原因、部位和范围、停工期间应进行的工作等。《工程暂停令》需要总监理工程师签字,并加盖执业印章。

⑥旁站记录(表 A.0.6)

项目监理机构对工程关键部位或关键工序的施工质量进行现场跟踪监督时,需要填写《旁站记录》。"关键部位、关键工序"主要是影响工程主体结构安全、完工后无法检测其质量的或返工会造成较大损失的部位及其施工过程。

《旁站记录》中,"关键部位、关键工序的施工情况"应记录所旁站部位(工序)的施工作业内容、主要施工机械、材料、人员和完成的工程数量等内容及监理人员检查旁站部位施工质量的情况;"发现的问题及处理情况"应说明旁站所发现的问题及其采取的处置措施。

⑦工程复工令(表 A.0.7)

当暂停施工的原因消失、具备复工条件时,施工单位提出复工申请的,建设单位对施工单位报送的《工程复工报审表》(表 B.0.3)上签署同意复工意见后,总监理工程师应签发《工程复工令》;或者工程具备复工条件而施工单位未提出复工申请的,总监理工程师应根据工程实际情况直接签发《工程复工令》指令施工单位复工。《工程复工令》需要总监理工程师签字,并加盖执业印章。

⑧工程款支付证书(表 A.0.8)

项目监理机构收到经建设单位签署同意支付工程款意见的《工程款支付报审表》(表 B.0.11)后,总监理工程师应向施工单位签发《工程款支付证书》,同时抄报建设单位。《工程款支付证书》需要总监理工程师签字,并加盖执业印章。

(2)施工单位报审、报验用表(B 类表)

①施工组织设计或(专项)施工方案报审表(表 B.0.1)

施工单位编制的施工组织设计、施工方案、专项施工方案经其技术负责人审查后,需要连同《施工组织设计或(专项)施工方案报审表》一起报送项目监理机构。先由专业监理工程师审查后,再由总监理工程师审核签署意见。《施工组织设计或(专项)施工方案报审表》需要总监理工程师签字,并加盖执业印章。对于超过一定规模的危险性较大的分部分项工程专项施工方案,还需要报送建设单位审批。

②工程开工报审表(表 B.0.2)

单位工程具备开工条件时,施工单位需要向项目监理机构报送《工程开工报审表》。同时具备下列条件时,由总监理工程师签署审查意见,并报建设单位批准后,总监理工程师方可签发《工程开工令》:

a.设计交底和图纸会审已完成;

b.施工组织设计已由总监理工程师签认;

c.施工单位现场质量、安全生产管理体系已建立,管理及施工人员已到位,施工机械具备使用条件,主要工程材料已落实;

d.进场道路及水、电、通信等已满足开工要求。

《工程开工报审表》需要总监理工程师签字,并加盖执业印章。

③工程复工报审表(表 B.0.3)

当暂停施工的原因消失、具备复工条件时,施工单位提出复工申请的,应向项目监理机构报送《工程复工报审表》及有关材料。经审查符合要求的,总监理工程师应及时签署审查意见,并报送建设单位批准后签发《工程复工令》。

④分包单位资格报审表(表 B.0.4)

施工单位按施工合同约定选择分包单位时,需要向项目监理机构报送《分包单位资格报审表》及相关证明材料。专业监理工程师对《分包单位资格报审表》提出审查意见后,由总监理工程师审核签认。

⑤施工控制测量成果报验表(表 B.0.5)

施工单位完成施工控制测量并自检合格后,需要向项目监理机构报送《施工控制测量成果报验表》及施工控制测量依据和成果表。专业监理工程师审查合格后予以签认。

⑥工程材料、构配件、设备报审表(表 B.0.6)

施工单位在对工程材料、构配件、设备自检合格后,应向项目监理机构报送《工程材料、构配件、设备报审表》及清单、质量证明材料和自检报告。专业监理工程师审查合格后予以签认。

⑦报验、报审表(表 B.0.7)

该表主要用于隐蔽工程、检验批、分项工程的报验,也可用于为施工单位提供服务的试验室的报审。专业监理工程师审查合格后予以签认。

⑧分部工程报验表(表 B.0.8)

分部工程所包含的分项工程全部自检合格后,施工单位应向项目监理机构报送《分部工程报验表》及分部工程质量控制资料。专业监理工程师在验收的基础上,由总监理工程师签署验收意见。

⑨监理通知回复单(表 B.0.9)

施工单位收到《监理通知单》(表 A.0.3)并按要求进行整改、自查合格后,应向项目监理机构报送《监理通知回复单》回复整改情况,并附相关资料。项目监理机构收到施工单位报送的《监理通知回复单》后,一般可由原发出《监理通知单》的专业监理工程师进行核查,认可整改结果后予以签认。若是重大问题可由总监理工程师进行核查签认。

⑩单位工程竣工验收报审表(表 B.0.10)

单位(子单位)工程完成后,施工单位自检符合竣工验收条件后,应向项目监理机构报送《单位工程竣工验收报审表》及相关附件,申请竣工验收。总监理工程师在收到《单位工程竣工验收报审表》及相关附件后,应组织专业监理工程师进行审查并进行与验收,合格后签署预验收意见。《单位工程竣工验收报审表》需要由总监理工程师签字,并加盖执业印章。

⑪工程款支付报审表(表 B.0.11)

该表适用于施工单位工程预付款、工程进度款、竣工结算款等的支付申请。项目监理机构对施工单位的申请事项进行审核并签署意见,经建设单位批准后方可由总监理工程师签发《工程款支付证书》。

⑫施工进度计划报审表(表 B.0.12)

该表适用于施工总进度计划、阶段性施工进度计划的报审。施工进度计划在专业监理工程师审查的基础上,由总监理工程师审核签认。

⑬费用索赔报审表(表 B.0.13)

施工单位索赔工程费用时,需要向项目监理机构报送《费用索赔报审表》。项目监理机构对施工单位的申请事项进行审核并签署意见,经建设单位批准后方可作为支付索赔费用的依据。《费用索赔报审表》需要总监理工程师签字,并加盖执业印章。

⑭工程临时或最终延期提审表(B.0.14)

施工单位申请工程延期时,需要向监理机构报送《工程临时或最终延期提审表》。项目监理机构对施工单位的申请事项进行审核并签署意见,经建设单位批准后方可延长合同工期。《工程临时或最终延期提审表》需要总监理工程师签字,并加盖执业印章。

(3)通用(C 类表)

①工作联系单(C.0.1)

该表用于项目监理机构与工程建设有关方(包括建设、施工、监理、勘察、设计等单位和上级主管部门)之间的日常工作联系。有权签署《工作联系单》的负责人有:建设单位现场代表、施工单位项目经理、工程监理单位项目总监理、工程、设计单位本工程设计负责人及工程项目其他参建单位的相关负责人等。

②工程变更单(C.0.2)

施工单位、建设单位、工程监理单位提出工程变更时,应填写《工程变更单》,由建设单位、设计单位、监理单位和施工单位共商签认。

③索赔意向通知书(C.0.3)

施工过程中发生索赔事件后,受影响的单位依据法律法规和合同约定,向对方单位声明或告知索赔意向时,需要在合同约定的时间内报送《索赔意向通知书》。

对于涉及工程质量方面的基本表式,由于各行业、各部门的专业要求不同,各类工程的质量验收应按相关专业验收规范及相关表式要求办理。如没有相应表式,工程开工前,项目监理机构应根据工程特点、质量要求、竣工及归档组卷要求,与建设单位、施工单位进行协商,定制工程质量验收相应表式。项目监理机构应事前使施工单位、建设单位明确定制各类表式的使用要求。

8.4.2 工程监理实施细则的编制

《建设工程监理规范》(GB/T 50319—2013)第 4.3 条对建设工程监理实施细则(下称"监理细则")的编制已有基本规定。但目前监理细则很多是建设工程规范、标准的简单堆集,针对性不强,监理工作的控制要点及目标值不明确、没有什么可操作性,尤其是缺乏监理工作的方法及措施,加上把监理细则当成应付公司或主管部门检查的东西,细则编写流于形式,既不能指导监理工作,也未能充分展示自己的监理水平。

1.监理细则编制前的工作

(1)监理细则编制计划和人员落实

在项目监理机构进场后,第一次工地例会召开前,总监要就《监理规划》等做详细的内部监理工作交底,让监理人员对本工程的监理工作有个全面的认识和理解,凝聚共识,保证以后工作衔接有序、顺畅,对后续的监理细则编制做好计划和人员落实(也可在监理规划中列出需编制的监理细则,以后再根据实际情况调整),督促其尽早做好相关准备。

(2)收集、熟悉工程勘察、设计文件和技术资料

编制的细则要有针对性。编制人员首先必须非常熟悉工程勘察、设计文件和技术资料,积极参加设计交底或图纸会审。对一些必要的技术资料要收集齐全并认真、仔细研究可能对工程实施及施工安全造成的影响,《建设工程安全生产管理条例》(2011年国务院令第393号)第六条也有规定要求建设单位提供施工现场及毗邻区域内工程的有关资料,并保证资料的真实、准确、完整。

(3)认真审核施工组织设计和专项施工方案

很多细则中的编制依据根本就不提施工组织设计或方案,也许确实是没有仔细研究过,也就谈不上细则的针对性。当然也有很多的施工组织设计或方案本身就没有针对性、粗编滥造。这时,监理人员首先就应该认真审核承包单位上报的施工组织设计和专项施工方案,督促其修改完善。

(4)编制前组织讨论沟通,集思广益

现在大多数监理人员来自建设、施工、勘察设计单位及刚刚毕业就从事监理工作的毕业生,专业知识背景、工作经验等千差万别。虽然《监理规范》要求监理细则由专业监理工程师编制,但因个人精力、学识经验有限,所以细则编制前,总监应组织监理部所有监理人员参与研究前述文件资料,扬长避短、集思广益,不管是监理工程师、监理员均应积极参加细则的编制。目前,很多监理细则的编制由一人"搞定",更有甚者很多专业细则也是由同一人编制,故细则质量的高低可想而知。

让项目监理人员都能参与监理细则的编制,既可以使其在编制过程中,加深对工程、对图纸的了解和熟悉程度,使监理细则内容更切合工程实际,也可以防止一些监理人员不看图纸只凭经验监理的倾向,实际上也培养了监理人员能算、能说、能写的能力。

2.监理细则的主要内容及编写

监理细则的主要内容一般应包括五个方面,即工程概况及特点、编制依据、监理工作流程、监理工作的控制要点及目标值和监理工作的方法及措施。

(1)工程概况及特点

工程概况及特点是指所编制的分部、子分部或分项工程的概况和特点。

工程概况应包括:工程位置、规模,主要建筑物、构筑物的概况及功能,气象、水文、地质等主要自然条件等,也可以用表格的形式来表现。

工程特点应概括工程的主要特征,例如:屋面防水包括卷材、水泥基、911涂料等专业特点,应突出"新"、"难"、采用的"四新"技术及施工难点等。只有把握住工程难点、重点,监理

细则编制才可能有针对性和可操作性。

(2)监理细则的编制依据

《监理细则》已规定编制依据有已批准的本工程《监理规划》，与专业工程相关的标准、设计文件、技术资料，已批准的施工组织设计三项。这里需注意的是，要注明所引资料尤其是规范标准的全称、文号或版本号及适用范围(现场经常发现细则的编制依据是过时作废的规范)。视实际情况，细则编制时还可能要参考《施工合同》、《监理合同》、行业主管部门现行有关建设工程管理文件规定以及建设单位等有关管理文件等。如有参考，均应列入编制依据。

(3)监理工作的流程

监理工作的流程即监理工作的先后次序。监理工作流程应体现专业工程的特点，区别于监理规划中的监理工作总流程，流程应具体、清晰地表示监理工作的名称及主要工作内容。流程要体现监理工作的事前、事中、事后控制，逻辑合理，执行方便顺畅。监理工作流程中遇到判定性的程序宜统一使用"合格""同意"等中文用语，不要一时"合格"，一时又"Yes"。

(4)监理工作的控制要点及目标值

我们常说要对工程实施"全面控制"，实际上监理的"全面控制"是建立在有效控制工程"要点"上。只有明确控制要点及目标值，指出控制、预防方法和措施，才能做到"全面控制"。"要点"的确定，与监理人员对工程的理解、把握程度以及监理人员及监理企业的水平有关。因此，在编制监理细则前就要明白单位工程、分部分项工程质量目标，只有这样才能按与之相适应的要求进行"要点"控制。值得注意的是，合格工程是不能用省优、国优的标准去要求的，如果这样既会增加承包单位的成本，也会给监理工作带来被动。

①对工程实施起着决定性作用的就是"人、机、料、法、环"五大因素。所以，除了按工程建设强制性条文设置停止点，还要对工程的难点、重点以及容易出现质量通病的地方设置见证点或停止点，包括：承包单位质量管理、保证体系是否健全，主要原材料、设备质量的进场检验和抽检，承包单位的施工组织设计和方案的审批，隐蔽工程的验收，关键工序、关键部位进行旁站等，都是控制要点。

②控制要点的设置与否，宜根据承包单位的工艺水平、施工条件、施工机械的性能和质量保证的可靠性等因素确定，应体现过程控制以及主动控制与预先控制的原则，且宜按监理工作流程的先后顺序逐一设置控制要点。

③目标值应在符合合同条款、规范标准的前提下，能量化的尽量量化，不能量化的目标值尽量定性，且宜统一使用表格形式来表达。

④《建筑工程施工质量评价标准》(GB/T 50375—2016)颁布后，诸多监理细则并没有结合工程质量目标参考《评价标准》来写，也没有考虑当地的评优程序和要求，监理目标值基本上都是限于合格工程，施工时也是这个没做、那个没搞，给评优带来困扰。所以，细则编制时还要注意根据合同及施工组织设计或方案确定其分部、分项工程甚至检验批的质量目标来编写监理控制要点和目标值，之前也要督促施工单位编制创优方案，并在施工组织设计和专项施工方案明确创优分目标。这一点非常重要。

(5)监理工作的方法及措施

监理工作的方法及措施应结合监理工作控制要点有针对性地阐述,对关键的控制点要重点阐述。

①监理工作的方法,主要是明确控制要点怎样控制,即由谁(总监、专业监理工程师或监理员)、在何时、何地、采用什么手段予以控制以及明确应有的控制记录。监理工作常用的控制手段有见证取样送检、抽查(含实测)、旁站、巡视等,在控制手段中应注明目测法、量测法、试验法等质量检验的具体应用。

a.见证取样送检,包括工程材料、设备、构配件和施工安全设备、设施的送检。工程材料质量检查应列明所需检查的材料名称、技术要求、检查内容、质量控制方法及报送的资料,专业监理工程师审批承包单位提交的有关材料、半成品和构配件质量证明文件(出厂合格证、材料进场报验单、质量检验或试验报告等)。对材料的进场见证抽样送检,应列明材料送检的内容和抽样比例,哪些材料不用送检。对一些建筑节能材料,更是要列出其具体的设计要求参数等。

b.抽查是监理工程师用一定的检查或检测手段在承包单位自检的基础上,按照一定的比例独立进行检查或检测的活动,包括对人和物的抽查。编制抽查监督时,应重点描述影响下一道工序施工质量的抽查部位、检测手段和检测比例;对"人"的抽查,主要是抽查管理人员和特种作业人员的到位到岗,是否符合投标及施工合同文件要求(在广东省现在还包括对工人"平安卡"的人证是否相符的抽查)等;对一些特种设备,如塔式起重机,还要检查其是否经过现场检测并取得相关"准用证书"等。

c.旁站是指在关键部位或关键工序施工过程中有监理人员在现场进行的监理活动。细则中要描述哪些工序需要旁站监理、旁站监理的内容、旁站监理的方法以及旁站监理过程中可能出现问题的纠正或预防措施。对一些高危施工项目,如特种设备作业、塔式起重机等安拆,虽然《房屋建筑工程施工旁站监理管理办法(试行)》未规定,但一些地方主管部门在某事故发生后总是追究监理有无旁站,所以旁站监督时,也应视地方要求列入旁站计划。

d.巡视是指监理人员对正在施工的部位或工序现场进行的定期或不定期的监督活动。编制平时巡查监督时,要重点突出巡查的内容。它是指导现场监理人员经常性巡查什么问题,让承包单位知道监理巡查的内容,是为了要他们为监理的巡查提供方便。编制巡视监督时应注意,巡视是一种"面"上的活动,它不局限于某一部位或工程;而旁站则是"点"的活动,它是针对某一工序和部位。

e.严格执行监理程序。未经总监批准开工申请的项目不能开工,没有总监的付款证书,承包单位不能得到工程付款;监理工程师应充分利用指令性文件,对任何事项发出书面指示,并督促承包单位严格遵守与执行监理工程师的书面指示。

f.工地会议。监理人员与承包单位讨论施工中的各种问题,必要时邀请建设单位或设计单位参加;对于复杂的技术问题,总监可组织召开专家会议,进行研究讨论。

g.计算机辅助管理。在工程质量控制上,将所收集的数据和文件资料输入电脑进行统计,分析制定措施。

h.停止支付。如果施工前段时间的工程行为达不到工程技术标准、工程设计要求及工程合同文件,监理工程师有权拒绝支付承包单位的工程款项。

i.会见承包单位。邀见承包单位的主要负责人,指出承包单位在工程上存在问题的严重性和可能造成的后果,提出解决问题的途径。

j.中间及隐蔽工程完工后,及时组织验收;单位工程竣工后,按规定的验收程序和方法组织验收;审核竣工图及其他技术文件资料,督促承包单位整理工程技术文件资料并编目归档。

必要时,还可邀请地方质量、安全监督等单位来检查并指导工作。

②监理工作措施是指从组织措施、技术措施、经济措施、合同措施等方面进行控制实施,重点是组织措施和技术措施。

a.组织措施。从目标控制的组织管理方面采取措施,如编制监理细则目标控制的监理组织机构和人员,明确各级目标控制人员的任务和职能分工、权利和职责;督促承包单位按投标承诺投入劳动力、机械、设备、材料,对工程信息进行收集、整理,发现与预测目标产生偏差,及时采取行动进行纠正。

b.技术措施。编制施工方案中遇到技术问题时,承包单位提出的多个不同的技术方案情况,同时对不同的技术方案进行技术、经济分析;在承包单位实施工序样板引路、样板间样板引路、单体工程样板引路时,监理人员应采取的预控措施;乙供材料看样订货的组织、监督、执行等控制措施。

c.经济措施和合同措施。因现时的监理委托不充分等情况,大多数时间监理人员并没有实际权利来进行有效控制,但在细则编制时,还是应根据监理合同情况进行完善。

③对监理细则中是否涉及进度控制、投资控制、安全管理、合同管理、信息管理、工程协调的内容,因有的监理单位已有相应的专项监理细则,因此,可根据监理细则的具体情况进行有针对性的简要说明。

④在监理工作实施过程中,监理实施细则应根据实际情况进行补充、修改和完善。

监理细则的封面编制、审批栏必须由参与编制的人员和审批总监手签,且均应盖上注册章和项目章。

监理细则不但要有内容而且要有形式,多数监理人员都不注意文本格式的编制,即使细则内容翔实,但字号不同,行距不一,既给人一种不流畅、不舒服的感觉,也浪费了纸张,以下供参考。

a.字体、字号和行距统一,从整体上看比较美观、大方。字体宜全用楷体 GB 2312;正文全部小四字,一级题名前后各隔3行且需另起一页,二级题名前后各隔1行,行间距均为单倍行距(在段落设置中缩进中左右、间距中段前段后均为"0")。

b.章节、正文编码可参考国家标准,如《建设工程监理规范》(GB/T 50319—2013)。

c.页边距设置可参考《建设工程文件归档规范》(GB/T 50328—2014)(2019年版)附录B,因为监理细则是需装订交建设单位、档案馆的,采用纸皮装订时装订线为 1.0 cm,则装订后左右对称为 1.5 cm。

d.按《中华人民共和国建筑法》,甲方统一为"建设单位"、施工单位统一为"承包单位"等。

e.文字、数字、外文符号、单位、术语前后要统一,如"零件"不写成"另件"、"台账"不写成"台帐"、单位"m、t、L"不写成"M、T、l"、单位"min"不写成"Min"、数据统一为阿拉伯数字等。

8.4.3 工程监理实施细则编制任务书

1.编制要求

(1)依据建筑工程施工质量验收统一标准、建筑分项工程施工工艺标准等,任选自己感兴趣的某建筑安装分项工程进行编制,自拟题目。

(2)要求×××年×月×日前上交材料,5 000字以上,要求为手写稿,打印件无效。

(3)完成此项任务计入平时成绩(占期末成绩30%),满分30分。

2.注意事项

(1)要围绕细则的作用、工程的特点、专业的特点及监理工作的内容,有针对性地编制。

(2)翔实、细化,规定各程序、分部、分项、工序的检查要点。例如:在混凝土分项中,可重点突出材料进场的控制、配合比的选用和现场搅拌计量的控制,要求每班必须抽查的具体项目及工作重点、关键工序。

(3)对控制的项目要规定具体的控制点和控制方法。要对工程难点、重点以及容易出现质量问题的地方设置见证点或停止点。要具体写明在哪里设置见证点、哪里设置停止点,以及进行到该质量控制点时监理人员需要检查、验收的具体内容与操作方式。

(4)编制旁站监理工作细则时,要具体规定需要旁站监督的工序、监督的内容,以及旁站监督过程中,可能出现问题的预防与补救措施。

(5)编制监理平时巡查工作细则时,要具体规定该工程施工时监理巡查的内容,即经常性巡查什么问题。

(6)要突出监理过程中需要特别注意事项,突出编制工程难点、重点的质量如何控制,包括监理如何进行监督、控制、检查,对可能出现的异常情况如何处理;对承包方可能出现的不正当做法(偷工减料)的预防与应对措施。

(7)每一项规定最好配以流程图,用流程图体现更直观。

(8)应认识到监理实施细则是监理工作的实际指导准则、方法,是一种主动控制手段。

3.参考资料

编写工程监理实施细则,应认真自学有关标准、规范,可参考:《建筑地基基础工程施工质量验收规范》;《砌体结构工程施工质量验收规范》;《混凝土结构工程施工质量验收规范》;《钢结构工程施工质量验收规范》;《屋面工程质量验收规范》;《地下防水工程质量验收规范》;《建筑地面工程施工质量验收规范》;《建筑装饰装修工程质量验收规范》;《建筑给水排水及采暖工程施工质量验收规范》;《通风与空调工程施工质量验收规范》;《给水排水管道工程施工及验收规范》;《建筑电气工程施工质量验收规范》;《智能建筑工程施工质量验收规范》;《电梯工程施工质量验收规范》;《建筑节能工程施工质量验收规范》等。

以本市某工程项目为例,请依据教材内容,编写一套完整的监理资料。部分监理工作中常用的表格案例,已上传至大连理工大学出版社网站,可下载参考。

工程案例

案例1

某工程项目业主与监理单位及施工承包单位分别签订了施工阶段建设工程监理合同和工程建设施工合同。由于工期紧张,在设计单位仅交付地基基础工程的施工图时,业主要求施工承包单位进场施工,同时向监理单位提出对设计图纸质量把关的要求。在此情况下,监理单位为满足业主要求,由土建专业监理工程师向建设单位直接编制报送了监理规划,其部分内容如下:

(1)工程项目概况。
(2)监理工作范围、内容和目标。
(3)监理组织。
(4)设计方案评选方法及组织设计协调工作的监理措施;监理工作依据。
(5)因施工图不全,拟按进度分阶段编写基础、主体、装修工程的施工监理措施。
(6)对施工合同进行监督管理。
(7)监理工作制度。

问题:
1.请你判断下列说法的对错。
(1)建设监理规划应在监理合同签订以前编制。
(2)在本项目的设计、施工等实施过程中,监理规划作为指导整个监理工作的纲领性文件。
(3)建设监理规划应由项目总监理工程师主持编制,是项目监理组织机构有序开展监理工作的依据和基础。
2.你认为上述监理规划是否有不妥之处?为什么?
3.你认为业主的做法有无不妥之处?为什么?

案例2

某工程监理合同签订后,监理单位负责人对该项目监理工作提出以下五点要求:
(1)监理合同签订后的30天内应将项目监理机构的组织形式、人员构成及总监理工程师的任命书面通知建设单位。(2)监理规划的编制要依据:建设工程的相关法律、法规,项目审批文件,有关建设工程项目的标准、设计文件、技术资料、监理大纲、监理合同文件和施工组织设计。(3)监理规划中不需编制有关安全生产监理的内容,但需针对危险性较大的分部分项工程编制有关内容。

编制监理实施细则:(1)总监理工程师代表应在第一次工地会议上介绍监理规划的主要内容,如建设单位未提出意见,该监理规划经总监理工程师批准后可直接报送建设单位。(2)如建设单位设计方案有重大修改,施工组织设计、方案等发生变化,总监理工程师代表应及时主持修订监理规划的内容,并组织修订相应的监理实施细则。

提出了建立项目监理组织机构的步骤,如图8-2所示。

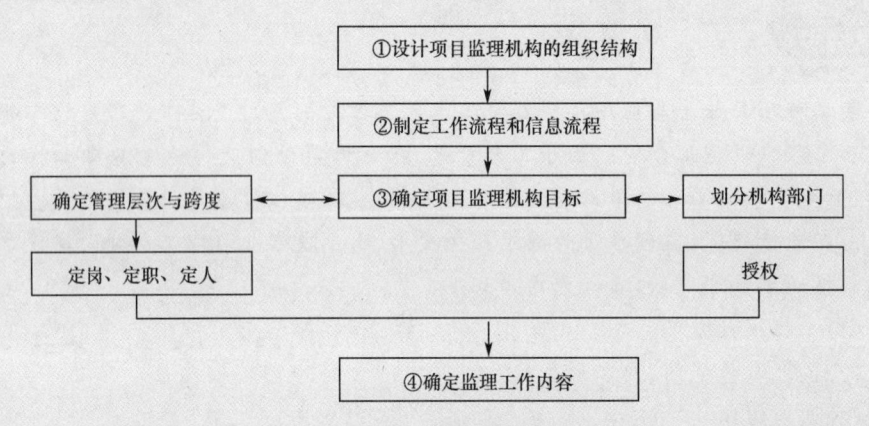

```
                    ┌─────────────────────────┐
                    │ ①设计项目监理机构的组织结构 │
                    └─────────────────────────┘
                                │
                                ▼
                    ┌─────────────────────────┐
                    │ ②制定工作流程和信息流程    │
                    └─────────────────────────┘
                                │
    ┌──────────────┐       ┌─────────────────────┐       ┌──────────┐
    │ 确定管理层次与跨度 │◄─────►│ ③确定项目监理机构目标 │◄─────►│ 划分机构部门 │
    └──────────────┘       └─────────────────────┘       └──────────┘
                │                                              │
                ▼                                              ▼
        ┌──────────────┐                                 ┌────────┐
        │ 定岗、定职、定人 │                                 │  授权  │
        └──────────────┘                                 └────────┘
                                │
                                ▼
                    ┌─────────────────────────┐
                    │ ④确定监理工作内容         │
                    └─────────────────────────┘
```

图8-2 建立项目监理组织机构的步骤

总监理工程师委托给总监理工程师代表以下工作:(1)确定项目监理机构人员岗位职责,主持编制监理规划;(2)签发工程款支付证书,调解建设单位与承包单位的合同争议。

在编制的项目监理规划中,要求在监理过程中形成的部分文件档案资料如下:(1)监理实施细则;(2)监理通知单;(3)监理工作总结;(4)工程款支付证书;(5)工程延期申请表。

问题:

1.指出监理单位负责人所提要求中的不妥之处,写出正确做法。

2.写出图中①~④项工作的正确步骤。

3.指出总监理工程师委托总监理工程师代表工作的不妥之处,写出正确做法。

4.项目监理规划中所列监理文件档案资料,在建设单位、监理单位必须归档的文件有哪些?

参考文献

[1] 中国建设监理协会.建设工程监理概论.北京:中国建筑工业出版社,2021.

[2] 中国建设监理协会.建设工程质量控制(土木建筑工程).北京:中国建筑工业出版社,2021.

[3] 中国建设监理协会.建设工程投资控制(土木建筑工程).北京:中国建筑工业出版社,2021.

[4] 中国建设监理协会.建设工程进度控制(土木建筑工程).北京:中国建筑工业出版社,2021.

[5] 中国建设监理协会.建设工程监理案例分析(土木建筑工程).北京:中国建筑工业出版社,2021.

[6] 中国建设监理协会.建设工程合同管理.北京:中国建筑工业出版社,2021.

[7] 中国建设监理协会.建设工程监理相关文件法规汇编.北京:中国建筑工业出版社,2021.

[8] 河北省建筑市场发展研究会.建设工程监理专业基础知识与实务.河北:河北人民出版社,2010.

[9] 孙锡衡等.全国监理工程师执业资格考试案例题解析.天津:天津大学出版社,2014.

[10] 吴泽.建设工程监理概论.武汉:武汉理工大学出版社,2021.

[11] 巩天真,张泽平.建设工程监理概论.北京:北京大学出版社,2018.

[12] 王军,董世成.建设工程监理概论.北京:机械工业出版社,2017.

[13] 杨光臣.建筑安装工程施工监理实施细则的编制及范例.北京:中国电力出版社,2008.

[14] 杨效中.建筑工程监理基础知识.北京:中国建筑工业出版社,2013.

[15] 中国建设监理协会.建设监理警示录.北京:中国建筑工业出版社,2021.

[16] 南京建设监理协会.建设工程监理履行安全生产职责培训教程.南京:东南大学出版社,2017.

[17] 国家发展改革委价格司 建设部建筑市场管理司 国家发展改革委投资司.建设工程监理与相关服务收费标准使用手册.北京:中国市场出版社,2007.

[18] 杨建华,梁颖智.建筑工程施工监理实务.北京:中国建筑工业出版社,2021.

[19] 尹伟,张俏,孙建波.建设工程监理实务与案例分析.北京:化学工业出版社,2020.